高等职业教育"十二五"规划教材
中国科学院优秀教材

高职高专计算机专业基础系列教材

Visual Basic 程序设计

（修订版）

李天真　主编

方锦明　宋益众　副主编

科学出版社
北京

内 容 简 介

Visual Basic 适用于面向对象程序设计，具有可视化程序设计的功能，利用它使得创建具有专业外观的用户界面的编程工作简单易行。

本书在覆盖高校计算机等级考试大纲（二级——Visual Basic 语言程序设计大纲）的基础上，内容有所扩展和提高，对计算机等级考试及 IT 认证考核都具有重要的意义。本书以实用为主，兼顾最基本的理论知识，编写过程中遵循"深入浅出"和"言简意赅"的原则，采取实例来说明 Visual Basic 的使用方法和程序的编写过程，并且各章均有内容提要和练习题。

本书可作为大中专院校和计算机培训班的教材，也可作为从事软件开发和应用的工程技术人员的参考书。

图书在版编目(CIP)数据

Visual Basic 程序设计/李天真主编. —北京：科学出版社，2003
ISBN 978-7-03-011921-6

Ⅰ.V... Ⅱ.李... Ⅲ.BASIC 语言－程序设计－高等学校：技术学校－教材 Ⅳ.TP312

中国版本图书馆 CIP 数据核字（2003）第 062350 号

策划编辑：李振格/孙露露/责任编辑：丁 波
责任印制：吕春珉/封面设计：耕者设计工作室

科学出版社 出版
北京东黄城根北街 16 号
邮政编码：100717

铭浩彩色印装有限公司 印刷
科学出版社发行 各地新华书店经销

*

2012 年 2 月修 订 版 开本：787×1092 1/16
2012 年 2 月第十一次印刷 印张：18 1/4
字数：415 000
定价：31.00 元

（如有印装质量问题，我社负责调换〈路通〉）

销售部电话 010-62142126 编辑部电话 010-62135763-8212

本书编写人员名单

主　编　李天真

副主编　方锦明　宋益众

撰稿人　李忠明　余樟唐　章剑林　郑正建　江　洪　郭　平

　　　　王　燕　程立军

前　言

Basic 语言以其最容易学习的特点，成为受到国内外成千上万计算机爱好者欢迎的语言。Visual Basic 6.0 是基于 Windows 环境下编程使用的第四代 Basic 语言，它保持了固有的简单易学的特点，简化了复杂的界面设计工作，并具有强大的可视化程序设计和面向对象程序设计的功能，支持用户开发的 ActiveX 控件和 Internet 编程等，是高质量的先进软件开发工具。

参与本书编写人员，在计算机类专业程序设计课程的教学过程中，积累了丰富的心得和体会。为了适应当今计算机程序设计语言的发展和高校计算机等级考试的需要，我们编写了这本《Visual Basic 程序设计》。本书从实用角度出发，兼顾最基本的理论知识，编写过程中遵循"深入浅出"和"言简意赅"的原则，力求采取实例来说明 Visual Basic 使用的方法和程序的编写过程，并且各章均有内容提要、练习题，书后并附有《高校计算机等级考试大纲（二级——Visual Basic 语言程序设计大纲）》，可以帮助读者很好地把握知识和技能要点。

本书共分 12 章，第 1 章 Visual Basic 程序设计基础，主要介绍了 Visual Basic 程序设计基础知识，包括面向对象程序设计基本概念，Visual Basic 模块与工程的概念，Visual Basic 应用程序基本特点，Visual Basic 的数据类型、常量、变量、表达式和常用内部函数等。第 2 章程序流程结构，主要介绍顺序结构、选择结构、循环结构三种基本程序结构的基本概念及基本语句，同时介绍了窗体的结构及常用属性、事件和方法，命令按钮（CommandButton）、文本框（TextBox）、标签（Label）等控件的常用属性、事件和方法，介绍了 InputBox 函数和 MsgBox 函数。另外，本章在代码设计中涉及了计数、累加、累乘、比较大小等常用算法。第 3 章常用控件，主要介绍图片框（PictureBox）、图像框（Image）、框架（Frame）、单选按钮（OptionButton）、复选框（CheckBox）、列表框（ListBox）、组合框（ComboBox）、定时器（Timer）、垂直滚动条（HScrollBar）和水平滚动条（VscrollBar）等控件的常用属性、事件和方法。第 4 章数组，主要介绍数组的概念和 Visual Basic 中固定大小数组和可变大小数组的定义方法，在数组的应用部分介绍了数组排序的比较交换法、选择排序法和冒泡法等常用算法，同时也介绍了 Visual Basic 中控件数组的概念及应用。第 5 章图形设计，主要介绍 Visual Basic 的坐标系统，使用 Shape 控件、Line 控件绘图和使用 Pset 方法、Line 方法、Circle 方法绘图，AutoReDraw 属性和 Paint 方法。第 6 章过程，主要介绍通用过程的定义、调用以及变量的作用域等问题。第 7 章设计用户界面，主要介绍通过可视化构件属性、方法、事件过程的设置来设计用户界面。第 8 章文件操作，主要介绍 Visual Basic 处理文件方法，同时介绍与文件处理有关的控件的使用。第 9 章数据库编程基础，主要介绍数据库的基础知识和 Visual Basic 处理外部数据库的方法。第 10 章 ActiveX 控件，主要介绍如何使用

Visual Basic 6.0 中 ActiveX 控件，并能通过 ActiveX 控件向导制作自己需要的 ActiveX 控件。第 11 章应用程序窗体设计，主要介绍怎样用 Visual Basic 建立多窗体应用程序和 MDI 应用程序，并讨论如何为 MDI 应用程序建立菜单。第 12 章多媒体编程基础，主要介绍如何运用多媒体控件、API 函数及 OLE 控件编写多媒体程序。

本书可作为大中专院校和计算机培训班的教材，也可作为从事软件开发和应用的工程技术人员的参考书。

本书由李天真担任主编，方锦明、宋益众担任副主编，李忠明、余梓唐、章剑林、郑正建、江洪、郭平、王燕、程立军等参与了本书的编写工作。本书编写过程中得到科学出版社、湖州职业技术学院领导和相关专业教师的大力支持，在此一并表示衷心感谢。

本书自出版以来，深受广大高职高专院校相关专业师生的欢迎，销量持续增长，本次修订主要针对其中的一些错误和疏漏进行修正，以使本书不断完善。

本书虽经认真讨论、反复修改而定稿，但限于编者水平，加之时间仓促，不当之处在所难免，敬请广大读者批评指正，以使本书在使用过程中不断完善。

目　　录

第 1 章 Visual Basic 程序设计基础

本章要点

Visual Basic 是面向对象的可视化编程语言，本章全面介绍了 Visual Basic 程序设计基础知识，包括面向对象程序设计基本概念，Visual Basic 模块与工程的概念，Visual Basic 应用程序基本特点，Visual Basic 的数据类型、常量、变量、表达式和常用内部函数等。

本章难点

- 常量的类型及其表示
- 变量的声明规则与变量的作用域范围
- 标准函数的功能和用法
- 运算符的优先级

1.1 类和对象

1.1.1 类和对象的基本概念

对象就是自然界中的一个实体，如一个人，一部电话等都是对象。对象具有特征，如一个人具有姓名、职务、身高、体重等特征；一部电话具有样式、颜色、摆放位置等特征。对象同时也具有其他行为，如一个人可以有开车的行为，也可以有建造楼房的行为；一部电话可以有响铃的行为，也可以有接听电话的行为。在面向对象程序设计中，对真实世界的对象加以描述，反映为对象就是数据和代码的集合，数据用以描述对象的特征，而代码用以描述对象的行为。在面向对象程序设计中，对象是一个基本的编程单元。

人们习惯于将事物分类，以便发现事物中的相似性。如我们可以定义一个电话类，它具有电话的全部特征和行为。当我们需要一部具体的电话时，只需要在这个电话类中指定其样式、颜色、大小等特征即可，如果需要也可以为电话扩展或增加新的行为，如规定当响铃时如何进行自动录音。将带有相似特征和行为的事物组合起来，就构成了一个类。在面向对象程序设计中，类用于指一组相似的对象，对象是某种类的一个具体实例。

在 Visual Basic 中，当应用程序需要一个命令按钮时，我们只需要选中工具箱中的命令按钮类，将其拖到窗体上，这样就从命令按钮类获得了一个具体的命令按钮实例，即创建了一个命令按钮对象。

1.1.2　对象的属性、方法和事件

1．属性

属性用以描述对象的特征，表现为属性值。也就是说，可以通过改变对象的属性值来改变对象的特征，例如，改变对象的颜色、大小等。一个对象具有很多属性，常用的有名称、标题、大小、位置、颜色等；不同的对象可以有不同的属性，也可以具有一部分相同种类的属性，如命令按钮具有标题属性而文本框不具有，但命令按钮和文本框都具有名称属性。

在 Visual Basic 中，可以在属性窗口中设置一个对象的属性值，也可以在运行时通过代码来设置或返回对象的属性值。在代码中引用一个属性用以下格式：

[<对象名> .] <属性名>

其中，<对象名>用以指定引用哪个对象的属性，<属性名>用以指定引用该对象的哪个属性，如 Command1.Caption 是指引用命令按钮 Command1 的标题属性 Caption。<对象名>有时可以省略，省略时默认为对象为当前窗体对象。

在代码中设置一个属性的格式为：

[<对象名> .] <属性名> = <属性值>

2．方法

对象的方法是指在对象中预先设置好的，该对象能执行的操作。在面向对象程序设计中，方法就是封装在对象中的特殊过程和函数，当用户需要实现某种功能，而该对象又提供了实现相应功能的过程代码，这时用户只需调用这些过程，即调用方法，而无需自己编程。调用一个方法的格式为：

[<对象名> .] <方法名> [<参数>]

其中，<对象名>用以指定调用哪个对象的方法，<方法名>用以指定在调用该对象的哪个方法；<参数>指明在调用该对象的该方法时所传递的参数，例如：

Form1.Cls　　　表示调用窗体的 Cls 方法来清除在窗体上已显示的内容。

Form1.Circle（1000，1000），500　　　表示调用窗体的 Circle 方法在窗体上绘制一个半径为 500 的圆。

一个对象具有哪些方法是由对象本身决定的，当对象具有某种方法时，我们称该对象支持该方法。

3．事件

对象的事件是指在对象中预先设置好的，能够被该对象识别并响应的动作。如对象的单击事件（Click）是指该对象能够识别和响应用户对该对象的单击动作。对象响应某个事件时会执行什么操作，要有一段程序代码来实现，这样的一段代码就称为事件过程。在 Visual Basic 的可视化编程环境中，系统会自动给出事件过程的结构，至于其中的代码则需要程序设计人员自行编写，以实现所需要的功能，如我们可以在窗体的 Click 事件中编写代码，当用户单击窗体时在窗体上画一个圆。

对象能发生什么事件完全由该对象决定。一个对象可以拥有多个事件，不同的对象能够识别不同的事件。

事件可以由用户触发，也可以由系统触发。用户触发是指当程序运行时，由于用户的鼠标操作或键盘操作使事件发生，或者是用户在程序中调用某事件，如用户单击命令按钮时，就触发了按钮的 Click 事件；系统触发是指在一定的时刻系统会自动调用某个事件，如当显示窗体时，系统将自动触发窗体的 Load 事件。

1.2　模块和工程

模块是 Visual Basic 应用程序的组成形式，而工程则是 Visual Basic 应用程序的组织形式，是构成应用程序文件的集合。Visual Basic 应用程序是由模块组成的，而每一模块都是由一系列过程组成。在 Visual Basic 下开发应用程序，所有的程序文件、数据文件、报表文件等都可以在工程的框架下统一组织和管理。

1.2.1　模块

Visual Basic 应用程序通常由三种模块组成，即窗体模块（Form）、标准模块（Module）和类模块（Class）。

1. 窗体模块

Visual Basic 是面向对象的可视化编程语言，其最基本的对象是窗体。窗体是一个可视容器，在这个容器中，可以添加的其他对象，称为控件。窗体和窗体上的控件构成了 Visual Basic 应用程序的用户界面，而对象的属性规定了这些界面的形状、大小和样式。可以给构成用户界面的各个对象编写事件过程代码，也可以编写通用过程、声明或定义变量，将它们与用户界面组织在一起就构成一个窗体模块，有时也简单地称为窗体。窗体模块是大多数 Visual Basic 应用程序的基础。窗体模块可以包含处理事件的过程、通用过程以及变量、常数、类型和外部过程的窗体级声明。

一个应用程序可以包含多个窗体模块，每一个窗体模块对应一个文件，称为窗体文件，其扩展名为.Frm，为 ASCII 格式，可以用 Windows 的记事本等文本编辑器程序打开。在窗体文件中则包含了窗体及其控件的描述信息。写入窗体模块的代码是该窗体所属的具体应用程序专用的；它也可以引用该应用程序内的其他窗体或对象。

要建立一个新的窗体模块，应在"工程"菜单中的"添加窗体"对话框中选择"新建"选项卡，单击"窗体"图标，然后单击"打开"按钮即可，这时即可打开窗体设计器窗口，也可以在这个窗口中进行界面设计；需要编写代码时，可在"视图"菜单中选择"代码窗口"命令，这时即可打开代码窗口，也可以在这个窗口中输入代码。

2. 标准模块

简单的应用程序可以只有一个窗体，应用程序的所有代码都驻留在窗体模块中。一般一个实用的较为复杂的应用程序都由多个窗体模块组成，这时往往需要在几个窗体中执行相同的代码。因为不希望在两个窗体中出现重复代码，所以应创建一个独立模块，它包含实现公共代码的过程。这样的一个独立模块称为标准模块。

标准模块是只含有程序代码的应用程序文件，其扩展名为.bas。在标准模块中可以包含变量、常数、类型、外部过程和全局过程的全局声明或模块级声明。

要建立一个新的标准模块，应在"工程"菜单中的"添加模块"对话框中选择"新建"选项卡，单击"模块"图标，然后单击"打开"按钮即可，这时即可打开标准模块的代码窗口，也可以在这个窗口中输入标准模块代码。

3. 类模块

在 Visual Basic 中类模块是面向对象编程的基础。可在类模块中编写代码建立新对象。这些新对象可以包含自定义的属性和方法。实际上，窗体正是这样一种类模块，在其上可放置控件、可显示窗体窗口。每个类模块定义一个类，可以在窗体模块中定义类的一个对象，也可以调用类模块中的过程。每个类模块对应一个文件，其扩展名为.cls。

要建立一个新的类模块，应在"工程"菜单中的"添加类模块"对话框中选择"新建"选项卡，单击"类模块"图标，然后单击"打开"按钮即可，这时即可打开类模块的代码窗口，也可以在这个窗口中输入类模块代码。

1.2.2 工程

当编写一个比较复杂的应用程序时，往往需要对组成应用程序的各个部分进行组织，以便进行有效的程序开发。Visual Basic 使用工程实现对应用程序的组织，管理组成应用程序的所有不同的文件。

一个工程对应一个工程文件，工程文件中记录了工程中的窗体和模块、引用以及为控制编译而选取的各种各样的参数信息。工程文件的扩展名是.vbp，为 ASCII 格式，可以用 Windows 的记事本等文本编辑器程序打开。

1.3 Visual Basic 应用程序基本特点

1.3.1 面向对象程序设计

在程序设计中，使用一些基本的结构，无论多么复杂的程序，都可以使用这些基本的结构按一定的顺序组织起来。这些基本的结构只有一个入口、一个出口。这是结构化程序设计的基本思路。

结构化程序设计提出了自顶向下、逐步求精、模块化等设计原则。结构化程序设计是将模块分割方法作为对大型系统进行分析的手段，使其最终转化为基本结构，其目的是解决由许多人共同开发大型软件时如何高效完成高可靠系统的问题。

Visual Basic 是面向对象的可视化编程语言。所谓面向对象，就是在程序设计时，不是像传统的过程化程序设计那样，要从第一行代码写到最后一行代码，而是从对象入手，在应用程序中放入一个个对象，程序员所要做的工作只是修改对象的一些属性，调用对象的一些方法实现某些功能，或者在事件中编写少量的代码实现某些特殊的功能。这样在面向对象程序设计时，突出做什么（What to do），而结构化程序设计突出如何做（How to do）。

所谓可视化（Visual），包括了两个方面的的含义：一是 Visual Basic 中的大多数常用控件是可视的，即在程序设计时就已经可以看到将来运行时的界面，即所谓的所见即所得；二是 Visual Basic 系统提供了一个十分方便的可视化编程环境，全部的程序设计过程，包括代码设计、调试等都可以在这样一个环境下完成。这对于开发复杂的应用程序是十分有效的。

1.3.2　事件驱动机制

Visual Basic 的重要特点是事件驱动机制。在过程化的程序中，程序的执行是按照程序中预定的路径执行，必要时调用过程。而在事件驱动的程序中，不是完全按照预定的路径来执行，而是在响应不同的事件时执行不同的代码。换句话说，在事件驱动的机制下，什么时候执行什么代码，主要是由用户决定而不是由程序本身规定的。这样在事件驱动的程序设计中，程序员只要在某个事件中编写代码，规定当该事件被触发时应执行什么样的操作就可以了，至于程序何时执行这个事件过程，则由用户决定。如在一个命令按钮的 Click 事件中编了一段画圆的代码，当程序运行时，用户何时单击该按钮，应用程序才执行该事件过程代码，画出一个预先设计好的圆来。

1.4　数据类型

数据是程序的必要组成部分，也是程序处理的对象。数据必须在内存中存放，为了使分配到的内存空间在存放数据时既不会溢出，又不会造成空间浪费，要根据数据所表达的范围的大小不同对数据进行分类，并给出标识符，以便让内存管理系统根据该数据的类型以"多用多给，少用少给"的原则分配空间。Visual Basic 提供了系统定义的数据类型，即基本数据类型，并允许用户根据需要定义自己的数据类型，即用户自定义数据类型。

1.4.1　基本数据类型

Visual Basic 提供的基本数据类型主要有字符串型（String）、数值型（Numeric）、布尔型（Boolean）、日期型（Date）、可变类型（Variant）和对象型（Object）。

1. 字符串型数据

字符串是一个字符序列，由 ASCII 字符组成，包括标准的 ASCII 字符和扩展 ASCII 字符。在 Visual Basic 中，字符串必须放在双引号内，其中长度为空（即不含任何字符）的字符串称为空串。例如：

```
"Hello"
"We are students"
```

"Visual Basic 6.0程序设计"

"" （空字符串）

Visual Basic 6.0 中的字符串分为两种，即变长字符串和定长字符串。其中变长字符串是指在程序运行期间其长度不确定的字符串，最多可以包含 2^{31} = 约 21 亿个字符。而定长字符串是指在程序运行期间其长度不变的字符串，最多可以包含 2^{16} = 65535 个字符。

如果字符串中包含字符""""时，可以将双引号连写两次，例如当单击 Command1 按钮时下列程序将在窗体上显示""We are students""。

```
Private Sub Command1_Click()
    A = """"We are students""""
    Print A
End Sub
```

2. 数值型数据

（1）整型和长整型

整型（Integer）和长整型（Long）同属整数类型，是指不带小数点和指数符号的数。整型（Integer）以 2 个字节的二进制码存储，其取值范围为-32768～32767；长整型（Long）以 4 个字节的二进制码存储，其取值范围为-2147483648～2147483647。

十六进制整型数：由一个或几个十六进制数字（0～9 及 A～F 或 a～f）组成，前面冠以&H（或&h），其取值（绝对值）范围为&H0～&HFFFF。例如&H76，&H32F 等。

八进制整型数：由一个或几个八进制数字（0～7）组成，前面冠以&（或&O），其取值范围为&O0～&O177777。例如&O347，&O1277。

十六进制长整数：由十六进制数字组成，以&H（或&h）开头，以&结尾。取值范围为&H0&～&HFFFFFFFF&。例如&H567&，&H1AAAB&。

八进制长整数：由八进制数字组成。以&或&O 开头，以&结尾，取值范围为&O0&～&O377777777777&。例如&O5557733&。

（2）单精度浮点型、双精度浮点型、货币型

单精度浮点型（Single）、双精度浮点型（Double）、货币型（Currency）同属实数类型，是指带有小数部分的数。其中单精度浮点型、双精度浮点型表示的是浮点数，即小数点可以出现在数的任何位置；货币型表示的是定点数，小数点处于固定位置。

单精度浮点型数占 4 个字节存储空间，可以精确到 7 位，其正数的取值范围为1.401298E-45～3.402823E+38，其负数的取值范围为-3.402823E+38～-1.401298E-45。

双精度浮点型数占 8 个字节存储空间，可以精确到 15～16 位，其正数的取值范围为 4.94065645841247E-324 ～ 1.79769313486232E+308 ，其负数的取值范围为-1.79769313486232E308～-4.94065645841247E+324。

货币型数占 8 个字节存储空间，其小数点左边有 15 位数字，右边有 4 位数字，其取值范围为-922337203685477.5808～922337203685477.5807。

（3）字节型

字节型（Byte）数据用于存储二进制数据，以一个字节的无符号二进制数存储。其取值

范围为 0～255。

3．布尔型数据

布尔型数据（Boolean）占 2 个字节存储空间，只取两个值，即 True 和 False。

4．日期型数据

日期型数据（Date）占 8 个字节存储空间，存储为浮点形式，可以表示的日期范围从公元 100 年 1 月 1 日到 9999 年 12 月 31 日，而时间可以从 0：00：00 到 23：59：59。

表示日期的数据值必须以符号"#"括起来，任何可辩认的文本日期都可以赋值给日期变量。例如：

```
SomeDate1 = #January 1,2003#
SomeDate2 = #3-6-93 13:20#
SomeDate3 = #3/6/93 1:20pm#
SomeDate4 = #4 April 1993#
```

5．可变类型数据

可变类型（Variant）是一种可变的数据类型，可以表示任何值，包括数值、字符串、日期/时间等。我们将在下一节介绍这种类型数据的用法。

6．对象型数据

对象型数据（Object）用来表示图形或 OLE 对象或其他对象，用于引用应用程序中的对象，占 4 个字节存储空间。

1.4.2　用户定义数据类型

不同类型的变量可以组合起来创建用户定义的类型（如熟知的 C 编程语言中的 structs）。当需要创建单个变量来记录多项相关的信息时，用户定义类型是十分有用的。用户可以利用 Type 语句定义自己的数据类型，其格式如下：

```
        Type <数据类型名>
            <数据类型元素名> As <类型名>
            ……
        End Type
```

其中，<数据类型名>是指要定义的数据类型的名字，其命名规则与变量的命名规则相同（下一节介绍）；<数据类型元素名>也遵守同样的规则，且不能是数组名；<类型名>可以是任何基本数据类型，也可以是用户已定义的用户定义类型。

例如，可以创建一个记录有关计算机系统信息的用户定义类型。

```
Private Type SystemInfo
    CPU As Variant
    Memory As Long
    VideoColors As Integer
    Cost As Currency
    PurchaseDate As Variant
End Type
```

在使用 Type 语句时，应注意该语句必须置于模块的声明部分。

1.5 变 量

要将数据正确地存放在计算机的内存中，需要规定其存储方式和决定其存储位置，然后必须用某种方式访问它，才能对数据进行操作。在 Visual Basic 中，可以用名字表示内存位置，这样就能访问内存中的数据。一个有名称的内存位置称为变量（Variable）。每个变量都有一个名字和相应的数据类型，名字可用来引用变量，而数据类型则决定了该变量的存储方式。

1.5.1 变量的命名规则

在 Visual Basic 中，给变量命名时应遵循以下规则。

① 变量名只能由字母、数字和下划线组成。

② 变量名的第一个字符必须是英文字母。

③ 变量名的长度不超过 255 个字符。

④ 不能使用 Visual Basic 的保留字为变量命名，但可以把保留字嵌入变量名中。例如，不能将变量名命名为 Time（因为 "Time" 是保留字），但可以命名为 MyTime。

在 Visual Basic 中，过程名、符号常量名、记录类型名、元素名的命名都遵循上述变量名的命名规则。Visual Basic 不区分变量名中字母的大小写，Hello、HELLO、hello 表示同一变量。为了便于阅读，习惯上将其首字母大写，如将变量名写为 PrintText。

1.5.2 变量的声明

一般来说，在使用变量之前必须对变量进行显式声明。所谓声明变量就是为变量命名，说明其数据类型以及其作用范围，以便系统为其分配相应的内存空间。在 Visual Basic 中，声明变量使用如下格式：

```
Dim | Private | Public | Static <变量名> [ AS <类型> ]
```

其中，<变量名>要符合变量的命名规则，<类型>是指变量的数据类型，可以是 Visual Basic 提供的各种数据类型，如 String、Integer、Long、Single、Double、Currency、Byte、Boolean、Date、Variant、Object 等，也可以是用户自定义类型，如前面例中所定义的 SystemInfo。如果省略 "AS <类型>" 选项，则系统默认为是可变类型 Variant。

Dim：用于在过程（Procedure）、窗体模块（Form）或标准模块（Module）中声明变量。

Private：用于在窗体模块、标准模块中声明私有变量。

Public：用于在窗体模块、标准模块中声明全局变量。

Static：用于在过程中声明静态变量。

在 Visual Basic 中，变量可以不经声明而直接使用，这就是所谓的隐式声明。隐式声明的变量不需要使用 Dim 语句，因而比较方便，并能节省代码，但有可能带来麻烦，使程序出现无法预料的结果，而且较难查出错误。为了安全起见，最好能显式地声明程序中的所用变量。

Visual Basic 不是强制类型语言，但提供了强制用户对变量进行显式声明的措施，这可以通过"选项"对话框来实现。其具体操作是：执行"工具"菜单中的"选项"命令，打开"选项"对话框，选择"选项"对话框中的"编辑器"选项卡，在其中选择"要求变量声明"，然后单击"确定"按钮即可。这样设置之后，每次建立新文件时，Visual Basic 将把语句 Option Explicit 自动加到模块的声明部分，当然也可以自行在声明部分直接加入该语句。运行含有 Option Explicit 的程序时，如果某变量未经声明而使用，Visual Basic 则显示一个信息框，提示"变量未定义"。

1.5.3　可变类型变量

在 Visual Basic 中，如果一个变量未经声明而直接使用，或者虽经声明但在声明中未指定其数据类型，即省略了"AS<类型>"选项，则该变量的类型为可变数据类型Variant。

1. Variant 变量的类型转换

在 Variant 变量中可以存放任何类型的数据，包括数值、字符串、日期和时间。向Variant 变量赋值时不必进行任何转换，Visual Basic 系统会根据赋给 Variant 变量的值的不同自动进行必要的类型转换。例如：

```
Dim SomeValue As Variant            '定义一个Variant变量SomeValue
SomeValue = 100                     'SomeValue的值为整型数100
SomeValue = SomeValue + 3.14        'SomeValue的值为双精度数103.14
SomeValue = "ABC" & SomeValue       'SomeValue的值为字符串"ABC103.14"
SomeValue =SomeValue+100            '出错，类型不匹配
```

可以看出，随着所赋值的不同，Variant 变量 SomeValue 的类型在不断变化。向 Variant 变量赋值时，Visual Basic 按照"占用存储空间最小"的原则对其分配存储空间，如果是较小的整数，则以 Integer 类型存储，而较大的或带有小数部分的数值则用 Long 类型或 Double 类型存储。也就是说，在任一时刻，Variant 变量具有某种确定的数据类型，因此 Variant 变量是一种类型可以自由转换的变量。

在使用 Variant 变量时应注意以下两点。

① 对 Variant 变量进行算术运算时，必须确保变量中存放的是某种形式的数值或可以解释为数值的字符串，否则会导致错误发生，如上例中在执行最后一句时出错。

② 在对存放字符串的 Variant 变量进行操作时可能会产生歧义。运算符"+"既可以用于数值相加，又可以用于字符串连接。当在两个 Variant 变量之间使用"+"运算时，其结果可能出乎意料，具体结果取决于两个变量中的内容。如果两个变量都是数值，则执行数值相加运算；如果两个变量中存放的都是字符串，则执行字符串连接操作；如果一个变量中是数值而另一个变量中是字符串，则情况就复杂了，Visual Basic 先试着将字符串转换为数值，如果转换成功则进行相加运算，不成功则把另一个数值转换成字符串，然后对两个字符串进行连接，形成一个新的字符串。为了避免出现上述情况，最好对数值运算使用"+"运算符，而对字符串连接使用"&"运算符。

如果需要知道 Variant 变量中当前存储的值的数据类型，可以使用 VarType 函数获取，如上例中为了在执行最后一行程序中不发生错误，可以将该语句改写为：

```
If VarType(SomeValue)<> 8 Then SomeValue = "ABC" & SomeValue
```

如果需要判断 Variant 变量中的值是不是数值型数据，可以使用 IsNumeric 函数来实现。如将上例中最后一行可改写为：

```
If IsNumeric(SomeValue) Then SomeValue = "ABC" & SomeValue
```

2. Variant 变量中的空值

声明一个 Variant 变量时，Visual Basic 将该变量初始化为空值 Empty（VarType 函数返回 0）。空值 Empty 不同于数值 0，也不同于空串"""，也不同于 Null。可以使用 IsEmpty 函数测试一个变量自定义以来是否被赋过值。例如当 Variant 变量 SomeValue 不是空值时将该变量的值赋为空值，可用以下代码实现：

```
If Not IsEmpty(SomeValue) Then SomeValue = Empty
```

3. Variant 变量中的 Null 值

Variant 变量可以取一个特殊值 Null，该值通常在数据库应用程序中用来指出未完成或漏掉的数据。如果表达式中任一部分为 Null，则整个表达式的值即为 Null；如果向函数传送 Null 或值为 Null 的 Variant 变量或结果为 Null 的表达式，则会使大多数函数返回 Null 值。可以使用 IsNull 函数判断一个 Variant 变量的值是否为 Null，例如：

```
If not IsNull(SomeValue) Then SomeValue= Null
```

Null 只适用于 Variant 变量，如果把 Null 值赋给其他非 Variant 变量，则会产生错误。对于 Variant 变量，如果不是显式地赋予 Null 值，该变量不会自动为 Null。因此，如果程序中没有出现关键字 Null，则对 Null 值的检测和处理将是多余的。

1.5.4　变量的作用域

我们已经知道，Visual Basic 应用程序是由三种类型的模块组成，即窗体模块（Form）、标准模块（Module）和类模块（Class），而各个模块则是由一个个声明和过程组成。窗体模块中包括事件过程（Event Procedure）、通用过程（General Procedure）和声明部分，而标准模块由通用过程和声明部分组成。

在一个应用程序中，变量定义的位置不同，定义的方式不同，其允许被访问的范围也不同。变量的作用域就是指变量的有效范围，它决定了应用程序中哪些过程可以访问该变量。

在 Visual Basic 中，根据变量的作用域不同，变量可以分为过程级变量、模块级变量和全局级变量。作用域为某一过程的变量称为过程级变量；作用域为某一模块的变量称为模块级变量；作用域所有模块的变量为全局级变量。

1. 过程级变量

在某一过程（事件过程或通用过程）内使用 Dim 语句声明的变量、在过程内未显式声明而直接使用的变量以及在过程内用 Static 声明的变量都是过程级变量，其作用域

只局限于该过程，有时也称为局部变量。如图 1.1 所示，下面事件过程 Comman1_Clik
中的变量 SomeValue1、SomeValue2、SomeValue3 都是局部变量。

```
Sub Command1_Click()
    Dim SomeValue1 As Integer
    Static SomeValue2 As Double
    SomeValue3= SomeValue1 + SomeValue2
    ……
End Sub
```

过程级变量只能被所定义的过程使用，不能被其他过程访问，如果其他过程中有同
名的局部变量，也与本过程中的局部变量无关，也就是说，在不同的过程中，可以定义
同名变量。过程中的局部变量在过程被调用时建立，过程返回时自动释放，因此在定义
变量时，应尽量在过程内部定义局部变量以提高内存重复被使用的效率，达到节省内存
的目的。过程中的局部变量通常用来存放中间结果或用做临时变量。

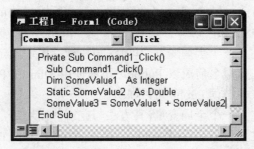

图 1.1   在过程内声明过程级局部变量

2. 模块级变量

在某一模块（窗体模块或标准模块）内使用 Private 语句或 Dim 语句声明的变量都
是模块级变量，其作用域只限于该模块，只能被该模块中的所有过程调用，其他模块中
的任何过程都不能调用。

要在窗体模块中定义一个模块级变量，其方法是在该窗体模块的通用声明段用
Private 语句或 Dim 语句进行声明，具体操作过程是：选择一个窗体（如 Form1），进入
该窗体的代码窗口，在"对象"下拉列表框中选择"通用"，并在"事件"下拉列表框
中选择"声明"，然后就可以在代码窗口中用 Private 语句或 Dim 语句进行声明，所声
明的变量只能被该窗体(Form1)中的所有过程访问。如图 1.2 所示，语句 Private intTemp1
As Integer 在窗体 Form1 中声明了一个模块级整型变量 intTemp1，语句 Dim intTemp1 As
String 在窗体 Form1 中声明了一个模块级字符串型变量 strTemp2。

要在标准模块中定义一个模块级变量，其方法是在该标准模块的通用声明段用
Private 语句或 Dim 语句进行声明，具体操作过程是：选择一个标准模块（如 Module1），
进入该标准模块的代码窗口，在"事件"下拉列表框中选择"声明"，然后就可以在代
码窗口中用 Private 语句或 Dim 语句进行声明，所声明的变量只能被该标准模块
（Module1）中的所有过程访问。如图 1.3 所示，语句 Private MyStr As String 在标准模
块 Module1 中声明了一个模块级字符串型变量 MyStr，语句 Dim MyNum As Integer 在

标准模块 Module1 中声明了一个模块级整型变量 MyNum。

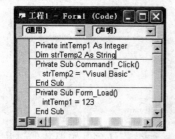
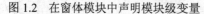
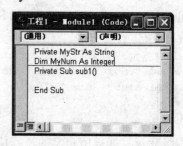

图 1.2　在窗体模块中声明模块级变量　　　图 1.3　在标准模块中声明模块级变量

3. 全局级变量

全局级变量也称全局变量，其作用域最大，可以在工程的所有模块的所有过程中调用，定义时要在变量名前冠以 Public。全局变量一般在标准模块的声明部分定义，也可以在窗体模块的通用声明段定义。

要在标准模块中定义一个全局变量，其方法与在标准模块中定义一个模块级变量相同，只是定义时必须在变量名前冠以 Public，不能使用 Dim 和 Private。在标准模块中定义一个全局变量时，关键词 Public 可以缺省。

要在窗体模块中定义一个全局变量，其方法与在窗体模块中定义一个模块级变量相同，只是定义时必须在变量名前冠以 Public，不能使用 Dim 和 Private。在窗体模块中定义一个全局变量时，关键词 Public 不能省略。

在过程中不能定义全局变量。

在标准模块的通用声明段定义的全局变量和在窗体模块的通用声明段定义的全局变量在引用时不同。标准模块的通用声明段定义的全局变量对应用程序所有模块的所有过程都是可见的，在应用程序的任何过程中可以对其直接访问，而在窗体模块的通用声明段定义的全局变量在引用时必须在变量名前加上定义该变量的窗体模块名，例如在窗体模块 Form1 中定义了一个全局变量 MyStr，在窗体模块 Form2 的 Command1_Click 事件中应如下引用：

```
Private Sub Command1_Click()
   StrTemp = Form1.MyStr
……
End Sub
```

三种变量的作用域及访问规则如表 1.1 所示。

表 1.1　变量的作用域及访问规则

名　称	声明位置	声明方式	作用域	能否被本模块中其他过程访问	能否被应用程序中其他模块访问
过程级变量	过程中	Dim 或 Static	声明该变量的过程	否	否
模块级变量	窗体模块的通用声明部分	Dim 或 Private	声明该变量的窗体模块	能	否

续表

名　称	声明位置	声明方式	作用域	能否被本模块中其他过程访问	能否被应用程序中其他模块访问
	标准模块的通用声明部分	Dim 或 Private	声明该变量的标准模块	能	否
	窗体模块的通用声明部分	Public	整个应用程序	能	能，但在过程名前要加窗体名
全局级变量	标准模块的通用声明部分	Public（可以缺省）	整个应用程序	能	能，但过程名要惟一，否则须在过程名前加标准模块名

1.5.5　常量

常量就是在程序执行期间其值不发生变化的量。Visual Basic 中的常量分为两种，一种是直接常量，一种是符号常量。

1. 直接常量

直接常量就是直接给出的一个确定的值，如字符串型值"Student"、数值型值123.456、布尔型值 True、日期型值#05/01/2003#等。

Visual Basic 在判断常量类型时有时存在多义性。例如，值 3.14 可能是单精度类型，也可能是双精度类型或货币类型。在默认情况下，Visual Basic 将选择占用内存空间最小的表示方法，值 3.01 通常被作为单精度数处理。如果需要，可以使用如表 1.2 所示的常数类型说明符显式地指明常数的类型。

表 1.2　常数的类型说明符

类型名	类型说明符	示　例	类型名	类型说明符	示　例
整型数	%	123%	双精度浮点数	#	3.14#
长整型数	&	123&	货币型	@	3.14@
单精度浮点数	!	3.14!	字符串型	$	123$

2. 符号常量

在 Visual Basic 中，系统已经定义了大量符号常量，如：vbRed、vbCrLf 等。要查看系统定义符号常量的有关信息，可以运行 Visual Basic 的"视图"菜单中的"对象浏览器"命令打开对象浏览器窗口。例如要查找系统常量 vbRed，可在对象浏览器中输入要查找的内容，单击"搜索"按钮，如图 1.4 所示。

用户也可以自定义符号常量，用来代替数值或字符串。其定义格式为：

Const <常量名> [AS <类型>] = <表达式> [, <常量名> [AS <类型>] = <表达式>]……

其中

<常量名>：要符合变量名的命名规则。

<类型>：说明所定义的常量的数据类型。

<表达式>：由数值常量、字符串常量以及运算符组成，但不能使用字符串连接运算符、变量及函数。

图 1.4　对象浏览器窗口

例如，下列代码定义了一个双精度常量 PI 和一个字符串常量 MyString：

```
Const PI As Double = 3.1415926
Const MyString As String = "ABCDEFG1234567890"
```

在程序中可以像变量一样引用符号常量,但要注意的是符号常量只能在声明时赋以一个值，一经定义就不能给符号常量赋以新值。

1.6　常用内部函数

所谓内部函数，就是指 Visual Basic 系统中为用户定义的函数，用户在代码中可直接调用。这些函数多数都带有一个或多个参数，返回一个函数值。在应用程序中可以直接调用这些函数，以实现某种运算或功能。其一般调用格式为：

<函数名>（[<参数表>]）

其中，<参数表>表示传递给函数的参数列表，参数表中的参数可以是常量、变量或表达式。如果要调用的函数有多个参数，每个参数间用逗号分隔；如果要调用的函数不带参数，则可省略<参数表>。

Visual Basic 所定义的内部函数大体可以分为 5 类，即字符串函数、数学函数、转换函数、日期时间函数和随机函数。

1.6.1　数学函数

1. 绝对值函数

Abs（X）：返回 X 的绝对值。

2. 三角函数

Sin（X）：返回 X 的正弦值，X 以弧度为单位。

Cos（X）：返回 X 的余弦值，X 以弧度为单位。

Tan（X）：返回 X 的正切值，X 以弧度为单位。

Atn（X）：返回 X 的反正切值，返回值以弧度为单位。

3. 平方根函数

Sqr（X）：返回 X 的平方根，X 应大于或等于 0。

4. 指数和对数函数

Exp（X）：返回 e^x 的值。

Log（X）：返回 lnx 值。

5. 符号函数

Sgn（X）：返回数学中 sgn（x）的值，即当 X>0 时返回数值 1；当 X＝0 时返回数值 0；当 X<0 时返回数值-1。

1.6.2　转换函数

转换函数用于数据类型或形式的转换，包括整型、实型、字符串型之间以及 ASCII 码、ASCII 字符之间的转换。下面是常用的转换函数：

Asc（s）：将字符串 s 的首字符转换为对应的 ASCII 码。

Chr（x）：将 x 的值转换为对应的 ASCII 字符。

Str（x）：将 x 的值转换为一个字符串。

Val（s）：将字符串 s 转换为数值。

Int（x）：取整数函数，返回不大于 x 的最大整数。

Fix（x）：取整数函数，返回 x 的整数部分。

UCase（s）：将字符串 s 中所有字母转换为大写。

LCase（s）：将字符串 s 中所有字母转换为小写。

另外，Visual Basic 的转换函数还有 Hex（X）、Oct（X）、Cint（X）、Ccour（X）、CDbl（X）、Clng（X）、CSng（X）、CVar（X）等，详细内容请参见 MSDN。

1.6.3　字符串操作函数

1. 字符串长度函数

Len（s）：返回字符串 s 的长度，即 s 中字符的个数。

2. 删除空格字符函数

LTrim（s）：删除字符串 s 的左边空格字符（即前导空格）。

RTrim（s）：删除字符串 s 的右边空格字符（即后导空格）。

Trim（s）：删除字符串 s 的左右两边空格字符（即前导空格和后导空格）。

3. 生成空格函数

Space（n）：生成由连续 n 个空格字符组成的字符串。

4. 生成字符串函数

String（n，s）：返回连续 n 个由字符串 s 的首字符构造的字符串。

例如，下列代码产生 5 个星号：

```
MyString = String (5, "*")
```

5. 取子串函数

Left（s，n）：返回字符串 s 中从左边开始的 n 个字符。

Right（s，n）：返回字符串 s 中从右边开始的 n 个字符。

Mid（s，n1，n2）：返回字符串 s 中从第 n1 个位置开始的连续 n2 个字符。

6. 搜索子字符串函数

```
InStr ([n ,] s1,s2)
```

在字符串 s1 中从第 n 个字符开始搜索字符串 s2，若搜索成功，即 s2 包含在 s1 中，返回 s2 在 s1 中的位置；若搜索不成功，即 s2 未包含在 s1 中，则返回 0。省略参数 n 时，从第 1 个字符开始搜索，即缺省 n=1。字符串中从左至右第一个出现的字符其位置为 1，第 2 个出现的字符位置为 2，……，以此类推。

例如，如果已知字符串 s 的中间某一位置有一空格，要想将其删除可以使用如下代码：

```
p = InStr(s, " ")
s = Left(s, p - 1) & Right(s, Len(s) - p)
```

1.6.4　日期和时间函数

Now：返回系统当前日期和时间。

Date：返回系统当前日期。

Time：返回系统当前时间。

Timer：返回从午夜开始到现在经过的秒数。

Day（date）：返回一个由参数 date 指定的整数，表示指定日期是月份中的第几日。Date 参数可以是任何能够表示日期的表达式。

WeekDay（date）：返回一个由参数 date 指定的整数，表示指定的日期是星期几。

Month（date）：返回一个由参数 date 指定的整数，表示指定日期是月份。

Year（date）：返回一个由参数 date 指定的整数，表示指定日期是年份。

hour（time）：返回一个由参数 time 指定的整数，表示小时（0~23）。

Minute（time）：返回一个由参数 time 指定的整数，表示分钟（0~59）。

Second（time）：返回一个由参数 time 指定的整数，表示秒（0~59）。

1.6.5　格式函数

Format（n，<格式字符串>）

格式函数将以<格式字符串>所表达的格式返回一个字符串，例如：

```
Format（3.14159265,"0"）          '返回字符串3
Format（3.14159265,"0.00"）       '返回字符串3.14
Format（3.14,"00.000"）           '返回字符串03.140
Format（3.14159265,"#.##"）       '返回字符串3.14
Format（3.14,"##.###"）           '返回字符串3.14
```

关于 Format 函数的详细信息请参考 MSDN。

1.6.6　随机函数

随机数经常用于测试、模拟及游戏程序中。在 Visual Basic 中可以使用随机函数 Rnd 和随机语句 Randomize 产生随机数。

每次调用随机函数 Rnd，将返回一个 0~1 之间的单精度随机数，其调用格式如下：

Rnd［（x）］

其中，x 为随机函数参数，可以是任何单精度常数或有效的数值表达式。若 x<0，则每次都使用 x 作为随机数的种子得到的相同结果；若 x>0，则以上一个随机数作为种子，产生序列中的下一个随机数；若 x=0，则返回与最近生成的随机数相同的随机数；若省略参数 x，则相当于 x>0 情况，即以上一个随机数作为种子，产生序列中的下一个随机数。

当应用程序不断地反复使用随机数时，同一序列的随机数会反复出现。如果要避免这种情况发生，可以使用 Visual Basic 提供的 Randomize 语句，该语句格式如下：

Randomize［n］

其中，n 可以是任何可变类型常数或有效的数值表达式。Randomize 语句的作用是用参数 n 对 Rnd 函数的随机数生成器初始化，该随机数生成器将给 Rnd（x）中参数 x 一个新的种子值。如果省略 n 参数，则用系统时钟的值作为 Rnd（x）中参数 x 的新种子值。

一般当不想产生重复的随机数序列时，先使用不带参数的 Randomize 语句对 Rnd 函数的随机数生成器初始化，再调用 Rnd 函数产生随机数。

如果想产生重复的随机数序列，可以直接调用带负参数的 Rnd 函数产生随机数。

要产生一个[a，b]之间的随机整数，可用如下的公式

$$\text{Int}（（b-a+1）*Rnd+a）$$

1.7　运算符与表达式

运算就是对数据进行加工，在程序语言中用不同的符号来描述不同的运算形式，这些符号称为运算符或操作符，而运算的对象称其为操作数。由运算符将操作数连接起来即构成表达式。表达式描述了对不同类型的操作数以何种顺序进行何种操作，或者说，表达式表达了某种求值的规则。操作数可以是常量、变量、函数、对象等。Visual Basic 提供了丰富的运算符，可以构成多种类型的表达式。

1.7.1　算术运算符与算术表达式

算术运算符是常用的运算符，用于对数值型数据执行简单的算术运算。Visual Basic 提供了 8 个算术运算符。表 1.3 按优先级列出了这些算术运算符。表中示例中 X 的值设

定为整型数 10，Y 的值设定为整型数 3。

Visual Basic 中的算术运算基本上与数学中的算术运算相同，这里只介绍指数运算、浮点数除法、整数除法和取模运算。

表 1.3　Visual Basic 的算术运算符

运　算	运算符	优先级	示　例	示例结果
乘方	^	1	X ^ Y	双精度数 1000
取负	−	2	−3	整型数−3
乘	*	3	X*Y	整型数 30
浮点除法	/	3	X/Y	双精度数 3.33333333333333
整数除法	\	4	X\Y	整型数 3
取模	Mod	5	X Mod Y	整型数 1
加法	+	6	X + Y	整型数 13
减法	−	6	X−Y	整型数 7

1. 指数运算

指数运算用来计算乘方和方根，其运算符为"^"。例如：

$10 ^ 2$ 表示 10 的平方，即 10*10，结果为 100。

$10 ^ (−2)$ 表示 10 的平方的倒数，即 1/100，结果为 0.01。

$25 ^ 0.5$ 表示 25 的平方根，结果为 5。

$8^(1/3)$ 表示 8 的立方根，结果为 2。

注意　当指数是一个表达式时，必须加上括号。例如，X 的 Y+Z 次方，必须写成 $X^(Y+Z)$，不能写成 X^Y+Z，因为^的优先级比+高。

2. 浮点数除法与整数除法

浮点数除法运算符" / "执行标准除法运算，与数学中的除法相同，运算结果为浮点数，如表达式 3/2 的值为 1.5。

整数除法运算符" \ "执行整除运算，运算结果为整型数。整除的操作数一般为整型数。当操作数带有小数时，首先被四舍五入为整型数或长整型数，然后再进行整除运算，其运算结果截取整数部分，小数部分不做舍入处理。例如：

$10\4$ 的结果为 2。

$25.63\6.78$ 结果为 3。运算时先将 25.63 四舍五入为 26，将 6.78 四舍五入为 7，再进行整除 26\7，截取整数部分 3。

3. 取模运算

取模运算符 Mod 用来求余数，其结果为第一个操作数整除第二个操作数所得的余数。当操作数带有小数时，首先被四舍五入为整型数或长整型数，然后求余数。例如：

7 Mod 4 结果为 3。

25.68 Mod 6.99 首先通过四舍五入把 25.68 和 6.99 分别变为 26 和 7，26 被 7 整除，

商为 3，余数为 5，因此运算结果为 5。

注意　当一个表达式中含有多种算术运算符时，必须严格按优先级顺序求值；此外，如果表达式中含有括号，则先计算括号内表达式的值；有多层括号时，先计算内层括号内表达式的值。

1.7.2　关系运算符与关系表达式

关系运算符也称比较运算符，用来对两个表达式的值进行比较，比较的结果是一个逻辑值，即真（False）或假（False）。Visual Basic 提供了 8 个关系运算符，如表 1.4 所示。

表 1.4　关系运算符

运算符	测试关系	表达式例子
=	等于	X=Y
<>或><	不等于	X < > 或 X > < Y
>	大于	X < Y
<	小于	X > Y
<=	小于等于	X < =Y
>=	大于等于	X > =Y
Like	比较样式	
Is	比较对象变量	

用关系运算符连接两个算术表达式所组成的式子叫做关系表达式。关系表达式的结果是一个 Boolean 型的值，即 True 和 False。Visual Basic 把 0 认为是 True，任何非 0 值都认为是 False。

用关系运算符既可以进行数值的比较，也可以进行字符串的比较。对于数值是比较其大小，对于字符串是从字符串的左端开始，依次比较每个字符的 ASCII 码值的大小。

在应用程序中，关系运算的结果通常作为判断的条件使用，但要注意的是当对单精度或双精度的浮点数使用比较运算符时，应避免进行"相等"或"不相等"的判断，因为由于机器的运算误差，计算机很可能将 1.0/3.0*3.0 计算为不等于 1.0。这时可改为判断两数差的绝对值 Abs（1.0/3.0*3.0-1.0）是否为很小的数值，比如小于 0.00001 即认为两数相等。

Like 运算符用来比较字符串表达式和 SQL 表达式，主要用于数据库查询。Is 运算符用来比较两个对象的引用变量，主要用于对象操作。此外，Is 运算符还在 Select Case 语句中使用。

1.7.3　逻辑运算符与逻辑表达式

逻辑运算也称布尔运算。用逻辑运算符连接两个或多个关系式，组成一个逻辑表达式或布尔表达式。常用的逻辑运算符有下面几种。

逻辑非：Not 进行"取反"运算，例如 Not 2>5 结果为 True。

逻辑与：And 对两个关系表达式的值进行比较，如果两个表达式的值均为 True，结果才为 True，否则为 False。如（3 > 8）And（5 < 6）结果为 False。

逻辑或：Or 对两个表达式进行比较，如果其中一个表达式的值为 True，结果就为 True；只有两个表达式的值均为 False 时，结果才为 False。例如（3 > 8）Or（5 < 6）结果为 True。

1.7.4 字符串运算符与字符串表达式

字符串运算符有两个，"&" 和 "+"，都用于将两个字符串连接起来，合并为一个新的字符串。例如：

```
A="Mouse"
B="Trap"
C=A+B        'C的值为"MouseTrap"
```

运算符 "+" 既可以用于数值相加，又可以用于字符串连接。当 "+" 作为字符串运算符时，"+" 号两边均要求为字符串型表达式；如果两边均为数值型表达式，则执行算术加运算；如果一边为数值型表达式，而另一边为字符串表达式，则 Visual Basic 先试着将字符串转换为数值，如果转换成功则进行相加运算，不成功则把另一个数值转换成字符串，然后对两个字符串进行连接，形成一个新的字符串。

运算符 "&" 两边可以都是字符串型表达式或都是数值型表达式或一边为数值型表达式而另一边为字符串表达式，无论何种情况，Visual Basic 总是进行字符串连接运算，系统先将数值型数据转换为字符串，连接运算然后再进行字符串连接运算。

注意 最好对数值运算使用 "+" 运算符，而对字符串连接使用 "&" 运算符。

一个表达式可能含有多种运算，系统按一定的顺序对表达式求值，一般顺序如下：函数运算→算术运算→关系运算→逻辑运算。

小　结

本章首先介绍了面向对象程序设计几个基本概念：类、对象的概念；属性的概念与设置格式；方法的概念与调用规则；事件概念和事件如何发生。Visual Basic 中模块组成与工程的概念，Visual Basic 应用程序的二个最基本的编程机制——面向对象的编程机制和事件驱动的编程机制。

本章重点介绍了 Visual Basic 中的数据类型、变量、表达式和常用内部函数。必须掌握以下内容。

1. 数据类型

① 类型标志。
② 数据范围。
③ 数据的表示方法。

2. 变量

① 变量的命名规则。

② 变量的类型。

③ 变量的声明。

④ 变量的作用域。

3. 表达式

① 运算符号及其优先级。

② 表达式类型。

4. 常用的标准函数

① 函数标志。

② 函数对自变量数据类型的要求。

③ 函数值属于哪一个数据类型。

习　题

1. Visual Basic 是面向对象的可视化编程语言，通过本章的学习，试述面向对象程序设计与传统的过程化程序设计有什么不同？Visual Basic 的事件驱动机制的含义是什么？

2. Visual Basic 应用程序由三种类型的模块组成，请问是哪三种模块？各模块文件的扩展名是什么？

3. 试述 Visual Basic 的工程概念？在 Visual Basic 的可视化集成开发环境中开发应用程序时，如何对应用程序进行组织？

4. 什么是可变数据类型？在 Visual Basic 中如何声明一个可变数据类型的变量？在 Visual Basic 中如何定义一个符号常量？

5. 在一个应用程序中，变量定义的位置不同，定义的方式不同，其作用域不同。在 Visual Basic 中，根据变量的作用域不同，变量可以分为过程级变量、模块级变量和全局级变量。试述 Visual Basic 中变量作用域的情况？

6. 将下列数学式子写成 Visual Basic 表达式。

（1）$\cos^2(c+d)$

（2）$5+(a+b)^2$

（3）$2a(7+b)$

（4）$8e^3\ln 2$

（5）$\sqrt{a^2+b^2-2ab\cos x}$

7. 求下列表达式的值。

（1）Not 2<=3 Or 4*4=3^2 And 3<>5

（2）Year(#11/25/2003#) & Month(#11/25/2003#) & Day(#11/25/2003 #)

（3）Format（（25.68 Mod 14.99）/ Int（-3.6），"0.000"）

（4）InStr（"ABCDE","CD"）*Len（"Visual Basic"）

（5）Right（Mid（"Visual Basic", 4，5），1）& Left（Mid（"程序设计",1，8），2）

第 2 章　程序设计流程

本章要点

Visual Basic 是面向对象程序设计语言，采用事件驱动机制，通过子过程调用实现应用程序功能。就具体的一个过程而言，仍然要用到结构化程序设计方法。Visual Basic 支持顺序结构、选择结构、循环结构等三种基本程序结构。本章系统介绍三种基本程序结构的基本概念及基本语句。同时介绍了窗体的结构及常用属性、事件和方法，命令按钮（CommandButton）、文本框（TextBox）、标签（Label）等控件的常用属性、事件和方法，介绍了 InputBox 函数和 MsgBox 函数。另外，本章在代码设计中涉及了计数、累加、累乘、比较大小等常用算法。

本章难点

- 窗体、文本框、标签的属性、方法和事件的具体使用
- Print 方法的输出格式
- 选择结构的嵌套应用
- 各种循环结构的执行过程和实际应用，多重循环的使用

2.1　顺序结构程序设计

如果在一段程序中没有控制结构语句，则程序的执行总是以语句出现的先后为顺序，这就是程序的顺序结构。顺序结构是程序结构中最基本的结构。

2.1.1　赋值语句

1. 格式

赋值语句是程序设计中最基本的语句,用赋值语句可以把指定的值赋给某个变量或某个带有属性的对象，其一般格式为：

　　<变量名> = <表达式> 或 [<对象名 . >] <属性名> = <表达式>

其中，"="称为赋值号，执行赋值语句时，首先计算赋值号右边表达式的值，然后将此值赋给赋值号左边的变量或对象属性。例如：

```
StudentName="Mike"
X=3.1415926
Y=Sin (X) + Cos (X)
Command1.Caption="确定"
```

```
Text1.Text=text2.text & Text3.Text
```

2. 说明

赋值号"="与数学中的等号意义不同，例如：X=X+1 表示将变量 X 的值加 1 后再赋给变量 X，而不是表示等号两边的值相等。

在一般情况下，一个赋值语句中赋值号两边的数据类型必须相同；如果赋值号两边的数据类型不相同时，Visual Basic 会自动对数据类型进行转换。例如：

```
Dim A As Integer,B As simple,S As String
A = 100: B = 123.456: S = "654.321"    '赋值号两边数据类型完全匹配
A = B          '将单精度B的值赋给整型变量A，注意A的值为123
A = S          '将字符串S的值赋给整型变量A，注意A的值为654
S = A          '将整型变量A的值赋给字符串变量S，注意S的值为"654"
```

在用赋值语句给变量赋值以前，变量已经具有初值。变量的初值是在显式声明或隐式声明时由系统对变量进行初始化而形成的。在 Visual Basic 中，字符串型变量被初始化为空串，即 0 长度字符串；数值型变量被初始化为数值 0，而可变类型 Variant 变量被初始化为 Empty。

2.1.2 窗体和命令按钮

1. 窗体的结构、添加和移除

窗体（Form）就是 Windows 应用程序中的窗口，它是 Visual Basic 中最基础的对象，所有的应用程序界面设计都以窗体为基础。窗体是所有控件的容器，所有的控件对象必须建立在窗体上。在 Visual Basic 的可视化集成开发环境中，每建立一个窗体，就建立了一个窗体模块，也就是说，一个窗体对应一个窗体模块。

Visual Basic 窗体的结构与 Windows 下的应用程序窗口结构类似，具有标题栏、控制菜单、关闭按钮、最小化按钮、最大/还原按钮及边框，如图 2.1 所示。

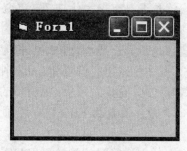

图 2.1 窗体的结构

Visual Basic 窗体的操作也与 Windows 下的应用程序窗口的操作类似，运行时可以通过拖标题栏移动窗体，可以将鼠标指针对准窗体边框时拖动以改变窗体的大小，可以通过双击标题栏最小化窗口，等等。

在 Visual Basic 的可视化集成开发环境中，需要向当前工程添加一个窗体时，可以使用以下三种方法之一。

① 在"工程"菜单中选择"添加窗体"，在打开的"添加窗体"对话框中，选择"新

建"选项卡中的"窗体"图标，然后单击"打开"按钮。

　　② 在"工程资源管理器"窗口中选择当前工程，单击鼠标右键，在弹出的快捷菜单中选择"添加"菜单项中的"添加窗体"命令，在打开的"添加窗体"对话框中，选择"新建"选项卡中的"窗体"图标，然后单击"打开"按钮。

　　③ 在工具栏在单击"添加窗体"按钮，在打开的"添加窗体"对话框中，选择"新建"选项卡中的"窗体"图标，然后单击"打开"按钮。

　　在 Visual Basic 的可视化集成开发环境中，需要移除当前工程中一个窗体时，可以使用以下两种方法之一。

　　① 首先在窗体设计器中或工程资源管理器中选中要移除的窗体，如 Form1，然后在"工程"菜单中选择"移除 Form1"命令即可。选中窗体可以在工程资源管理器中进行，也可以在窗体设计器中进行。

　　② 在工程资源管理器中选中要移除的窗体，如 Form1，单击鼠标右键，在弹出的快捷菜单中选择"移除 Form1"。

　　一个工程在运行时必须有一个启动对象。通常工程的启动对象默认为工程中的第一个窗体，要改变启动对象时，可以在工程资源管理器窗口中选中当前工程，如工程 1，单击鼠标右键，在弹出的快捷菜单中选择"工程 1 属性"命令，在工程属性对话框中选择通用选项卡，在"启动对象"下拉列表框中选择要设置为启动对象的对象，单击"确定"按钮。

　　2. 窗体的属性、事件和方法

　　Name 属性：决定窗体的名称，该属性用于标识窗体名字，运行时只读。

　　Caption 属性：用于确定窗体标题栏中显示的内容。

　　BackColor 属性：用以决定窗体的背景颜色。

　　ForeColor 属性：用以决定窗体的前景颜色。

　　MaxButton 属性：决定窗体是否具有最大化按钮。将窗体的 MaxButton 属性设置为 True 时，窗体标题栏中将具有最大化按钮；设置为 False 时，无最大化按钮。

　　MinButton 属性：决定窗体是否具有最小化按钮。将窗体的 MinButton 属性设置为 True 时，窗体标题栏中将具有最小化按钮；设置为 False 时，无最小化按钮。

　　ContrlBox 属性：决定窗体是否具有控制菜单。将窗体的 ContrlBox 属性设置为 True 时，窗体标题栏中将显示控制菜单；设置为 False 时，不显示控制菜单，也不显示最大化、最小化以及关闭按钮。

　　WindowState 属性：决定窗体在运行时的初始呈现状态。有以下三个设置值。

　　0-Normal：按设计的大小显示。

　　1-Minimized：以最小化方式显示。

　　2-Maximized：以最大化方式显示。

　　Icon 属性：用于设置窗体最小化时所显示的图标。所加载的文件必须有.ico 文件扩展名和格式。如果不指定图标，窗体会使用 Visual Basic 缺省图标。

　　Click 事件：当用鼠标单击窗体中不含任何其他控件的空白区域时发生窗体的 Click 事件。

　　DblClick 事件：当用鼠标双击窗体中不含任何其他控件的空白区域时发生窗体的 DblClick 事件。

　　Load 事件：当窗体被装入工作区时发生 Load 事件。Load 事件在装入窗体时由系统自动触发，通常使用 Load 事件对程序中的变量或有关对象的属性进行初始化。

　　UnLoad 事件：当从内存工作区中清除一个窗体时发生 UnLoad 事件。在运行时用户关闭一个窗体或者在代码中使用 UnLoad 语句关闭一个窗体时，该窗体即被从内存工作区中清除。一个窗体被卸载后重新装入时，该窗体中所有的控件都要重新初始化。

　　Activate 事件和 Deactivate 事件：当窗体变为活动窗体时触发 Activate 事件，而当另一个窗体变为活动窗体前，将触发当前处于活动状态窗体的 DeActivate 事件。

　　MouseMove 事件：当在窗体上移动鼠标指针时发生。

　　Print 方法：在窗体上显示文本内容。

　　Cls 方法：清除窗体上显示的所有文本和图像。

　　Show 方法和 Hide 方法：窗体的 Show 方法用于显示窗体，窗体的 Hide 方法用于隐藏窗体。如果调用 Show 方法时指定的窗体没有装载，Visual Basic 将自动装载该窗体，隐藏一个窗体只是在屏幕上将该窗体隐藏，在内存中该窗体仍然存在。

　　例 2.1　新建一工程，工程中有两个窗体 Form1 和 Form2，在窗体 Form1 上放置"显示下一窗体"命令按钮，在窗体 Form2 上放置"显示上一窗体"命令按钮，运行时单击"显示下一窗体"命令按钮时将 Form1 隐藏，显示 Form2，单击"显示上一窗体"命令按钮时将 Form2 隐藏，显示 Form1。设计界面如图 2.2 所示。

图 2.2　窗体的显示与隐藏

"显示下一窗体"命令按钮的单击事件如下：

```
Private Sub Command1_Click()
    Form1.Hide
    Form2.Show
End Sub
```

"显示上一窗体"命令按钮的单击事件如下：

```
Private Sub Command1_Click()
    Form2.Hide
    Form1.Show
End Sub
```

3. 命令按钮的属性、事件和方法

命令按钮的主要属性有如下几类。

Name 属性：命令按钮的 Name 属性是命令按钮的标识，运行时只读。

Capton 属性：用于指定显示在命令按钮上的标题文本内容。可以给命令按钮定义一个访问键，运行时同时按下键盘上 ALT 键和该访问键，相当于单击该命令按钮。要想定义一个访问键，只需在 Capton 属性的设置值中该键字母前加"&"字符。

Default 属性：用于决定命令按钮是否为缺省按钮。当该属性设置为 True 时，命令按钮为缺省按钮，运行时当焦点位于其他控件上时，用户按下键盘上的回车键即相当于单击该按钮。

Cancel 属性：用于决定命令按钮是否为缺省取消按钮。当该属性设置为 True 时，命令按钮为缺省取消按钮，运行时当用户按下键盘上的 Esc 键即相当于单击该按钮。

Enabled 属性：用于决定在运行时命令按钮是否可以响应用户触发的事件。当 Enabled 属性设置为 True 时，该命令按钮有效，可以响应用户触发的事件，若设置为 False，则该命令按钮无效，不能响应用户触发的事件。

Visible 属性：用以确定命令按钮在运行时是否可见。将命令按钮的 Visible 属性设置为 True 时，在运行时可见，否则不可见。

Value 属性：用以指示命令按钮在运行时是否被按下，若 Value 属性值为 True，表示被按下。

命令按钮可以支持许多事件，如 Click 事件（鼠标单击）、MouseDown 事件（鼠标键按下）、MouseUp 事件（鼠标键抬起）、MouseMove 事件（鼠标移动）、KeyDown 事件（键盘键按下）、KeyUp 事件（键盘键抬起）。

命令按钮支持 SetFocus 方法，可以使用 SetFocus 方法将焦点定位在指定的命令按钮上。

2.1.3　数据输入

数据的输入与输出是程序设计最基本的内容。在 Visual Basic 应用程序中，可以用输入框函数 InputBox、文本框控件 TextBox 来向应用程序输入数据，或者说，用来接收用户的输入。

1. 使用输入框函数 InputBox 输入数据

InputBox 函数产生一个对话框，作为接收用户输入数据的界面，等待用户输入内容，并向应用程序返回所输入的内容。其调用格式如下：

InputBox（<提示信息> [, <对话框标题>,] [<默认值>]）

<提示信息>：字符串表达式。使用<提示信息>参数可以设置对用户的任何提示信息，运行时所设置的提示信息的内容将显示于对话框内。

<对话框标题>：字符串表达式。使用<对话框标题>参数可以设置由 InputBox 函数产生的对话框的标题内容，运行时所设置的对话框标题内容将显示于对话框的标题栏中，如果省略此选项，则在标题栏中显示当前的应用程序名。

<默认值>：字符串表达式。由 InputBox 函数产生的对话框中有一文本框，用来接

受用户的输入，使用<默认值>参数可以设置缺省的输入内容，运行时所设置的默认内容将显示于该文本框中。如果省略此选项，则文本框的内容为空。

例如，在程序中写入如下代码：

```
Number=Val(InputBox("请输入一个整数"&vbCrLf&"1-100之间","数据输入","1"))
```

执行该代码时，弹出的对话框如图 2.3 所示。可以在文本框中将默认值改为其他值，单击"确定"按钮，文本框中的值返回到 Val（）函数；单击"取消"按钮，则返回到 Val（）函数的是一个零长度字符串。

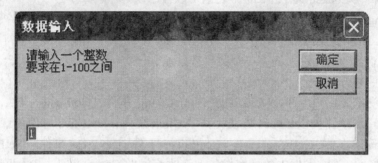

图 2.3　InputBox 函数输入对话框

2. 使用文本框 TextBox 控件输入数据

（1）TextBox 的属性

Text 属性：字符串型，缺省值为对象名。该属性返回或设置文本框中显示的内容。

MutiLine 属性：布尔型，缺省值为 False。当属性 MutiLine 为 False 时，文本框中只能输入或显示一行文本，为 True 时，文本框可以输入或显示多行文本，且会在输入的内容超出文本框时自动换行。在设计状态，在属性窗口设置多行文本框控件的 Text 属性值时，可以通过按下 Ctrl+Enter 组合键实现文本内容的换行。在运行状态，如果窗体中没有缺省的确定按钮，可以直接按下 Enter 键实现文本内容的换行，如果窗体中存在缺省的确定按钮，则需要按下 Ctrl+Enter 组合键实现文本内容的换行。

PasswordChar 属性：字符串型，缺省值为空串，运行时只读。当属性 PasswordChar 为缺省的空串时，文本框中显示的是所输入的字符。如果把 PasswordChar 设置为某一字符，如星号"*"，则文本框中的任何字符都显示为星号。此属性主要用于口令输入。要注意的是 PasswordCha 只是改变了显示内容，文本框按收到的仍然是所输入的字符。

ScrollBars 属性：数值型，缺省值为 0，运行时只读。ScrollBars 属性决定文本框是否带有滚动条，其属性值可设置为如下 5 个值之一。

0：没有滚动条。

1-None：无滚动条。

2-Horizontal：只有水平滚动条。

3-Vertical：只有垂直滚动条。

4-Both：同时具有水平滚动条和垂直滚动条。

注意　只有当 MutiLine 设置为 True 时，文本框才显示滚动条。

SelStart 属性：数值型，设计时不可用，运行时返回或设置当前所选择文本的起始位置。文本框中第一个字符的位置为 0，第 2 个字符的位置为 1，以此类推。如 Text1.SelStart=3 表示从文本框中第 4 个字符开始选择字符。

SelLength 属性：数值型，设计时不可用，运行时返回或设置当前所选择文本的长度，即当前所选择文本的字符个数。如 Text1.SelLength=Len（Text1.Text）表示选中文本框 Text1 中全部字符。

Locked 属性：布尔型，缺省值为 False。用于确定运行时文本框中的内容是否可以被编辑。当属性 Locked 为 False 时，表示可以被编辑。

MaxLength 属性：数值型，缺省值为 0。用以确定可以在文本框中允许输入的字符个数。如 Text1. MaxLength=6 表示在文本框 Text1 中最多允许输入 6 个字符。要注意的是其缺省值 0 表示允许输入的字符个数没有限制。

（2）事件和方法

文本框支持 Click 事件、DblClick 事件、Chang 事件、GotFocus 事件、LostFocus 事件、KeyPress 事件和 SetFocus 方法。其中 Click 事件、DblClick 事件前章已有介绍，下面介绍 Chang 事件、GotFocus 事件、LostFocus 事件、KeyPress 事件和 SetFocus 方法。

Chang 事件：当文本框中的内容发生改变时将触发 Chang 事件。文本框中内容改变可能是由于用户向文本框输入了新的值或者是应用程序代码对文本框的 Text 属性进行了新的赋值。

GotFocus 事件和 LostFocus 事件：当对象获得焦点时触发 GotFocus 事件，当对象失去焦点时触发 LostFocus 事件。

焦点表示一个控件是否能够接收用户的输入，当对象具有焦点时，就处于接收用户输入的状态，否则对象不能接收用户的输入。任一时刻，应用程序中只能有一个对象获得焦点，当一个对象获得焦点时，另一个刚才获得焦点的对象将失去焦点。

用下列方式之一可以使对象获得焦点。

① 用鼠标单击对象或使用访问键，或使用 Tab 键移动焦点。

② 在代码中使用 SetFocus 方法。

用下列方式之一可以使对象失去焦点：

① 用鼠标单击另一个对象或使用另一个对象的访问键，或使用 Tab 键移动焦点。

② 在代码中对另一个对象使用 SetFocus 方法。

当一个窗体获得焦点时，我们说该窗体是活动的，其标题栏高亮显示；当一个文本框获得焦点时，该文本框处于接收用户输入的状态，该文本框中有闪烁的光标；当一个命令按钮获得焦点时，该命令按钮有突出显示的边框线。

当窗体中有多个控件时，可以使用键盘上的 Tab 键使焦点按某一顺序在各个控件之间移动，这一顺序称为 Tab 键序。通过设置控件的 TabIndex 属性值可以改变控件在窗体上的 Tab 键序，通过设置 TabStop 属性值为 False 可以实现在按 Tab 键时跳过该控件。另外不能获得焦点的控件（如定时器、菜单、框架、标签等）以及设置为无效的控件（Enabled 属性值为 False）和设置为不可见的控件（Visible 属性值为 True），在按 Tab 键时也将被跳过。

KeyPress 事件：当在键盘上按下一个键时触发 KeyPress 事件。KeyPress 事件返回一个参数 KeyAscii，该参数值为整数，表示所按下键的 ASCII 码。KeyPress 事件过程是一个有参过程，其结构如下：

```
Private Sub Text1_KeyPress(KeyAscii As Integer)
......
End Sub
```

与 KeyPress 事件相似的事件还有 KeyDown、KeyUp、MouseDown、MouseDown 和 MouseMove 等，详细内容请参阅 MSDN。

SetFocus 方法：调用文本框的 SetFocus 方法，可以使文本框获得焦点，此时光标移到该文本框。如若要将焦点移到 Text1 文本框中，可以使用如下语句：

```
Text1.SetFocus
```

例 2.2 设计如图 2.4(a)所示界面，在窗体 Form1 上放置 2 个文本框 Text1 和 Text2，放置 2 个命令按钮 Command1 和 Command2。要求运行时实现功能：从文本框 Text1 中输入的任何文本立即显示于文本框 Text2 中；获得焦点的文本框中文本颜色为红色，失去焦点时文本颜色为黑色；单击"全部选中"按钮时，选中文本框 Text1 中的全部文本；单击"选择选中"按钮时，依次弹出两个 InputBox 输入对话框以输入要选中文本的起始位置和长度，并将文本框 Text2 中的相应文本选中。

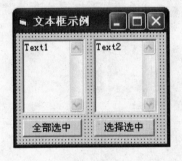

（a）设计界面

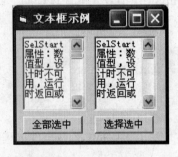

（b）运行界面

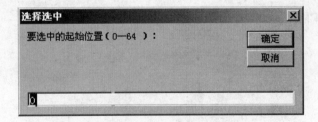

（c）提示输入要选中文本的起始位置

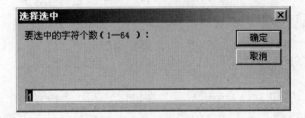

（d）提示输入要选中文本的长度

图 2.4 文本框示例

"全部选中" 按钮的 Click 事件过程如下：

```
Private Sub Command1_Click()
    Text1.SelStart = 0
    Text1.SelLength = Len(Text1.Text)
    Text1.SetFocus
End Sub
```

"选择选中" 按钮的 Click 事件过程如下：

```
Private Sub Command2_Click()
    StartPosition = InputBox("要选中的起始位置(0—" & Len(Text2.Text) & " ):
", "选择选中", "0")
    Length = InputBox("要选中的字符个数(1—" & Len(Text2.Text) & " ): ", "
选择选中", "1")
    Text2.SelStart = StartPosition
    Text2.SelLength =Length
    Text2.SetFocus
End Sub
```

窗体 Form1 的 Load 事件过程如下：

```
Private Sub Form_Load()
    Text1.Text = "": Text2.Text = ""
End Sub
```

文本框 Text1 的 Change 事件过程如下：

```
Private Sub Text1_Change()
    Text2.Text = Text1.Text
End Sub
```

文本框 Text1 的 GotFocus 事件过程如下：

```
Private Sub Text1_GotFocus()
    Text1.ForeColor = vbRed
End Sub
```

文本框 Text1 的 LostFocus 事件过程如下：

```
Private Sub Text1_LostFocus()
    Text1.ForeColor = vbBlack
End Sub
```

文本框 Text2 的 GotFocus 事件过程如下：

```
Private Sub Text2_GotFocus()
    Text2.ForeColor = vbRed
End Sub
```

文本框 Text1 的 LostFocus 事件过程如下：

```
Private Sub Text2_LostFocus()
    Text2.ForeColor = vbBlack
End Sub
```

例 2.3　设计如图 2.5（a）所示界面，在窗体 Form1 上放置一个供输入数学成绩的文本框 Text1、一个供输入英语成绩的文本框 Text2 和一个供显示平均分的文本框 Text3，放置三个标签用以显示相应文本框的提示文本，放置一个 "计算" 命令按钮 Command1 和一个 "退出" 命令按钮 Command2。运行时，从文本框 Text1 中输入英语成绩，从文本框 Text2 中输入数学成绩，单击"计算"按钮将计算结果显示于文本框 Text3 中，单击"退出"按钮退出程序。另外要求当从文本框 Text2 中输入数学成绩后按回车键时，也能计算平均分并显示于文本框 Text3 中。运行界面如图 2.5（b）所示。

为了输入数学成绩后按回车键时也能计算平均，在设计时将命令按钮 Command1 的 Default 属性设置为 True，使"计算"按钮成为默认按钮。

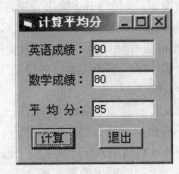

（a）设计界面　　　　　　　　　　　　　　（b）运行界面

图 2.5　计算平均分

"计算"按钮的 Click 事件过程如下：

```
Private Sub Command1_Click()
    Text3.Text = (Val(Text1.Text) + Val(Text2.Text)) / 2
End Sub
```

"退出"按钮的 Click 事件过程如下：

```
Private Sub Command2_Click()
    End
End Sub
```

窗体 Form1 的 Load 事件过程如下：

```
Private Sub Form_Load()
    Text1.Text = ""
    Text2.Text = ""
    Text3.Text = ""
End Sub
```

2.1.4　数据输出

在 Visual Basic 应用程序中，可以使用 Print 方法、消息框函数 MsgBox、文本框控件 TextBox 和标签控件 Label 来实现数据的输出。

1. 用 Print 方法输出数据

窗体和图片框等对象都具有 Print 方法，也可用 Print 方法在打印机和立即窗口等对象上输入数据。调用 Print 方法的格式如下：

［＜对象名＞.］Print［＜表达式表＞］［{；|，}］

其中，＜对象名＞为可选项，如果省略，默认为当前窗体。＜表达式表＞中的表达式可以是算术表达式、字符串表达式、关系表达式或布尔表达式，各表达式之间用逗号"，"
或分号"；"分隔。使用逗号时为分区显示格式，以 14 个字符位置为单位将一个输入行
分为若干个区，一个区只显示一个表达式的值；使用分号时为紧凑显示格式，后一项紧
跟前一项输出。当输出表达式的值时，数值型数据前面有一个符号位，最后面留一空格
位，字符串原样输出。省略<表达式表>时，输出一个空行。

一般情况下，一个 Print 输出完毕都要换行。若不打算换行，可以在语句末尾加上
分号或逗号。

使用 Print 进行输出时，可以配合使用 Visual Basic 提供的 Tab 函数。Tab 函数用于
指定下一个输出项的输出位置，调用格式为：

Tab [（n）]

其中，参数 n 表示下一个输出项将从第 n 列位置输出。当 n 小于当前显示位置时，则自
动移到下一输出行的第 n 列；若 n 小于 1，则输出位置在第 1 列；若 n 大于当前输出行
的宽度，则按 n Mod Width 计算下一个输出位置；若省略此参数，则将下一个输出区的
起点作为下一个项的输出位置。在 Print 方法中使用多个 Tab 函数时，每个 Tab 函数对
应一个输出项，各项间用分号分隔。

例 2.4　单击窗体时输出如图 2.6 所示文本内容。

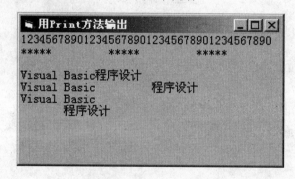

图 2.6　用 Print 方法在窗体上输出

窗体 Form1 的 Click 事件过程如下：

```
Private Sub Form_Click()
    Form1.Print "12345678901234567890123456789012345678 90"
    Form1.Print String(5,"*"),String(5,"*"),String(5,"*")
    Form1.Print
    Form1.Print "Visual Basic"; "程序设计"
    Form1.Print "Visual Basic"; Tab(22); "程序设计"
    Form1.Print "Visual Basic"; Tab(8); "程序设计"
End Sub
```

2. 用消息框函数 MsgBox 输出数据

MsgBox 函数产生一个对话框，作为应用程序向用户发出的提示信息的显示界面，
等待用户单击按钮，并向应用程序返回用户单击的是哪个按钮。其调用格式如下：

MsgBox（<提示信息> [，<按钮类型>，] [<对话框标题>]）

<提示信息>：字符串表达式。使用<提示信息>参数可以设置对用户的任何提示信息，运行时所设置的提示信息的内容将显示于对话框内。

<对话框标题>：字符串表达式。使用此参数可以设置对话框的标题栏内容，运行时所设置的对话框标题内容将显示于对话框的标题栏中，如果省略此选项，则在标题栏中显示当前的应用程序名。

<按钮类型>：数值型数据。由三类分别表示按钮类型、图标类型、默认按钮意义的数值相加而成，具体设置值如表 2.1 所示。

表 2.1　MsgBox 函数中"按钮类型"参数的设置值

分　类	设置值	对应的符号常量	描　述
按钮的类型	0	vbOKOnly	只显示"确定"按钮
	1	vbOKCancel	显示"确定"、"取消"按钮
	2	vbAbortRetryIgnore	显示"终止"、"重试"、"忽略"按钮
	3	vbYesNoCancel	显示"是"、"否"、"取消"按钮
	4	vbYesNo	显示"是"、"否"按钮
	5	vbRetryCancel	显示"重试"、"取消"按钮
图标的类型	16	vbCritical	显示"停止"图标
	32	vbQuestion	显示"询问"图标
	48	vbExclamation	显示"警告"图标
	64	vbInformation	显示"信息"图标
默认按钮	0	VbDefaultButton1	第 1 个按钮是默认按钮
	256	VbDefaultButton2	第 2 个按钮是默认按钮
	512	VbDefaultButton3	第 3 个按钮是默认按钮

MsgBox 函数返回一个整数，表示用户在对话框中按下了哪个按钮，其返回值与按钮的对应关系如表 2.2 所示。

表 2.2　MsgBox 函数的返回值

返回值	对应的符号常量	含　义
1	vbOK	表示用户按下的是"确定"按钮
2	vbCancel	表示用户按下的是"取消"按钮
3	vbAbort	表示用户按下的是"终止"按钮
4	vbRetry	表示用户按下的是"重试"按钮
5	vbIgnore	表示用户按下的是"忽略"按钮
6	vbYes	表示用户按下的是"是"按钮
7	vbNo	表示用户按下的是"否"按钮

例 2.5　下列程序将先后显示不同样式的对话框，显示结果如图 2.7 所示。

```
Private Sub Command1_Click()
    a = MsgBox("MsgBox函数示例" & vbCrLf & "提示信息可以换行显示", "示例")
```

```
        b = MsgBox("真的退出吗？", vbYesNo)
        c = MsgBox("管理系统在你的软盘中未找到有用的信息！", 2 + 16 + 256)
End Sub
```

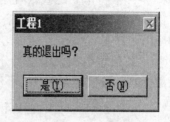

（a）　　　　　　　　　　　　　　　　　（b）

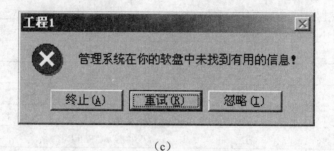

（c）

图 2.7　MsgBox 函数对话框

3. 用文本框 TextBox 控件输出数据

从例 2.5 中已经看到，文本框控件也可以用来输出数据。

例 2.6　设计如图 2.8 所示界面，当在文本框 Text1 中输入一个英文字母时，在文本框 Text2 中显示该英文字母及其 ASCII 码值。

（a）设计界面　　　　　　　　　　　　（b）运行界面

图 2.8　用文本框输出数据

在设计时，将文本框 Text2 的 Mutiline 属性设置为 True，将 ScrollBars 属性设置为 2-Vertical（只有垂直滚动条），并将 Text1 和 Text2 的 Text 属性设置为空串。代码如下：

```
Option Explicit
Dim Char As String * 1
```

```
Private Sub Text1_Change()
    Char = Trim(Text1.Text)
    Text2.Text = Text2.Text & Space(5) & Char & Space(5) & Asc(Char) &
vbCrLf
    Text1.SelStart = 0
    Text1.SelLength = Len(Text1.Text)
    Text1.SetFocus
End Sub
```

4. 用标签 Label 控件输出数据

标签控件只能显示文本，而不能对文本进行编辑。通常使用标签控件来标注不具有 Caption 属性的控件，如为文本框提供附加的说明，标签也常用于输出。

Caption 属性：字符串型，缺省值为对象名。该属性返回或设置标签中显示的文本内容。

Alignment 属性：数值型，缺省值为 0。Alignment 属性决定标签中标题文本的对齐方式，其属性值可设置为如下三个值之一。

0-Left Justify：左对齐。

2-Right Justify：右对齐。

3-Center：居中。

AutoSize 属性：布尔型，缺省值为 False。用于确定运行时标签的大小是否能随标题内容的多少而自动改变。当属性 AutoSize 为 False 时，表示不能自动改变大小，保持为设计时的大小；为 True 时，可以自动改变大小。

WordWrap 属性：布尔型，缺省值为 False。它取两种值：True 和 False，用于确定标签的标题属性的显示方式。若设置为 True，则标签将在垂直方向变化大小以与标题文本相适应，水平方向的大小与原来所画的标签相同；若设置为 False，则标签将在水平方向上扩展到标题中最长的一行，在垂直方向上显示标题的所有各行。为了使 WordWrap 起作用，应把 Autosize 设置为 True。

BorderStyle 属性：数值型，缺省值为 0。用于决定标签的边框样式，其属性值为 0 表示无边框，1 表示有边框。

BackStyle 属性：数值型，缺省值为 1。用于决定标签的透明样式，其属性值为 0 表示透明，1 表示不透明。

标签控件支持 Click、DblClick 事件和 Move 方法（移动一个对象）。

例 2.7　编制一个日历程序，窗体上放置 6 个标签，设计时将各标签的 AutoSize 属性设置为 True，窗体背景颜色为绿色，设计界面如图 2.9 所示。运行时将"日期"标签 Label1、"时间"标签 Label3 和"星期"标签 Label5 的 BackStyle 属性设置为 0（透明），运行界面如图 2.9 所示。

在窗体 Form1 的 Load 事件中编写代码如下：

```
Private Sub Form_Load()
    Form1.BackColor = vbGreen
    Label1.BackStyle = 0
    Label3.BackStyle = 0
    Label5.BackStyle = 0
```

```
            Label2.Caption = Year(Date) & "年" & Month(Date) & "月" & Day(Date) & "
日"
            Label4.Caption = Hour(Time) & "时" & Minute(Time) & "分"
            Label6.Caption = Weekday(Date)
        End Sub
```

 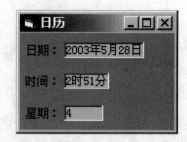

（a）设计界面   （b）运行界面

图 2.9   标签控件应用示例

2.1.5 注释、暂停、程序结束语句

1. 注释语句

当需要对程序行或程序段进行注释时，可以使用注释语句。Visual Basic 中的注释语句格式如下：

{ '↓ Rem } <注释内容>

注释语句通常放在程序段的开头或语句行的最后。

2. 暂停语句

在程序调试时，往往需要对程序设置断点，这时可以将暂停语句放置在要设置的断点处，当程序执行到此语句时，系统将暂停程序的运行，打开立即窗口，以方便用户调试程序。其格式如下：

Stop

暂停语句只在程序调试时使用，当程序调试结束，生成可执行文件前应将其删除。

3. 程序结束语句

在一个应用程序中，应该至少有一个结束语句，使程序能够正常结束。Visual Basic 中的结束语句格式如下：

End

2.2 选择结构程序设计

当要根据不同的条件来决定程序的执行方向时，就需要使用选择结构。Visual Basic 有三种形式的选择结构，即单行选择结构、多行选择结构和多分支选择结构。

2.2.1　单行选择结构 If-Then-Else

格式：If <条件> Then [<语句组 1>] [Else <语句组 2>]

功能：当条件成立时，执行 Then 后的语句组 1，否则执行 Else 后的语句组 2。

说明：<条件>可以是关系表达式、布尔表达式、数值表达式或字符串表达式。条件成立的标志是条件表达式运算结果为 True。对于数值，Visual Basic 将 0 作为 False，非 0 作为 True；对于字符串，要求为只包含数字的字符串，若字符串中数值为 0，则认为是 False，否则认为是 True。Visual Basic 将 Null 作为 False 处理。

<语句组 1>和<语句组 2>中可以含有多条语句，各语句之间用冒号 "："分隔。

例如，If x>=0 Then y=0 Else y=1

注意　单行结构条件语句是一条语句，应在一行写完。如果一行写不完，可以采用续行符。建议此时采用块结构的条件语句。

2.2.2　多行选择结构 If-Then-End If

格式：

```
If <条件 1> then
    [ <语句组 1> ]
[ ElseIf <条件 2> then
    [ <语句组 2> ] ]
……
[ ElseIf <条件 n> then
    [ <语句组 n> ] ]
[ Else
    [ <其他语句组> ] ]
End If
```

功能：首先判断<条件 1>是否成立，若成立则执行<语句组 1>，然后执行 End If 后面的语句；若<条件 1>不成立，再判断<条件 2>是否成立，若成立则执行<语句组 2>，然后执行 End If 后面的语句，若<条件 2>不成立，再判断<条件 3>是否成立，…… 如果<条件 1>到 <条件 n>都不成立，则执行 Else 后面的<其他语句组>。

说明：多行选择结构是块结构，在执行一个块结构的条件语句时，写在前面的条件先被判断，若条件成立，执行完相应的语句组后，不再继续往下判断其余条件而直接退出块结构，这样无论有多少个条件成立，每次最多只能执行一个语句组。因此，在设计多行选择结构时，各条件在块结构中的出现顺序可能影响运行结果，这一点可从下面的例子中可以看出。

例 2.8　输入学生成绩，判断该成绩是 "优秀"、"良好"、"及格"、"不及格"，标准如下：

$$0 \leqslant C < 60 \qquad 不及格$$
$$60 \leqslant C < 80 \qquad 及格$$
$$80 \leqslant C < 90 \qquad 良好$$

　　　　90≤C≤100　　优秀

　　设计界面：在窗体 Form1 中设置文本框 Text1 接受用户输入的成绩，用标签 Label1 对 Text1 进行标示，单击"判断"按钮 Command1 进行判断，判断结果显示于标签 Label1 中。

　　设置属性：

Command1.Caption："判断"

Label1.Caption："请输入成绩："

Label1.AutoSize：True

Label2.AutoSize：True

Label2.Font：隶书、粗体、三号

　　　　　　（a）设计界面　　　　　　　　　　　　　（b）运行界面

图 2.10　选择结构程序示例

"判断"按钮 Command1 的 Click 事件过程如下：

```
Private Sub Command1_Click()
    ss = Val(Text1.Text)
    If ss >= 90 Then
        Label2.Caption = "优秀"
    ElseIf ss >= 80 Then
        Label2.Caption = "良好"
    ElseIf ss >= 60 Then
        Label2.Caption = "及格"
    Else
        Label2.Caption = "不及格"
    End If
    Text1.SelStart = 0
    Text1.SelLength = Len(Text1.Text)
    Text1.SetFocus
End Sub
```

窗体 Form1 的 Load 事件过程如下：

```
Private Sub Form_Load()
    Text1.Text = ""
    Label2.Caption = ""
End Sub
```

在上例中，如果将"判断"按钮 Command1 的 Click 事件过程改写为下面的形式，则产生不正确的判断，请同学们自己体会。

```
Private Sub Command1_Click()
    ss = Val(Text1.Text)
    If ss >= 60 Then
        Label2.Caption = "及格"
    ElseIf ss >= 80 Then
        Label2.Caption = "良好"
    ElseIf ss >= 90 Then
        Label2.Caption = "优秀"
    Else
        Label2.Caption = "不及格"
    End If
    ……
End Sub
```

2.2.3　多分支选择结构 Select Case-End Select

格式：

Select Case <测试表达式>

　　Case <表达式表 1>

　　　　[<语句组 1>]

　　[Case <表达式表 2>

　　　　[<语句组 2>]]

　　……

　　[Case Else

　　　　[<其他语句组>]]

End Select

功能：首先计算 Select Case 后的<测试表达式>的值，用此值匹配<表达式表 1>，若能匹配则执行<语句组 1>，然后执行 End Select 后面的语句；若不能匹配<表达式表 1>，再匹配<表达式表 2>，若能匹配则执行<语句组 2>，然后执行 End Select 后面的语句，……如果所有的表达式表都不能匹配，则执行 Case Else 后面<其他语句组>。

说明：在多分支选择结构中，Select Case 后面的<测试表达式>可以是任何数值表达式或字符表达式。Case 后面的各表达式可以有如下形式之一。

① 枚举形式：<表达式 1> [, <表达式 2>]……

② 区间形式：<表达式 1> To <表达式 2>

③ 关系形式：Is <关系运算符> <表达式>

注意　Select Case 后面<测试表达式>只能是一个表达式，而不能是多个；Case 后面各表达式中不能出现 Select Case 后<测试表达式>中的变量，且类型也要一致。

例 2.9　可以将例 2.8 中 "判断" 按钮 Command1 的 Click 事件过程用多分支选择结构改写为：

```
Private Sub Command1_Click()
```

```
    ss = Val(Text1.Text)
    Select Case ss
    Case Is >= 90
        Label2.Caption = "优秀"
    Case Is >=80
        Label2.Caption = "良好"
    Case Is >= 60
        Label2.Caption = "及格"
    Case Else
        Label2.Caption = "不及格"
    End Select
......
End Sub
```

2.3   循环结构程序设计

当需要处理大量的数据时，就要用到循环结构。Visual Basic 提供了三种类型的循环结构，当循环（While-Wend）、Do 循环（Do-Loop）和 For 循环（For-Next 和 For-Each-Next）。考虑到篇幅，我们仅介绍 Do 循环和 For 循环。本章先介绍 For-Next 循环和 Do-Loop 循环，For-Each-Next 循环将在本书第四章"数组"中介绍。

循环结构由循环的控制部分和循环体两部分构成。循环的控制部分规定了循环的条件，而循环体就是在循环时要重复执行的语句组。循环的次数必须是有限的，一个不限制次数的循环就是一个死循环，在程序设计时不允许出现死循环的情况，一个程序或一段程序必须是经有限次运算就可以解决问题。

2.3.1   For-Next 循环

For-Next 循环常用于已知循环次数的情况，在已知循环要执行多少次时，最好使用 For-Next 循环。在 For-Next 循环中，使用一个循环变量作为循环的计数器，只要循环执行的次数一超过由 For-Next 循环给定的次数，即结束循环。For-Next 循环结构的格式如下：

For <循环变量> = <初值> To <终值> [Step <步长>]

　　[<语句组 1>]

　　[Exit For]

　　[<语名组 2>]

Next [<循环变量>]

其中，<循环变量>是一个数值型变量，起循环计数器的作用，也称为"循环控制变量"；<初值>和<终值>即循环变量的初值和终值，为数值表达式；<步长>即循环变量的增量，为数值表达式。<步长>值可正可负，当<步长>值为正时，每进行一次循环，循环变量将增加一个<步长>值；当<步长>值为负时，每进行一次循环，循环变量将减少一个<步长>值；当<步长>值为 1 时，"Step <步长>"可以省略；Exit For 为可选，在需要强制退出循环的地方可以出现 Exit For 语句，当系统执行到 Exit For 语句时，将结束循环，执行"Next<循环变量>"后的语句；For-Next 循环的执行过程为：首先给<循环变量>赋以<初值>，判断<循环变量>的值是否"越界"，如果未越界，则执行循环体，如果越界，则退出循环，当执行到最后一句"Next <循环变量>"时，<循环变量>将加上一个<步长>值取得当前新值，然后再判断<循环变量>的值是否"越界"，……如此进入新一轮循环。判断<循环变量>的值是否"越界"时分两种情况；当<步长>为正值时，<循环变量>的值大于<终值>即为越界；当<步长>为负值时，<循环变量>的值小于<终值>即为越界。在执行循环时，如果执行到 Exit For 语句，将立即结束循环。如图 2.11 所示为 For-Next 循环的逻辑流程。

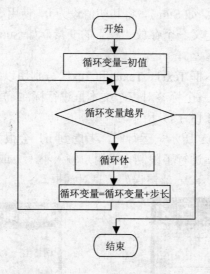

图 2.11　For-Next 循环的逻辑流程

　　例 2.10　使用 For-Next 循环编制程序，当单击窗体时，在窗体上显示如图 2.12 所示的图形，显示行数由用户指定。

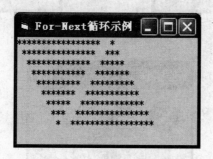

图 2.12　For-Next 循环示例

　　因为本题要求显示行数由用户指定，所以在窗体的 Click 事件过程中使用了 InputBox 函数返回用户输入的行数，代码如下：

```
Dim n As Integer
Private Sub Form_Click()
    Form1.Cls
```

```
        n = Val(InputBox("请输入行数", "行数", "6"))
        For i = 1 To n
        '以下代码构造左边倒三角形   2n-1-2(i-1)=2 (n - i) + 1
        MyStr = Space(i - 1) & String(2 * (n - i) + 1, "*")
        '以下代码构造右边正三角形
        MyStr = MyStr & Space(2) & String(2 * i - 1, "*")
        Form1.Print MyStr
        Next i
End Sub
```

例 2.11 用 For-Next 循环编制程序，计算 1+2+3+…+n 和 n! 的值。

这是一个累加和累乘的问题，可以很方便地用循环来实现。解决累加问题时，需要定义一个存放"和"的变量，如 Sum1，将其初值设为 0，使用 Sum1=Sum1+I 实现累加；解决累乘问题时，也需要定义一个存放"积"的变量，如 Sum2，将其初值设为 1，使用 Sum2=Sum2*I 实现累乘。

在窗体上放置三个文本框 Text1、Text2 和 Text3 分别用以接受用户输入的 n 值、显示累加结果和累乘结果，用三个标签对三个文本框进行标注，再放置一命令按钮作为"计算"按钮，设计界面如图 2.13（a）所示。

运行界面如图 2.13（b）所示。运行时，考虑到 n! 会很大，有可能造成"溢出"错误，所以在程序中对 n 值进行了限制，当用户输入小于 1 或大于 12 的 n 值时，会弹出如图 2.13（c）所示的表示"n 值错误"信息对话框。

（a）　设计界面

（b）　运行界面

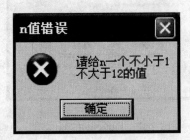

（c）　运行时弹出的 n 值错误信息对话框

图 2.13 For-Next 循环实现累加和累乘

"计算"按钮的 Click 事件过程如下：

```
Private Sub Command1_Click()
    Dim n As Integer, sum1 As Long, sum2 As Long
    n = Val(Text1.Text)
    If n < 1 Or n > 12 Then
        temp = MsgBox("请给n一个不小于1" & vbCrLf & "不大于12的值",_
            vbCritical + vbOKOnly, "n值错误")
        Text1.SelStart = 0 : Text1.SelLength = Len(Text1.Text) :
Text1.SetFocus
    Else
        sum1 = 0: sum2 = 1
        For i = 1 To n
            sum1 = sum1 + i        '累加
            sum2 = sum2 * i        '累乘
        Next i
        Text2.Text = sum1 : Text3.Text = sum2
        Text1.SelStart = 0 : Text1.SelLength = Len(Text1.Text) :
Text1.SetFocus
    End If
End Sub
```

窗体 Form1 的 Load 事件过程如下：

```
Private Sub Form_Load()
    Text1.Text = "" : Text2.Text = "" : Text3.Text = ""
End Sub
```

2.3.2　Do-Loop 循环

在实际应用中，有时并不能预先知道循环要进行多少次，这时就可以使用 Do-Loop 循环。Visual Basic 中的 Do-Loop 循环共有四种形式，即 Do While-Loop 循环、Do Until-Loop 循环、Do-Loop While 循环和 Do-Loop Until 循环。

1．Do While-Loop 循环

Do While-Loop 循环属"当型"循环，格式如下：

Do While <条件>
　　[<语句组 1>]
　　[Exit Do]
　　[<语名组 2>]
　　Loop

其中

<条件>：可以是一个关系表达式、布尔表达式、数值表达式或字符串表达式。

Exit Do：强制退出循环。

Do While-Loop 循环的执行过程是：首先判断<条件>是否成立，若成立则执行循环体，若不成立则退出循环。<条件>成立的标志是<条件>表达式的值为 True，<条件>不成立的标志是<条件>表达式的值为 False。在执行循环时，如果执行到 Exit Do 语句，将立即结束循环。图 2.14 所示为 Do While-Loop 循环的逻辑流程。

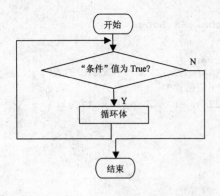

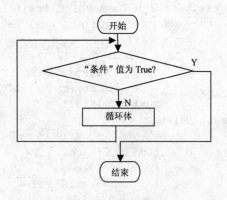

图 2.14　Do While-Loop 循环的逻辑流程　　　图 2.15　Do Until-Loop 循环的逻辑流程

2. Do Until-Loop 循环

Do Until-Loop 属"直到型"循环，格式如下：

Do Until <条件>

  [<语句组 1>]

  [Exit Do]

  [<语名组 2>]

Loop

　　Do Until-Loop 循环的执行过程是：首先判断<条件>是否成立，若<条件>不成立则执行循环体，若<条件>成立则退出循环。<条件>成立的标志是<条件>表达式的值为 True，<条件>不成立的标志是<条件>表达式的值为 False。在执行循环时，如果执行到 Exit Do 语句，将立即结束循环。图 2.15 所示为 Do Until-Loop 循环的逻辑流程。

3. Do-Loop While 循环

Do-Loop While 属"当型"循环，格式如下：

Do

  [<语句组 1>]

  [Exit Do]

  [<语名组 2>]

Loop While <条件>

　　Do-Loop While 循环的执行过程是：首先执行循环体，当执行到最后一条语句"Loop While <条件>"时判断<条件>是否成立，若<条件>成立则执行循环体，若<条件>不成立则退出循环。<条件>成立的标志是<条件>表达式的值为 True，<条件>不成立的标志是<条件>表达式的值为 False。在执行循环时，如果执行到 Exit Do 语句，将立即结束循环。图 2.16 所示为 Do-Loop While 循环的逻辑流程。

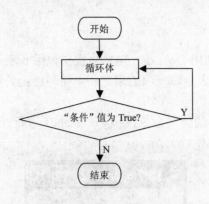
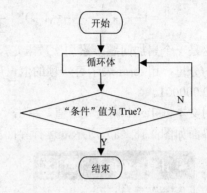

图 2.16 Do-Loop While 循环的逻辑流程   图 2.17 Do-Loop Until 循环的逻辑流程

4. Do-Loop Until 循环

Do–Loop Until 属"直到型"循环，格式如下：

Do
　[<语句组 1>]
　[Exit Do]
　[<语名组 2>]
Loop Until <条件>

Do–Loop Until 循环的执行过程是：首先执行循环体，当执行到最后一条语句"Loop Until <条件>"时判断<条件>是否成立，若<条件>不成立则执行循环体，若<条件>成立则退出循环。<条件>成立的标志是<条件>表达式的值为 True，<条件>不成立的标志是<条件>表达式的值为 False。在执行循环时，如果执行到 Exit Do 语句，将立即结束循环。如图 2.17 所示为 Do-Loop Until 循环的逻辑流程。

5. Do-Loop 循环的四种形式比较

Do While-Loop 循环和 Do-Loop While 循环是当条件成立时执行循环体，即所谓的"当型"循环；Do Until-Loop 循环和 Do-Loop Until 循环是当条件不成立时执行循环体，也就是说当条件为 False 时执行循环体直到条件为 True 时为止，即所谓的"直到型"循环。

Do While-Loop 循环和 Do Until-Loop 循环都是先判断条件后执行循环体；而 Do-Loop While 和 Do–Loop Until 循环是先执行循环体后判断条件。因此在程序运行时，Do While-Loop 循环和 Do Until-Loop 循环可能对循环体没有执行一次，而 Do-Loop While 和 Do–Loop Until 循环则至少要执行一次循环。如果一个循环有可能在循环的一开始就不满足要求，则应该使用当型循环，而不能使用直到型循环，因为如果使用直到型循环，则循环至少要进行一次。

例 2.12　编写一个程序，用下面的公式计算 π 的近似值，计算时要求最后一项的绝对值小于 0.000001。

$$\frac{\pi}{4} = 1 - \frac{1}{3} + \frac{1}{5} - \frac{1}{7} + \cdots (-1)^{n+1} \frac{1}{2n-1}$$

这是一个累加问题，累加次数未定，可以使用 Do-Loop 循环来实现。用 n 表示每一项的分母，用 term 表示每一项的值，用 sum 表示每一项的累加和，循环终止条件为 term<0.000001。

用文本框 Text1 输出 π 的值，单击"计算 π 的值"命令按钮 Command1 进行计算，设计界面如图 2.18（a）所示，运行界面如图 2.18（b）所示。

（a）设计界面   （b）运行界面

图 2.18   用 Do-Loop 循环计算 π 的近似值

"计算 π 的值"命令按钮的 Click 事件过程如下：

```
Private Sub Command1_Click()
    n = 1 : Sum = 0 : term = 1
    Do Until Abs(term) < 0.000001
        term = (-1) ^ (n + 1) / (2 * n - 1)
        Sum = Sum + term
        n = n + 1
    Loop
    Text1.Text = 4 * Sum
End Sub
```

窗体 Form1 的 Load 事件过程如下：

```
Private Sub Form_Load()
    Text1.Text = ""
End Sub
```

例 2.13   编写一个程序，除去字符串中的所有空格。

使用文本框 Text1 输入任意字符串，单击"去除空格"按钮去除字符串中的所有空格后显示于标签 Label1 中。设计界面如图 2.19（a）所示，运行界面如图 2.19（b）所示。

"去除空格"按钮的 Click 事件过程如下：

```
Private Sub Command1_Click()
    Dim position As Integer
    MyStr = Trim(Text1.Text)
    position = InStr(1, MyStr, " ")          '求MyStr中的空格位置
    Do While position > 0                    '当MyStr中有空格时循环
        '删除MyStr中第position位置的空格
```

```
        MyStr = Left(MyStr, position - 1) & Right(MyStr, Len(MyStr) -
position)
        position = InStr(position, MyStr, " ")              '求MyStr中的空格
位置
    Loop
    Label1.Caption = MyStr
End Sub
```

（a）设计界面

（b）运行界面

图 2.19　用 Do-Loop 循环去除字符串中的空格

窗体 Form1 的 Load 事件过程如下：

```
Private Sub Form_Load()
    Text1.Text = ""
    Label1.Caption = ""
End Sub
```

本例 Click 事件过程中的代码如此编写主要是为了示范一种处理字符串的算法，同时也是对使用 Visual Basic 字符串操作函数的示范。实际上本例"去除空格"按钮的 Click 事件过程代码可以简单编写如下：

```
Private Sub Command1_Click()
    For i = 1 To Len(Text1.Text)
        If Mid(Text1.Text, i, 1) <> " " Then
            MyStr = MyStr & Mid(Text1.Text, i, 1)
        End If
    Next i
    Label1.Caption = MyStr
End Sub
```

2.3.3　循环的嵌套

在实际问题中，有时需要编写多层循环结构，即在一个循环结构中又包含另一个循环结构，这就是循环的嵌套。包含另一个循环结构的循环称为外层循环；包含在一个循环结构中的循环称为内层循环；只有一层循环结构时称为单层循环，当有循环的嵌套时称为多层循环。

在编写多层循环结构时，要注意：

外层循环执行一次，内层循环执行一轮。也就是说，只有当内层循环结束时，外层循环才进入下一次循环。

嵌入在外层循环中的内层循环应该保持完整结构，外层循环与内层循环的结构不能

交叉。例如，下面的嵌套是一个完整嵌套：

```
For i = 1 To 100
……
    Do While j > I
    ……
    Loop
……
Next i
```

而在下面的嵌套中，外层循环与内层循环的结构出现交叉，是一个不正确的嵌套：

```
For i = 1 To 100
……
    Do While j > I
    ……
Next i
    ……
    Loop
```

小　结

　　本章主要介绍了 Visual Basic 支持的三种基本程序结构——顺序结构、选择结构、循环结构和它们的应用举例。循环结构用途很广，本章介绍了 DO 循环的 For-Next 循环，这两个循环有各自的优点，希望读者在编程时根据各自的特点灵活应用。两种选择结构在程序中应用也很广泛，它们的共同点是根据具体的情况执行相应的语句。条件语句是多分支选择语句的特殊情况，多分支选择语句是条件语句的扩展情况。

　　本章还介绍了三种基本程序结构中几个基本语句、方法和函数：赋值语句、输入函数、输出函数和输出方法及其一些基本概念。输出函数还应掌握按钮的类型、图标的类型和默认按钮的值；输出方法应注意其输出格式及其与输出格式有关的几个函数。同时本章还介绍了窗体的结构及常用属性、事件和方法，命令按钮、文本框、标签等控件的常用属性、事件和方法。窗体常用于设置控件和输出信息，命令按钮常用于设置动作的程序代码，文本框用于输入或输出信息，而标签用于输出信息或提示。通过本章学习，使读者能够在实际中应用。

习　题

　　1. 编写一个四则运算程序，设计界面如图 2.20 所示。Label1 用以显示题号，Label2 用以显示四则运算符"＋"、"－"、"×"、"÷"，Label3 用以显示等号"＝"，Label4 用以显示计算结果的正确与错误符号"√"和"×"，Label5 用以显示"得分："，Label6 用以显示所得分值；运行时，单击"出题"按钮产生 2 个 100－999 间的三位整数并显示于文本框 Text1 和 Text2 中，并改变题号，清空文本框 Text3；用户从文本框 Text3 中输入答案，单击"判断"按钮进行判断，并根据判断结果在 Label4 中显示"√"或"×"，在 Label6 中显示累加的得分值。

 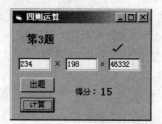

　　　　　（a）设计界面　　　　　　　　　　（b）运行界面

图 2.20　四则运算程序

　　2．设计一个查找程序，设计界面如图 2.21（a）所示，运行时在文本框 Text1 中输入要查找的内容，单击"开始查找"按钮开始在文本框 Text2 中查找，找到时，将找到的内容选中，"开始查找"按钮变为"查找下一个"，单击"查找下一个"按钮继续查找。当在 Text2 中查找结束后，弹出信息对话框，显示找到的个数。运行界面如图 2.21（b）所示。

 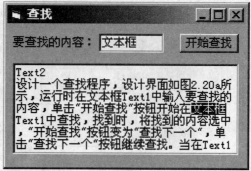

　　　　　（a）设计界面　　　　　　　　　　（b）运行界面

图 2.21　查找程序

　　3．用 Print 方法在窗体上输出如图 2.22 所示的图形。

　（a）倒三角形　　　　　　（b）正三角形　　　　　　（c）双三角形

图 2.22　用 Print 方法输出图形

4. 编写一个运输公司的计费程序，界面自行设计。计费公式如下：

运费=基本运费×货重×运输距离×（1－折扣）

其中，基本运费指每吨公里的运费，设为 1 元/吨公里，货重单位为吨，运输距离单位为公里，折扣标准如下：

运输距离<250km	0%
250 km≤运输距离<500km	2%
500 km≤运输距离<1000km	5%
1000 km≤运输距离<2000km	8%
2000 km≤运输距离<3000km	10%
3000 km≤运输距离	15%

要求：用户输入货重吨数和运输距离公里数后程序能自动计算出运费。

5. 设计一个登录界面如图 2.23（a）所示，运行界面如图 2.23（b）所示。运行时，单击"确定"按钮判断帐号是否正确，正确时显示"登录成功"对话框（如图 2.23（c）），当用户单击对话框上"确定"按钮时，退出应用程序；帐号不正确时显示"帐号错误"对话框（如图 2.23（d））；用户输入帐号只有三次机会，超过时显示"帐号错误"对话框（如图 2.23（e）），当用户单击对话框上"确定"按钮时，退出应用程序。

（a）设计界面

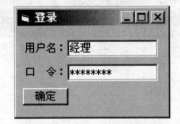

（b）运行界面

（c）弹出的登录成功对话框

（d）弹出的帐号错误对话框

（e）弹出的帐号错误对话框

图 2.23 登录界面

6. 编写程序，求 $\frac{1}{1^2}+\frac{1}{2^2}+\frac{1}{3^2}+\cdots+\frac{1}{n^2}$ 的值，直至最后一项的值小于 0.001 为止。界面自行设计。

第 3 章　常用内部控件

本章要点

常用内部控件是指在 Visual Basic 的工具箱中的控件，其中命令按钮（CommandButton）、文本框（TextBox）和标签（Label）等控件的常用属性、事件和方法已经在上一章作了介绍，本章介绍图片框（PictureBox）、图像框（Image）、框架（Frame）、单选按钮（OptionButton）、复选框（CheckBox）、列表框（ListBox）、组合框（ComboBox）、定时器（Timer）、垂直滚动条（HScrollBar）和水平滚动条（VscrollBar）等控件的常用属性、事件和方法。

本章难点

常用内部控件的属性、方法和事件的具体使用。

3.1　控件的公共属性

有些属性是大部分常用控件都具有的，如 Name 属性、Capton 属性、Enabled 属性、Visible 属性以及有关控件位置、大小的属性，有关颜色的属性和有关字体的属性等等，这些属性的含义对于不同的控件也许完全相同，也许稍有不同。

3.1.1　名称属性

Name 属性就是在属性窗口中的"名称"（Name）属性，返回在代码中用于标识窗体、控件或数据访问对象的名字，运行时只读。

在设计界面时，每当新建一个控件，Visual Basic 将为其建立一个缺省的名称，如添加到窗体上的第一个命令按钮的名称是 Command1，第二个命令按钮的名称是 Command2，第一个添加的文本框的名称是 Text1，第二个为 Text2。

一个对象的 Name 属性必须以一个字母开始，并且最长可达 40 个字符。它可以包括数字和下划线，但不能包括标点符号或空格。一般情况下，在给对象命名时，应该不能与已有的对象和别的公共对象同名，以避免在程序代码中产生不必要的冲突。但是当需要定义一个控件数组时，可以为同类型的控件取同样的名字，如将一组命令按钮命名为同一名字 MyCommand。为了区分同名的控件，Visual Basic 将为每个控件设置一个Index 属性并分配一个惟一的值。在访问这样的控件时，除指出其名称外，还应指出其索引，如 MyCommand3 即表示引用的是控件数组 MyCommand 中索引为 3 的控件。关于控件数组的详细内容将在本书第 4 章中介绍。

3.1.2 标题属性

标题（Capton）属性用于确定对象的标题。对于窗体，该属性表示显示在窗体标题栏中的文本，当窗体最小化时，该文本显示于窗体的图标之后。对于控件，该属性表示显示在控件中或是附在控件之后的文本。当创建一个新的对象时，其缺省的 Caption 属性值与缺省的 Name 属性值相同。有些控件不具有 Caption 属性，如文本框控件。对于不具有 Caption 属性的控件，如果要对其进行标识说明，则可以使用标签控件实现。

可以使用 Caption 属性给一个控件定义一个访问键。所谓访问键就是同时按下 ALT 键和该键就可把焦点移动到对应的控件上，即对该键进行访问。要想指定某个键为访问键，可以在 Caption 属性值中加入该键的字符，再在该字符前加一个 "&" 字符，该字符就带有一个下划线，运行时同时按下 ALT 键和带下划线的字符相当于单击的相应的控件。例如，如果将命令按钮的 Caption 属性设置为 "退出（&Q）"，则命令按钮表面显示为 "退出（Q）"（如图 3.1 所示），运行时按下 ALT+Q 与单击该按钮效果相同。如果要将 "&" 字符本身作为访问键，需要在 Caption 属性中连续加入两个 "&" 字符。

图 3.1　命令按钮上的访问键

Label 控件标题的大小没有限制。对于窗体和所有别的有标题的控件，标题大小的限制是 255 个字符。

3.1.3 Enabled 属性和 Visible 属性

Enabled 属性返回或设置一个布尔值，该值用来确定一个窗体或控件是否能够对用户产生的事件作出反应。若 Enabled 属性值为 True，则表示控件有效，否则控件无效。当将按钮、菜单项等可视性控件的 Enabled 属性设置为 False 时，按钮、菜单项将呈暗灰色显示；将文本框控件的 Enabled 属性设置为 False 时，除文本框呈暗灰色外，用户将不能对其中的内容进行修改；将定时器控件的 Enabled 属性设置为 False 时，定时器将停止计时。

Visible 属性返回或设置一个布尔值，该值用来确定一个窗体或控件在运行时是否可见。若 Visible 属性值为 True，则控件在运行时可见，否则控件在运行时不可见。如果在属性窗口将控件的 Visible 属性设置为 False，则控件在设计窗体上仍是可见的，只是在运行时不可见。

3.1.4 有关控件位置及大小的属性

Left 和 Top 属性决定了控件在容器中的位置。Left 表示控件的内部左边距容器的左边的距离，Top 表示控件的内部上边距容器的上边的距离。对于窗体而言，Left 表示该窗体左边缘在屏幕中的位置，Top 表示该窗体上边缘在屏幕中的位置，并且总是以缇（twip）为单位。

Left 和 Top 属性值还与容器的当前坐标系统有关，具体请参阅本书第 5 章的有关内容。

　　Height 和 Width 属性决定了控件的大小尺寸。Height 表示高，Width 表示宽。对于窗体，Height 和 Width 表示窗体的外部高度和宽度，包括边框和标题栏；对于控件，Height 和 Width 的值是从控件边框的中心度量，以使边框宽度不同的控件能够正确对齐。

3.1.5　关于颜色的属性

　　BackColor 属性：数值型，返回或设置控件的背景颜色。
　　ForeColor 属性：数值型，返回或设置控件的前景颜色。
　　FillColor 属性：数值型，返回或设置控件的填充颜色。
　　BorderColor 属性：数值型，返回或设置控件的边框颜色。
　　在 Visual Basic 中设置颜色有 5 种方式，下面一一介绍各种方式的实现方法。

1.　直接设置颜色值

　　Visual Basic 内部使用十六进制数表示指定的颜色，在设置颜色时，可以直接写出该种颜色的十六进制表示：

　　&H00BBGGRR&

其中，"&H"表示是十六进制数，"00"由系统保留，"BB"表示蓝色分量，"GG"表示绿色分量，"RR"表示红色分量。如 Form1.BackColor = &H00FF0000&表示将窗体背景色设为蓝色。

2.　使用调色板

　　在对象的属性窗口中，当单击与颜色有关的属性名（如 BackColor 和 ForeColor）时，会出现一个下拉箭头，单击下拉箭头，会弹出一个对话框，其中包括两个选项卡：一个为调色板，另一个为系统预定义的颜色。可以从两个选项卡中任选其一，再从中选择所需要的颜色。

3.　使用系统颜色常量

　　Visual Basic 定义了 8 个系统常量来表示常用的 8 种颜色，如表 3.1 所示。

表 3.1　Visual Basic 颜色常量

系统常量	值（十六进制）	表示的颜色
vbBlack	&H00000000&	黑色
vbRed	&H000000FF&	红色
vbGreen	&H0000FF00&	绿色
vbYellow	&H0000FFFF&	黄色
vbBlue	&H00FF0000&	蓝色
vbMagenta	&H00FF00FF&	紫红色
vbCyan	&H00FFFF00&	青色
vbWhite	&H00FFFFFF&	白色

例如，Text1.ForeColor = vbRed 将文本框 Text1 中文本颜色设置为红色。

4．使用 QBColor 函数

QBColor 函数返回一个长整型数，用来表示所对应颜色的 RGB 颜色值，其调用格式如下：

QBColor（Value）

其中，参数 Value 是介于 0~15 之间的整数，Value 值及所代表的颜色如表 3.2 所示。

表 3.2 QBColor 函数中的参数值及对应颜色

值	颜 色	值	颜 色
0	黑色	8	灰色
1	蓝色	9	亮蓝色
2	绿色	10	亮绿色
3	青色	11	亮青色
4	红色	12	亮红色
5	洋红色	13	亮洋红色
6	黄色	14	亮黄色
7	白色	15	亮白色

例如，Label1.ForeColor = QBColor（2）将标签 label1 上文本颜色设置为绿色。

5．使用 RGB 函数

RGB 函数返回一个长整型数，用来表示一个 RGB 颜色值，其调用格式如下：

RGB（red，green，blue）

其中 red 参数取值范围为 0~255，表示颜色的红色成份；green 参数取值范围为 0~255，表示颜色的绿色成份；blue 参数取值范围为 0~255，表示颜色的蓝色成份。如果传给 RGB 函数的参数值超过 255，系统将当作 255 处理。

3.1.6 有关字体的属性

FontName 属性：返回或设置在控件中所显示的文本所用的字体名。

FontSize 属性：返回或设置在控件中所显示的文本所用的字体大小。

FontBold 属性：返回或设置一个布尔值，决定在控件中所显示的文本是否为粗体。

FontItalic 属性：返回或设置一个布尔值，决定在控件中所显示的文本是否为斜体。

FontStrikethru 属性：返回或设置一个布尔值，决定在控件中所显示的文本是否带有删除线。

FontUnderline 属性：返回或设置一个布尔值，决定在控件中所显示的文本是否带有下划线。

在 Visual Basic 6.0 中，包含以上属性是为了通用对话框控件（CommonDialog）的使用，并与早期的 Visual Basic 版本保持兼容。如果需要其他的功能，应使用新的 Font 对象属性（对 CommonDialog 控件不可用）。

Font 对象在设计时不可直接使用，只能在运行时在代码中使用。可以使用如下格式（在代码中引用 Font 对象的属性来设置字体）：

　　<控件名> . Font . <属性名>

其中，<属性名>可以是

　　Name：返回或设置 Font 对象的字体名称。

　　Size：返回或设置 Font 对象的字体大小。

　　Bold：返回或设置一个布尔值，决定 Font 对象的字体是否为粗体。

　　Italic：返回或设置一个布尔值，决定 Font 对象的字体是否为斜体。

　　Strikethrough：返回或设置一个布尔值，决定 Font 对象的字体是否带有删除线。

　　Underline 属性：返回或设置一个布尔值，决定 Font 对象的字体是否带有下划线。

3.2　常用内部控件

3.2.1　图片框和图像框

图片框控件（PictureBox）在工具箱中的名称是 PictureBox，图像框控件（Image）在工具箱中的名称是 Image。两个控件都可以用来显示各种图像，包括位图文件（.bmp）、图标文件（.ico）、光标文件（.cur）、元文件（.wmf）、增强的元文件（.emf）、JPEG 文件（.jpg）和 GIF 文件（.gif）。

1. Picture 属性

PictureBox 和 Image 两个控件都具有 Picture 属性，Picture 属性用来返回或设置控件中要加载的图形，在设计时使用，运行时只读。

设计时可在属性窗口单击 Picture 属性后面的三点按钮，系统将弹出一个"加载图片"对话框，用户通过该对话框可以加载上述各种类型的图像文件，所加载的图像会立即显示于图片框或图像框中。

运行时可以在代码中使用 LoadPicture 函数加载图像，其使用格式如下：

　　<对象名> . Pictur = LoadPicture（"<图像文件名>"）

其中

　　<对象名>：可以是具有 Picture 属性的任何对象，如窗体 Form、图片框 PictureBox、图像框 Image 等。

　　<图像文件名>：用来确定要加载的图像，包括文件路径和文件名。如果省略，则清除图片框中已显示的图像。

2. PictureBox 和 Image 的不同点

PictureBox 和 Image 两个控件都可以用来显示图像，但显示效果有所不同。

PictureBox 控件的 AutoSize 属性：用以确定图片框控件 PictureBox 的大小是否能够自动适应所装载的图片的大小，缺省值为 False。当 AutoSize 属性设置为 False 时，如果加载一幅尺寸比 PictureBox 控件大的图片,则 PictureBox 控件会自动裁剪掉多余部分的图像,也就是说,当 PictureBox 控件不足以显示整幅图像时,则裁剪图像的大小以适应控件的大小。显示效果如图 3.2 所示。

图 3.2   PictureBox 控件的两种显示方式

Image 控件的 Stretch 属性:用以确定装载给 Image 控件的图像大小能否自动缩放来适应 Image 控件的大小,缺省值为 False。当 Stretch 属性设置为 True 时,如果加载一幅尺寸比 Image 控件大或比 Image 控件小的图片,则 Image 控件会自动缩放图像的大小来适应控件的大小,也就是说,当 Image 控件的大小与所装载的图像大小不匹配时,Image 控件会将图像进行拉伸或压缩到控件本身大小,显示效果如图 3.3 所示。PictureBox 控件不具有 Stretch 属性。

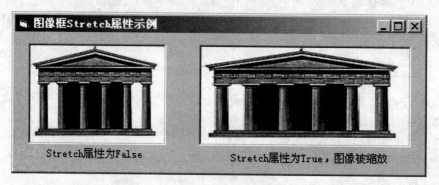

图 3.3   Image 控件的两种显示方式

Image 控件没有提供 AutoSize 属性,但具有 AutoSize 功能,也就是说,若想让 Image 控件不改变所加载图像的原始尺寸,而其大小又能自动适应图像的大小,只需将 Image 控件的 Stretch 属性设置为缺省值 False 即可。图 3.3 当 Stretch 属性为 False 时所显示的图像为原始尺寸图像。

Image 控件使用的系统资源比 PictureBox 控件要少,所以重画起来比 PictureBox 控件要快,但是它只支持 PictureBox 控件的一部分属性、事件和方法。因此在用 PictureBox 和 Image 都能满足需要的情况下,应该优先考虑使用 Image 控件。

PictureBox 控件是一个容器控件,可以用作其他控件的容器,并且 PictureBox 控件具有 Print 方法,使用 Print 方法可以在 PictureBox 控件中像窗体中一样显示文本,也就是说图片框控件即可以用来显示图像又可以用来显示文本;Image 控件不是容器控件,不具有 Print 方法,只能用于显示图像而不能用于显示文本。

3.2.2　框架

框架控件在工具箱中的名称是 Frame。它是一个容器控件，主要用做控件的容器，对控件进行分组，也可以用来修饰界面。

要将控件放在容器中，可以先画出容器，再将容器选中，然后在容器中画出所需要的控件；或者先画出控件，再画出容器，将已画好的控件剪切到剪切板，再选中容器，将控件粘贴到容器中。当一个控件在容器中时，拖动容器，控件会跟随移动；当拖动容器中的控件时，控件不会移出容器。

要在框架中同时选择多个控件，可以在按住 Ctrl 键的同时拖动鼠标，则鼠标拖动范围的控件将被同时选中。

框架的 Caption 属性：用于指示框架的标题文本，显示于框架的左上部。

框架的 Enabled 属性：当框架的 Enabled 的属性设置为 False 时，框架中的所有对象将全部无效，且其标题呈暗灰色显示。

框架不响应鼠标事件。一般来说，编程时不必考虑框架的事件。

3.2.3　单选按钮和复选框

单选按钮控件在工具箱中的名称是 OptionButton，该控件是一个二态开关按钮，用于表示"被选中"或"未被选中"两种状态，在任一时刻一个单选按钮只能处于"被选中"或"未被选中"两种状态之一，故称其为单选按钮。

复选框控件在工具箱中的名称是 CheckBox。该控件是一个三态开关按钮，用于表示"被选中"或"未被选中"或"灰度"三种状态，在任一时刻一个复选框只能处于"被选中"或"未被选中"或"灰度"三种状态之一。复选框也称为检查框。

1. Value 属性

Value 属性设置或返回单选按钮 OptionButton 或复选框 CheckBox 的当前状态。

对于单选按钮，Value 属性值只能取布尔值 True 或 False，当 Value 属性值为 True 时，表示单选按钮被选中；为 False 时，表示单选按钮未被选中。对于复选框，Value 属性值只能取整数 0、1 或 2，当 Value 属性值为 1 时表示复选框被选中，对应的系统常量为 vbChecked；为 0 时表示复选框未被选中，对应的系统常量为 vbUnchecked；为 2 时表示复选框呈"灰度"状态，对应的系统常量为 vbGrayed。单选按钮和复选框的各种状态的显示效果如图 3.4 所示。

2. Style 属性

Style 属性返回或设置一个整数，该值用来指示单选按钮或复选框的显示外观样式，运行时只读。属性值可取如下值。

1–Graphical：图形样式，对应的系统常量为 VbButtonGraphical。

0–Standard：标准样式，缺省值，对应的系统常量为 VbButtonStandard。

将 Style 属性设置为 1–Graphical（图形样式）时，单选按钮和复选框将呈现为命令按钮的外观形状，如图 3.5 所示；将 Style 属性设置为 0–Standard（标准样式）时，单选按钮和复选框将呈现为标准常规形状，如图 3.4 所示。

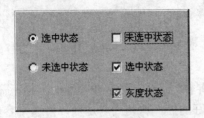
图 3.4　单选按钮和复选框的状态（标准方式）

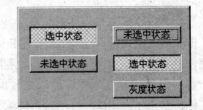
图 3.5　单选按钮和复选框的状态（图形方式）

3. Alignment 属性

Alignment 属性返回或设置一个整数，用以决定单选按钮或复选框中标题文本的对齐方式，运行时只读。可设置为如下各值。

0-Left Justify　缺省值，文本左对齐，控件右对齐，对应的系统常量为 VbLeftJustify。

1-Right Justify　文本右对齐，控件左对齐，对应的系统常量为 VbRightJustify。

4. Click 事件

单选按钮 OptionButton 和复选框 CheckBox 的常用事件为 Click 事件，当在运行时单击单选按钮或复选框，或者在代码中改变单选按钮或复选框的 Value 属性值时，发生 Click 事件。可以在单选按钮或复选框的 Click 事件中编写代码，用以表示当选择单选按钮或复选框时要执行的操作。可以不在 Click 事件中编写代码，只是使用单选按钮或复选框进行选择，而在其他控件的事件中通过判断单选按钮或复选框的当前状态，即通过判断 Value 属性值，以执行相应的操作。

例3.1　设计一个学生档案录入界面。在窗体上放置4个框架，在"姓名"框架 Frame1 中放置一文本框 Text1 用于输入姓名，在"性别"框架 Frame2 中放置2个单选按钮 Option1 和 Option2 分别用于选择"男"或"女"，在"专业"框架 Frame3 中放置3个单选按钮 Option3、Option4 和 Option5 分别用于选择3种专业，在"特长"框架 Frame4 中放置4个复选框 Check1、Check2、Check3 和 Check4 分别用于选择4种特长。初始时各命令按钮的 Value 属性均为 false，文本框和标签中无内容，4个框架无效；单击"编辑"按钮 Command1 时，4个框架变为有效，此时用户可以输入信息；单击"确定"按钮 Command2 时，将用户输入的信息显示于标签 Label1 中，并将4个框架变为无效以便下次输入。设计界面如图3.6（a）所示，运行界面如图3.6（b）所示。

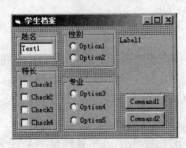
（a）设计界面

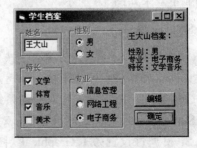
（b）运行界面

图 3.6　学生档案录入界面

"编辑" 按钮 Command1 的事件过程如下：

```
Private Sub Command1_Click()
    Text1.Text = "" : Label1.Caption = ""
    Option1.Value = False : Option2.Value = False
    Option3.Value = False : Option4.Value = False : Option5.Value = False
    Check1.Value = vbUnchecked : Check2.Value = vbUnchecked
    Check3.Value = vbUnchecked : Check4.Value = vbUnchecked
    Frame1.Enabled = True : Frame2.Enabled = True
    Frame3.Enabled = True : Frame4.Enabled = True
    Text1.SetFocus
End Sub
```

"确定" 按钮 Command2 的事件过程如下：

```
Private Sub Command2_Click()
    Label1.Caption = Text1.Text & "档案: " & vbCrLf & vbCrLf
    If Option1.Value = True Then
        Label1.Caption = Label1.Caption & "性别: 男" & vbCrLf
    Else If Option2.Value = True Then
        Label1.Caption = Label1.Caption & "性别: 女" & vbCrLf
    End If
    If Option3.Value = True Then
        Label1.Caption = Label1.Caption & "专业: 信息管理" & vbCrLf & "
特长: "
    Else If Option4.Value = True Then
        Label1.Caption = Label1.Caption & "专业: 网络工程" & vbCrLf & "
特长: "
    Else If Option5.Value = True Then
        Label1.Caption = Label1.Caption & "专业: 电子商务" & vbCrLf & "
特长: "
    End If
    If Check1.Value = vbChecked Then Label1.Caption = Label1.Caption &
"文学"
    If Check2.Value = vbChecked Then Label1.Caption = Label1.Caption &
"体育"
    If Check3.Value = vbChecked Then Label1.Caption = Label1.Caption &
"音乐"
    If Check4.Value = vbChecked Then Label1.Caption = Label1.Caption &
"美术"
    Frame1.Enabled = False : Frame2.Enabled = False
    Frame3.Enabled = False : Frame4.Enabled = False
End Sub
```

窗体 Form1 的 Load 事件过程如下：

```
Private Sub Form_Load()
    Text1.Text = "" : Label1.Caption = ""
    Option1.Caption = "男" : Option2.Caption = "女"
    Option3.Caption = "信息管理" : Option4.Caption = "网络工程" :
Option5.Caption = "电子商务"
    Check1.Caption = "文学" : Check2.Caption = "体育"
    Check3.Caption = "音乐" : Check4.Caption = "美术"
```

```
        Command1.Caption = "编辑" : Command2.Caption = "确定"
        Frame1.Enabled = False : Frame2.Enabled = False
        Frame3.Enabled = False : Frame4.Enabled = False
    End Sub
```

例 3.2　设计一个如图 3.7（a）所示界面，在窗体上放置 2 个图片框控件 Picture1 和 Picture2，将 BorderStyle 属性设置为 0-None（无边框）；在 Picture1 中放置 3 个单选按钮 Option1、Option2 和 Option3，将其 Style 属性设置为 1-Graphicl（图形样式），将 Option1 的标题设置为宋体，Option2 的标题设置为黑体，Option3 的标题设置为隶书；在 Picture2 中放置 3 个复选框 Check1、Check2 和 Check3，将其 Style 属性设置为 1-Graphicl（图形样式），将其 Caption 属性设置为空串，利用各自的 Picture 属性加载相应的图片。运行时单击任何一个单选按钮和复选框，文本框 Text1 中的文字将相应改变，如图 3.7（b）所示。

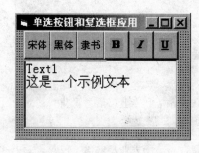
（a）设计界面

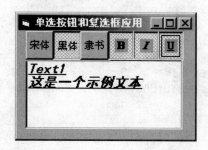
（b）运行界面

图 3.7　单选按钮和复选框应用

代码如下：

```
Private Sub Check1_Click()
    If Check1.Value = vbChecked Then
        Text1.Font.Bold = True
    Else
        Text1.Font.Bold = False
    End If
End Sub

Private Sub Check2_Click()
    If Check2.Value = vbChecked Then
        Text1.Font.Italic = True
    Else
        Text1.Font.Italic = False
    End If
End Sub

Private Sub Check3_Click()
    If Check3.Value = vbChecked Then
        Text1.Font.Underline = True
    Else
```

```
        Text1.Font.Underline = False
    End If
End Sub

Private Sub Form_Load()
   Option1.Value = True
   Check1.Value = False : Check2.Value = False : Check3.Value = False
End Sub

Private Sub Option1_Click()
    Text1.Font.Name = Option1.Caption
End Sub

Private Sub Option2_Click()
    Text1.Font.Name = Option2.Caption
End Sub

Private Sub Option3_Click()
    Text1.Font.Name = Option3.Caption
End Sub
```

3.2.4　列表框

　　列表框控件在工具箱中的名称是 ListBox，该控件用于显示项目列表。一个项目列表对应一个字符串数组，项目列表中的每一项对应数组中的一个元素。从列表中可以选择一项或多项。如果项目总数超过了可显示的项目数，Visual Baisc 会自动在列表框中添加滚动条。

　　1. 属性

　　List 属性：设置或返回列表框控件 ListBox 中列表项的内容。设计时可在属性窗口直接输入列表项目，输入一个列表项后，如果要继续输入下一项，可使用 Ctrl+Enter 换行；运行时可对任一列表项进行引用，List（0）表示第 1 项，List（1）表示第 2 项，依次类推。例如，List1.list（5）表示列表框 List1 的列表项的第 6 项。

　　ListCount 属性：返回列表框 ListBox 中列表项的数量。列表框 List1 中列表项的最后一项可以表示为 List1.List（List1.ListCount−1），这里要注意的是列表项的索引是从 0 开始的。

　　Text 属性：列表框的 Text 的属性返回或设置列表框 ListBox 中当前被选中的列表项，设计时不可用。例如运行时，下列语句的含义是：

```
List1.Text = "宋体"        '表示将列表框List1中内容为"宋体"的列表项选中
Form1.Print List1.Text    '表示将列表框List1中被选中的列表项显示到窗体Form1上
```

　　ListIndex 属性：设置或返回列表框 ListBox 中当前被选中的列表项的索引值，设计时不可用。可以设置 ListIndex 属性值为−1，表示列表框中当前不设置选中项；当 ListIndex 属性的返回值为−1 时，表示列表框中当前没有列表项被选中。

　　例如，运行时，下列语句的含义是：

```
List1.ListIndex =5        '表示将列表框List1中索引为6的列表项选中
```

```
Form1.Print List1.Lis1t（List1.Listindex）
'将列表框List1中被选中的列表项显示到窗体Form1上
List1.ListIndex= - 1          '示取消列表框List1中当前选中项，并不再设置选中项
If  List1.ListIndex= - 1  Then List1.ListIndex=5  '重新设置选中项为第6项
```

Sorted 属性：指明列表框 ListBox 中的列表项是否自动按字母表的顺序排序，缺省值为 False。当 Sorted 属性为 True 时，表示按字母表的顺序排序；当 Sorted 属性为 False 时，表示不按字母表的顺序排序。

Style 属性：设置或返回列表框 ListBox 的显示样式。可取以下值。

0-Standard：缺省值，列表框按标准样式显示列表项，对应的系统常量为 VbListBoxStandard。

1-CheckBox 列表框按复选框的样式显示列表项，即在列表框中，每一个列表项文本前都有一个复选框，这时在列表框中可以同时选择多项，对应的系统常量为 VbListBoxCheckbox。

Columns 属性：设置或返回列表框 ListBox 中的列表项是按单列显示还是多列显示，单列显示时，列表框水平滚动；多列显示时，列表框垂直滚动，且 Columns 属性值指示的是其列数。具体设置值如下。

0：缺省值，单列显示，列表框垂直滚动。

1：单列显示，列表框水平滚动。

2 到 n：多列显示，列表框水平滚动，先填第一列，第一列填满时再填第二列，依次类推。

MultiSelect 属性：返回或设置一个值，该值指示是否能够在 ListBox 控件中同时选择多项以及如何进行复选，运行时只读。可取如下设置值。

0-None：缺省值，表示不允许复选。

1-Simple：表示允许进行简单复选。所谓简单复选是指用鼠标单击或按下空格键在列表项中选择或取消选中项，可用键盘上四个箭头键（上箭头、下箭头、左箭头和右箭头）移动焦点。

2-Extended：表示可以进行扩展复选。所谓扩展复选是指按下 SHIFT 键并单击鼠标或按下 SHIFT 键以及一个箭头键（上箭头、下箭头、左箭头和右箭头）将在以前选中项的基础上扩展选择到当前选中项。按下 CTRL 键并单击鼠标可以在列表项中选择或取消选中项。

Selected 属性：返回或设置列表框 ListBox 中的列表项的选择状态。若某些列表项对应的 Selected 属性为 True，如 List1. Selected（3）= True，List1.Selected（5）= True 即表示索引为 3 和 5 的列表项当前处于选中状态；若某列表项对应的 Selected 属性为 False，如 List1.Selected（3）=false，List1.Selected（5）=False，即表示索引为 3 和 5 的列表项当前处于未选中状态。该属性设计时不可用。

对于能够复选的列表框（MultiSelect 属性设置为 1 或 2），Selected 属性是非常有用的。可以使用 Selected 属性快速检查在列表框中哪些项已被选中，也可以在代码中使用该属性选中或取消列表框中的一部分列表项。如代码 List1.Selected（3）= false 和 List1.Selected（5）=False 将取消列表框中已选中的索引为 3 和 5 的列表项。

对于不能复选的列表框（MultiSelect 属性设置为 0），可以使用 ListIndex 属性来获得选中项的索引。要注意的是，ListIndex 属性返回的是包含在焦点矩形框内的项的索引，而不管该项是否真正被选中。

如果将列表框 ListBox 控件的 Style 属性设置为 1（复选框样式），那么 Selected 属性只对其复选框中有选中标记"√"的列表项返回 True，而对那些只是显示为高亮度但其复选框中无选中标记"√"的列表项不返回 True。

2. 事件

列表框 ListBox 支持 Click、DblClick、GotFocus、LostFocus 等大多数控件的通用事件。对于不能复选的列表框（MultiSelect 属性设置为 0）通常在 DblClick 事件中编写代码，用列表框的 Text 属性读取所双击的列表项的内容，或者使用 List1.List（List1.ListIndex）的形式读取。对于不能复选的列表框（MultiSelect 属性设置为 0），要读取列表框中当前所有被选中的列表项的内容，可以在其他控件的事件过程中（如命令按钮的 Click 事件过程），使用列表框的 Selected 属性，示例如下：

```
Private Sub Command1_Click()
    For i = 0 To List1.ListCount - 1
        If List1.Selected = True Then
            Form1.Print List1.List(i)
        End If
    Next i
End Sub
```

3. 方法

列表框 ListBox 的常用方法有 AddItem 方法、RemoveItem 方法和 Clear 方法。

AddItem 方法：用于向列表框中添加一个列表项，调用格式如下：

　　<对象名> . AddItem <项目> [，<索引>]

其中，<对象名>表示要添加项目的列表框名；<项目>为要添加的列表项内容，为字符串类型；<索引>表示新添加的列表项在列表框中的索引值，添加一个列表项时，列表框中自此<索引>值开始的原有列表项依次后移，ListCount 属性值增 1。当省略<索引>时，如果当前 Sorted 属性设置为 True，则<项目>将添加到恰当的排序位置，如果当前 Sorted 属性设置为 False，则<项目>将添加到列表的最后。

RemoveItem 方法：用于从列表框中移除一个列表项，调用格式如下：

　　<对象名> .RemoveItem <索引>

其中，<对象名>表示要移除项目的列表框名；<索引>表示要移除的列表项的索引值。移除一个列表项后，列表框中位于此<索引>后的列表项依次前移，ListCount 属性值减 1。

　　例 3.3　设计一个如图 3.8（a）所示的界面，单击"添加"按钮时弹出一个输入对话框用以输入项目，单击"删除"按钮可以删除选中项，单击"上移一个"按钮可以将选中项上移一个位置，单击"下移一个"按钮可以将选中项下移一个位置，单击"移到最前"按钮可以将选中项移到最前一个位置，单击"移到最后"按钮可以将选中项移到最后一个位置。运行时的初始界面如图 3.8（b）所示；当前选中项为中间项时，界面如

图 3.8（c）所示；当前选中项为最前一项时，界面如图 8.3（d）所示；当前选中项为最后一项时，界面如图 3.8（e）所示。

（a）设计界面

（b）初始时运行界面

（c）选择中间项时的运行界面

（d）选择最前一个项时的运行界面

（e）选择最后一个项时的运行界面

图 3.8　列表框应用示例

"添加"按钮的 Click 事件过程如下：

```
Private Sub Command1_Click()
    StName = InputBox("请输入姓名")
    If StName <> "" Then
        List1.AddItem StName
    End If
    List1.ListIndex = -1
End Sub
```

"删除"按钮的 Click 事件过程如下：

```
Private Sub Command2_Click()
    List1.RemoveItem List1.ListIndex
    Command2.Enabled = False : Command3.Enabled = False
    Command4.Enabled = False : Command5.Enabled = False : Command6.Enabled
= False
    List1.ListIndex = -1
End Sub
```

"上移一个"按钮的 Click 事件过程如下：

```
Private Sub Command3_Click()
    ListTemp = List1.List(List1.ListIndex)
    List1.List(List1.ListIndex) = List1.List(List1.ListIndex - 1)
```

```
        List1.List(List1.ListIndex - 1) = ListTemp
        List1.ListIndex = List1.ListIndex - 1
        Call List1_Click
    End Sub
```

"下移一个"按钮的 Click 事件过程如下：

```
    Private Sub Command4_Click()
        ListTemp = List1.List(List1.ListIndex)
        List1.List(List1.ListIndex) = List1.List(List1.ListIndex + 1)
        List1.List(List1.ListIndex + 1) = ListTemp
        List1.ListIndex = List1.ListIndex + 1
        Call List1_Click
    End Sub
```

"移到最前"按钮的 Click 事件过程如下：

```
    Private Sub Command5_Click()
        ListTemp = List1.List(List1.ListIndex)
        List1.List(List1.ListIndex) = List1.List(0)
        List1.List(0) = ListTemp
        List1.ListIndex = 0
        Call List1_Click
    End Sub
```

"移到最后"按钮的 Click 事件过程如下：

```
    Private Sub Command6_Click()
        ListTemp = List1.List(List1.ListIndex)
        List1.List(List1.ListIndex) = List1.List(List1.ListCount - 1)
        List1.List(List1.ListCount - 1) = ListTemp
        List1.ListIndex = List1.ListCount - 1
        Call List1_Click
    End Sub
```

窗体的 Load 事件过程如下：

```
    Private Sub Form_Load()
        List1.Clear
        Command1.Enabled = True : Command2.Enabled = False : Command3.Enabled
= False
        Command4.Enabled = False : Command5.Enabled = False : Command6.Enabled
= False
    End Sub
```

列表框的 Click 事件过程如下：

```
    Private Sub List1_Click()
        If List1.ListIndex = 0 And List1.ListCount = 1 Then
            Command2.Enabled = True : Command3.Enabled = False
            Command4.Enabled = False : Command5.Enabled = False :
Command6.Enabled = False
        Else If List1.ListIndex = 0 Then
            Command2.Enabled = True : Command3.Enabled = False
            Command4.Enabled = True : Command5.Enabled = False :
```

```
Command6.Enabled = True
        Else If List1.ListIndex = List1.ListCount - 1 Then
           Command2.Enabled = True : Command3.Enabled = True
           Command4.Enabled = False : Command5.Enabled = True :
Command6.Enabled = False
        Else
           Command2.Enabled = True : Command3.Enabled = True
           Command4.Enabled = True : Command5.Enabled = True :
Command6.Enabled = True
        End If
    End Sub
```

3.2.5　组合框

组合框控件在工具箱中的名称是 ComboBox，该控件是文本框和列表框的组合框件，既具有文本框的特性，又具有列表框的特性。组合框控件 ComboBox 的呈现形式也表现为两部分，分别称其为文本框部分和列表框部分。用户可以在列表框部分选择一项，所选择的项将显示于文本框部分，也可以在文本框部分直接输入信息。呈现时，组合框控件 ComboBox 的列表框部分可以折叠起来，需要选择项目时，可以对其进行下拉（DropDown）。

1. 属性

Style 属性：用于指定组合框 ComboBox 的显示样式，运行时只读。可取以下值：

0-DropDown Combo：缺省值，组合框的列表框部分显示为下拉列表框样式，文本框部分的文本既可以从列表框部分选择而获得，又可以直接在文本框中编辑，这时的组合框称为"下拉组合框"，对应的系统常量为 vbComboDropDown。

1-Simple Combo：组合框的列表框部分显示为纯列表框样式，不能下拉，文本框部分的文本既可以从列表框部分选择而获得，又可以直接在文本框中编辑，这时的组合框称为"简单组合框"，对应的系统常量为 vbComboSimple。

2-DropDown List：组合框的列表框部分显示为下拉列表框样式，文本框部分的文本只能从列表框部分选择而获得，而不能在文本框中编辑，这时的组合框称为"下拉列表框"，对应的系统常量为 vbComboDropdownList。

List 属性：设置或返回组合框控件 ComboBox 中列表框部分列表项的内容。设计时可在属性窗口直接输入列表项目，输入一个列表项后，如果要继续输入下一项，可使用 Ctrl+Enter 换行。运行时可对任一列表项进行引用，List（0）表示第 1 项，List（1）表示第 2 项，依次类推。例如 Combo1.list（5）表示列表框 Combo1 的列表框部分索引为 6 的列表项。

ListCount 属性：返回组合框控件 ComboBox 中列表框部分列表项的数量。组合框 Combo1 中列表框部分的最后一项可以表示为 Combo1.list（Combo1.ListCount-1），这里要注意的是组合框中列表框部分的列表项的索引是从 0 开始的。

Text 属性：组合框的 Text 的属性返回或设置组合框控件 ComboBox 中文本框部分的文本。

ListIndex 属性：设置或返回组合框控件 ComboBox 中列表框部分当前被选中的列

表项的索引值,设计时不可用。可以设置 ListIndex 属性值为–1,表示组合框的列表框部分中当前不设置选中项;当 ListIndex 属性的返回值为–1 时,表示组合框的列表框部分当前没有列表项被选中。

Sorted 属性:指明组合框控件 ComboBox 中列表框部分的列表项是否自动按字母表的顺序排序,缺省值为 False。当 Sorted 属性为 True 时,表示按字母表的顺序排序;当 Sorted 属性为 False 时,表示不按字母表的顺序排序。

2. 事件

组合框 ComboBox 的事件与其 Style 属性有关,当组合框为下拉组合框(Style 属性设置为 0)时,可以响应 Click、Change、DropDown 事件;当组合框为简单组合框(Style 属性设置为 1)时,可以响应 Click、DblClick、Change 事件;当组合框为下拉列表框(Style 属性设置为 2)时,可以响应 Click、DropDown 事件。

组合框 ComboBox 的 Click 事件是在用户单击组合框的列表框部分时发生,而不是单击文本框;DblClick 事件是在用户双击组合框的列表框部分时发生,而不是单击文本框。

组合框 ComboBox 的 Change 事件是当组合框的文本框部分的文本发生改变时发生,而不是针对组合框的列表框部分。

组合框 ComboBox 的 DropDown 事件是在用户单击组合框的下拉箭头时发生。

对于组合框,其列表框部分的列表项只能单选,并且在列表框部分选中的列表项会自动进入文本框部分,所以要读取组合框的列表框部分被选中的内容,只需要读取组合框的 Text 属性即可。

3. 方法

像列表框一样,组合框 ListBox 的常用方法有 AddItem 方法、RemoveItem 方法和 Clear 方法。

AddItem 方法:用于向组合框的列表框部分添加一个列表项,调用格式如下:

<对象名> .AddItem <项目> [, <索引>]

其中,<对象名>表示要添加项目的组合框名;<项目>为要添加的列表项内容,为字符串类型;<索引>表示新添加的列表项在组合框的列表框部分中的索引值,添加一个列表项时,组合框的列表框部分中自此<索引>值开始的原有列表项依次后移,ListCount 属性值增 1。当省略<索引>时,如果当前 Sorted 属性设置为 True,则<项目>将添加到恰当的排序位置,如果当前 Sorted 属性设置为 False,则<项目>将添加到列表的最后。

RemoveItem 方法:用于从组合框的列表框部分中移除一个列表项,调用格式如下:

<对象名> .RemoveItem <索引>

其中,<对象名>表示要移除项目的组合框名;<索引>表示要移除的项目在组合框的列表框部分中的索引值。移除一个列表项后,组合框的列表框部分中位于此<索引>后的列表项依次前移,ListCount 属性值减 1。

例 3.4 在窗体上放置一个组合框 Combo1,将其设置为简单组全框,再放置一个图片框 Picture1,在图片框中放置一个标签 Label1,设计界面如图 3.9(a)所示。运行时在简单组合框的列表部分加载由 Screen 对象搜索到的字体，单击任一列表项，标签中的示例文本的字体将发生相应改变，初始时为"宋体"。运行界面如图 3.9（b）所示。

（a）设计界面

（b）运行界面

图 3.9　组合框控件应用示例

组合框 Combo1 的 Click 事件过程如下：

```
Private Sub Combo1_Click()
    Label1.Font.Name = Combo1.Text
End Sub
```

窗体 Form1 的 Load 事件过程如下：

```
Private Sub Form_Load()
    For i = 0 To Screen.FontCount - 1
        Combo1.AddItem Screen.Fonts(i)
    Next i
    For i = 0 To Combo1.ListCount - 1
        If Combo1.List(i) = "宋体" Then
            Combo1.ListIndex = i
            Exit For
        End If
    Next i
End Sub
```

3.2.6　定时器

定时器控件在工具箱中的名称是 Timer，该控件是一个非可视框件，即在运行时不可见。用以实现每隔一定的时间间隔执行指定的操作。Timer 控件对于其他后台处理也是非常有用的。

在窗体上放置 Timer 控件的方法与绘制其他控件的方法相同。单击工具箱中的定时器按钮并将它拖到窗体上。Timer 控件只在设计时出现在窗体上，所以可以选定这个控件，查看属性，编写事件过程。运行时，定时器不可见，所以其位置和大小无关紧要。

1. Interval 属性

Timer 控件的 Interval 属性表示定时器的定时时间间隔，以毫秒为单位，最大值为65 535。要注意的是，由 Interval 属性设置的时间间隔并不一定十分准确，如果应用程

序或其他应用程序正在进行对系统要求很高的操作，如长循环、高强度的计算或者正在
访问驱动器、网络或端口，则应用程序定时器时间间隔可能比 Interval 属性指定的间隔
长。另外，系统每秒生成 18 个时钟信号，所以即使是用毫秒来衡量 Interval 属性，时
间间隔实际的精确度也不会超过十八分之一秒。

2. Enabled 属性

定时器的 Enabled 属性不同于其他对象的 Enabled 属性。对于大多数对象，Enabled
属性决定对象是否响应用户触发的事件，而对于 Timer 控件，Enabled 属性决定该控件
是否对时间的推移作出响应，将 Enabled 属性设置为 False 时就会停止定时器的计时操
作，若希望窗体一加载定时器就开始工作，应将定时器的 Enabled 属性设置为 True，或
者先将其设置为 False，而在其他控件的事件中，如在命令按钮的单击事件中，将其设置
为真，启动定时器。

3. Timer 事件

Timer 事件是周期性的。每经过一个由 Interval 属性所指定的时间间隔，就发生一
次 Timer 事件。可以在 Timer 事件过程中编写代码，以告诉 Visual Basic 在一个定时时
间到来时该做什么。

定时器事件发生的越频繁，响应事件所占用的 CPU 处理时间就越多，这将降低系
统综合性能。所以除非有必要，否则不要设置过小的时间间隔。

无论何时，只要 Timer 控件的 Enabled 属性被设置为 True 而且 Interval 属性大于 0，
则 Timer 事件以 Interval 属性指定的时间间隔发生。

例 3.5　设计一个如图 3.10（a）所示界面，在窗体上放置 2 个标签 Label1 和 Label2，
将 Label1 的标题设置为系统当前时间，将 Label2 设置为"欢迎光临！"。再在窗体上放
置 2 个定时器控件 Timer1 和 Timer2，Timer1 用于给标签 Label1 定时，用以每隔 1 秒显
示系统时间；Timer2 用于给标签 Label2 定时，用以每隔 0.1 秒将标签"欢迎光临！"向
右移动 50 缇，当从窗体上全部移出后，再从窗体左侧驶入，继续向右运动。运行界面
如图 3.10（b）所示。

（a）设计界面

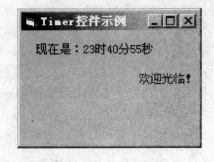

（b）运行界面

图 3.10　Timer 控件示例

窗体的 Load 事件代码如下：

```
Private Sub Form_Load()
    Timer1.Enabled = False : Timer2.Enabled = False
    Timer1.Interval = 1000 : Timer2.Interval = 100
    Timer1.Enabled = True : Timer2.Enabled = True
End Sub
```

定时器 Timer1 的定时事件如下：

```
Private Sub Timer1_Timer()
    Label1.Caption = "现在是: " & Hour(Time) & "时" & Minute(Time) & "分
" & Second(Time) & "秒"
End Sub
```

定时器 Timer2 的定时事件如下：

```
Private Sub Timer2_Timer()
   If Label2.Left < Form1.Width Then
      Label2.Left = Label2.Left + 50
   Else
      Label2.Left = -Label2.Width
   End If
End Sub
```

3.2.7　水平滚动条和垂直滚动条

水平滚动条在工具箱中的名称是 HScrollBar，垂直滚动条控件在工具箱中的名称是 VScrollBar。滚动条可以作为输入设备或速度、数量的指示器来使用，如可以用它来控制计算机游戏的音量，或者查看定时器中已用的时间。

1. Value 属性

Value 属性返回或设置滚动条控件上滚动块的当前位置，其值始终介于 Max 属性值和 Min 属性值之间，包括这两个值。

2. Max 属性和 Min 属性

Max 属性返回或设置当滚动块处于最右位置（对于水平滚动条）或底部时（对于垂直滚动条），滚动条的 Value 属性值，此时为最大值，缺省为 32767；Min 属性返回或设置当滚动块处于最左位置（对于水平滚动条）或顶部时（对于垂直滚动条），滚动条的 Value 属性值，此时为最小值，缺省为 0。

Max 属性和 Min 属性规定了滚动条控件的取值范围，一般来说，Max 为最大值，Min 为最小值。如果需要，可以设置 Max 的值比 Min 的值小，这时滚动条的最左位置（对于水平滚动条）或顶部位置（对于垂直滚动条）对应于 Max 属性值，最右位置（对于水平滚动条）或底部位置（对于垂直滚动条）对应于 Min 属性值。

3. LargeChange 属性和 SmallChange 属性

LargeChange 属性返回和设置当用户单击滚动块和滚动箭头之间的区域时，滚动条控件的 Value 属性值的改变量，缺省值为 1；SmallChange 属性返回或设置当用户单击滚动条上滚动箭头时，滚动条控件的 Value 属性值的改变量，缺省值为 1。LargeChange

和 SmallChange 属性规定了滚动条控件的最大滚动增量和最小滚动增量。

一般来说，在设计时设置 LargeChange 和 SmallChange 属性，如有必要，也可以在运行时使用代码对其重新设置。

4. Scroll 事件和 Change 事件

拖动滚动块时将发生 Scroll 事件（滚动事件）。执行下列操作之一时，发生 Change 事件：将滚动块从一个位置拖动到另一个位置后、单击滚动条两端的滚动箭头、单击滚动块和滚动箭头之间的区域、或通过代码改变滚动条控件的 Value 属性。要注意的是，在一次拖动滚动块的操作中，只发生一次 Change 事件。

一般来说，应将相同的代码同时写在 Scroll 事件和 Change 事件中，以使表示滚动块位置的 Value 属性值发生改变时，应用程序都能够作出反应。

例 3.6 编写一个模拟温度计的程序，设计界面如图 3.11（a）所示。在窗体上放置一个垂直滚动条 VScroll1 用于模拟温度计；用标签 Label1 和 Label2 分别标示 0℃和 100℃；用标签 Label3 显示水的温度，用标签 Label4 显示"水开了！"。再在窗体上放置一定时器控件 Timer1，用于每隔 200 毫秒使水温升高 1℃。运行时，单击命令按钮"开始加热"启动定时器，在定时器的定时事件中改变垂直滚动条 VScroll1 的 Value 属性值，从而触发垂直滚动条的 Change 事件，在垂直滚动条的 Change 事件中使标签 Label3 显示当前水温，界面如图 3.11（b）所示。当水温达到 100℃时，显示"水开了！"并关闭定时器，界面如图 3.11（c）所示。

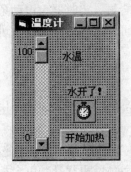
（a）设计界面

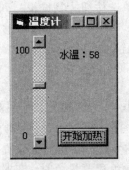
（b）小于 100℃时的运行界面

（c）等于 100℃时的运行界面

图 3.11 使用滚动条模拟温度计

窗体的 Load 事件代码如下：

```
Private Sub Form_Load()
    Timer1.Enabled = False
    Timer1.Interval = 200
    Label4.Visible = False
    VScroll1.Max = 0
    VScroll1.Min = 100
End Sub
```

"开始加热"按钮的 Click 事件代码如下：

```
Private Sub Command1_Click()
```

```
    Timer1.Enabled = True
End Sub
```

定时器 Timer1 的定时事件代码如下：

```
Private Sub Timer1_Timer()
    VScroll1.Value = VScroll1.Value + 1
End Sub
```

垂直滚动条 VScroll1 的 Change 事件代码如下：

```
Private Sub VScroll1_Change()
    Label3.Caption = "水温: " & VScroll1.Value
    If VScroll1.Value = 100 Then
        Timer1.Enabled = False
        Label4.Visible = True
    End If
End Sub
```

小　　结

本章首先介绍了内部控件中的一些公共属性：Name 属性、Caption 属性、Enabled 属性、Visible 属性、位置和大小属性、颜色属性和字体属性。重点介绍了常用内部控件——图片框、图像框、框架、单选按钮、复选框、列表框、组合框、定时器、滚动条的常用属性、方法和事件。通过本章学习，使读者能够根据实际问题选择具体的控件进行应用。

习　　题

1. 在 Visual Basic 中，图片框（PictureBox）和图像框（Image）有什么不同？在运行时如何向图片框和图像框加载图像？

2. 设计如图 3.12（a）所示的界面，在窗体上放置 2 个框架控件用以对 6 个单选按钮分组。运行时选择不同的文字颜色和背景色时，文本框中的文字颜色和背景颜色会相应改变。初始时文字颜色为黑色，背景颜色为白色。运行界面如 3.12（b）所示。

（a）设计界面　　　　　　　　　　（b）运行界面

图 3.12　设置颜色

3．设计如图 3.12（a）所示界面，运行时单击"＞"按钮时，将列表框 List1 中选中的项移到列表框 List2 中，单击"＜"按钮时，将列表框 List2 中选中的项移到列表框 List1 中，单击"＞＞"按钮时，将列表框 List1 中的全部列表项移到列表框 List2 中，单击"＜＜"按钮时，将列表框 List2 中的全部列表项移到列表框 List1 中。在窗体的 Load 事件中编写代码，向列表框 List1 中加载 20 门课程名，当单击 4 个按钮时，如果未选中列表项或列表框中无列表项，则向用户发出相应的警告信息。运行界面如图 3.12（b）所示。

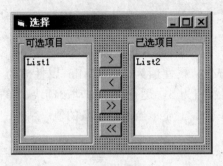 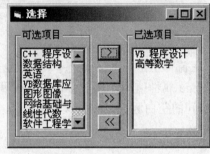

（a）设计界面   （b）运行界面

图 3.13   选择项目程序

4．编写一个如图 3.14 所示的字体对话框。要求运行时，在"字体"、"字形"、"字号"组合框中选择字体、字形、字号，在"效果"复选框中选择删除线、下划线，则"示例"中文本会相应改变。

提示   在窗体的 Load 事件中使用 Screen.Fonts（Index）向"字体"中添加字体名，参见例 3.4。

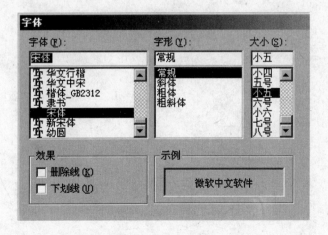

图 3.14   设置字体

5．编写一个如图 3.15 所示的数字秒表演示程序，运行时单击"开始"按钮秒表开始计时，单击"停止"按钮停止计时。要求计时精度达到 0.01 秒。

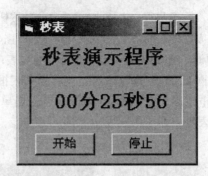

图 3.15　数字秒表

6．在窗体上放置一滚动条，设置其 Max 属性值为 200，Min 属性值为 100，LargeChange 属性值为 10，SmallChange 属性值为 5，运行时当拖动滚动块、单击滚动块与端点间的空白区域或单击滚动箭头时在标签上显示当前滚动条的值。

第4章 数 组

本章要点

数组是程序设计语言中很重要的内容，使用数组可以高效处理大批量的数据，可以缩短和简化程序。本章主要介绍数组的概念和 Visual Basic 中固定大小数组和可变大小数组的定义方法。在数组的应用部分介绍了数组排序的比较交换法、选择排序法和冒泡法等常用算法。同时本章也介绍了 Visual Basic 中控件数组的概念及应用。

本章难点

- 固定大小数组和可变数组的定义及其实际应用
- 控件数组的的概念、建立与应用

4.1 数组的概念

4.1.1 数组和数组元素

数组是一个变量，与其他简单变量不同的是在数组变量中可以存储一批数据而不是一个数据，当需要处理大量的同一类型的数据时就要用到数组。例如，要处理全校 3000 个学生的成绩，假定每个学生有一门课程的成绩，那么就要处理 3000 个数据；如果每个学生有 20 门课程的成绩，而每门成绩的数据都要定义一个变量来存储，则需要定义 60000 个变量，这显然太繁琐。如果数据量更大一些，采用这种方法处理数据几乎是难以办到的。这时我们可以定义一个数组变量来存放这 60000 个数据。

与简单变量一样，一个数组变量也要有一个名字来标识。数组变量的命名规则与简单变量的命名规则相同，如可以将存放学生成绩的数组变量命名为 StudentScore。

存储在数组中的每一个数据称为一个元素，即数组元素。命名了一个数组，则数组中每一个数组元素都拥有相同的名字，即数组名。在处理数组中的数据时，必须能够访问每一个元素。为了区分不同的元素，可以通过给数组定义一个索引而实现，称这个索引为数组的下标。例如，用 StudentScore（1）表示索引为 1 的学生成绩，用 StudentScore（6）表示索引为 6 的学生成绩，等等。这样我们可以使用数组用相同名字引用一系列变量。在许多场合，使用数组可以缩短和简化程序，因为可以利用索引值设计一个循环，高效处理多种情况。

数组元素的使用与简单变量类似，在简单变量允许出现的许多地方也允许出现数组元素。如在赋值语句中使用数组元素：Text1.Text = StudentScore（6）。

4.1.2　数组的下标与维数

数组的下标即数组的索引，它规定了数组中元素的个数和位置，其下标值惟一地标识了一个数组元素。根据需要，可以给数组定义一个下标，也可以定义多个下标。例如可以为表示一门课程成绩的数组 StudentScore 定义一个下标，这样每个学生的成绩可以用 StudentScore（1）、StudentScore（2）……来引用。如果要用数组 StudentScore 表示多门课程的成绩，则可以给该数组定义 2 个下标，这样就可以用 StudentScore（1，1）表示第一个学生的第 1 门成绩，StudentScore（1，2）表示第一个学生的第 2 门成绩，用 StudentScore（1，j）表示第一个学生的第 j 门成绩，用 StudentScore（i，j）表示第 i 个学生的第 j 门成绩，等等。

数组的下标个数称为数组的维数，有一个下标的数组称为一维数组，有两个下标的数组称为二维数组，有 n 个下标的数组称为 n 维数组。如上面表示一门课程成绩的数组 StudentScore 为一维数组，表示多门课程成绩的数组 StudentScore 为二维数组。在 Visual Basic 中，数组的维数最多可以定义 60 维。

数组的每一维下标都有一个取值范围，其允许的最小取值称为该下标的下界，允许的最大取值称为该下标的上界。在 Visual Basic 中，如果没有特别指明，数组下标的下界默认为 0，即数组的下标值总是从 0 开始取值，如一维数组 StudentScore（0）表示数组的第一个元素，StudentScore（n）表示数组的第 n+1 个元素。

4.1.3　数组的数据类型和大小

作为变量，数组也具有数据类型。数组的类型就是数组中各元素的数据类型，同一数组中的所有元素具有相同的数据类型。如将上面表示学生成绩的数组 StudentScore 定义为单精度型，则数组中任何一个元素都是单精度型。

数组中元素的个数称为数组的大小，而数组在内存中存放时所占用的字节数称为数组的存储空间大小。

数组在使用前必须声明，声明一个数组时，系统将为数组分配存储空间，数组名即为这个存储空间的名字，每个数组元素将占据这个空间中的一个单元，每个单元的大小取决于数组的数据类型。如定义一个有 100 个元素的整型数组时，数组中每个元素占据两个字节的存储空间，该数组将占据 200 个字节的存储空间。

在 Visual Basic 中可以定义两种不同形式的数组，即固定大小数组和可变大小数组。固定大小数组就是在程序运行期间其数组元素个数不能改变的数组，而可变大小数组就是在程序运行期间其数组元素个数可以改变的数组。

4.2　数组的定义

4.2.1　固定大小数组的定义

固定大小数组就是在程序运行期间其数组元素个数不能改变的数组，这种形式的数组在编译阶段就已经确定了存储空间，其定义格式如下：

Dim | Private | Public | Static <数组名>（<下标列表>）[AS <类型>] [, ……]

其中

Dim：用于在过程（Procedure）、窗体模块（Form）或标准模块（Module）中建立一个数组变量。在过程中使用 Dim 时，所定义的数组的作用域为该过程；在窗体模块中使用 Dim 时，所定义的数组的作用域为该窗体模块；在标准模块中使用 Dim 时，所定义的数组的作用域为该标准模块。

Private：用于在窗体模块、标准模块的通用声明段中建立一个模块级的私有数组变量。在窗体模块中使用 Private 时，所定义的数组的作用域为该窗体模块；在标准模块中使用 Private 时，所定义的数组的作用域为该标准模块。在窗体模块或标准模块的通用声明段使用 Private 和使用 Dim 其作用效果相同。

Public：用于在标准模块中建立一个全局数组变量，所定义的数组的作用域为整个应用程序。要注意的是，Visual Basic 允许在窗体模块中使用 Public 定义一个全局简单变量，但不允许在窗体模块中使用 Public 定义一个全局数组变量。另外常量、固定长度字符串变量也不允许在窗体模块中使用 Public 定义。

Static：用于在过程中建立一个静态数组变量，所定义的数组的作用域为该过程。将一个数组定义为静态数组时，系统只对该数组变量初始化一次。

<数组名>：必须符合变量的命令规则。

<类型>：用来指定所定义的数组的数据类型，可以是 Visual Basic 提供的各种数据类型，如 String、Integer、Long、Single、Double、Currency、Byte、Boolean、Date、Variant、Object 等，也可以是用户自定义类型。如果省略"AS <类型>"选项，则数组的数据类型为可变类型 Variant。

<下标列表>：在 Visual Basic 中，定义数组时，必须在<数组名>后使用一对圆括号，而且只能使用圆括号。在圆括号内是表示数组维数和大小的下标列表，各维下标之间用逗号","分隔。每一维下标的定义形式为：[<下界> To] <上界>。

<下界>规定了该维下标被允许的最小取值，<上界>规定了该维下标被允许的最大取值。可以省略"<下界> To"，这时该维下标的下界采用系统缺省值 0 或 1（取决于 Option Base 语句所设定的值）。

对于数组，Visual Basic 缺省的下标的下界为 0，可以使用 Option Base 语句修改系统的缺省值，Option Base 语句格式如下：

Option Base 0 | 1

注意　Option Base 语句只能在模块级中使用，即在窗体模块或标准模块的通用声明段中使用，而不能在过程中使用；当在某一模块中使用了 Option Base 语句改变了系统缺省的下标下界值，则这一缺省值只影响到包含该 Option Base 语句的模块，如在窗体 Form1 的通用声明段中写入语句 Option Base1，则只有在窗体 Form1 中定义数组时，若缺省下标下界，则下标下界为 1，而其他模块中所定义的数组的下标下界缺省值仍为原来的缺省值。

例如：

```
Option Base 1          '将下标下界缺省值设置为1
Dim A (10) As integer  '定义一个由10个元素组成的一维整型数组A
```

```
Dim B (-5 To 5) As String      '定义一个由11个元素组成的一维字符串型数组B
Dim C (1 To 5, 6)              '定义一个由5行3列共30个元素组成的二维可变类型数组C
Option Base 0                  '将下标下界缺省值设置为0
Dim D (9) as integer           '定义一个由10个元素组成的一维整型数组D
```

可以使用 Ubound 函数和 LBound 函数返回数组各维下标的上界和下界，使用格式如下：

Ubound（<数组名> [，<维数>]）

LBound（<数组名> [，<维数>]）

例如，对于用 Dim A（1 To 100，0 To 3，-3 To 4）定义的数组 A，Ubound 函数和 LBound 函数的返回值如表 4.1 所示。

表 4.1　Ubound 和 LBound 函数的返回值

语　句	返回值	语　句	返回值
UBound（A，1）	100	Lbound（A，1）	1
UBound（A，2）	3	Lbound（A，2）	0
UBound（A，3）	4	Lbound（A，3）	-3

在声明一个数组后，系统自动对数组进行初始化，给每一个数组元素赋以初值。数组的初始化规则和简单变量类似，即将可变类型数组中的每个元素的值置为 Empty，将数值型数组元素值置为 0，将字符串型数组元素值置为空串（零长度字符串）。

在编译时系统为固定大小数组分配固定的存储空间，在运行时，数组所占用的存储空间不能释放，大小也不能改变。在固定大小数组的生存期结束时，系统自动释放固定大小数组所占用的存储空间。

可以使用 Erase 语句清除固定大小数组中元素的值，使用格式如下：

Erase <数组名>

使用 Erase 语句清除固定大小数组中元素的值时，系统将可变类型数组中的每个元素的值置为 Empty，将数值型数组元素值置为 0，将字符串型数组元素值置为空串（零长度字符串）。

4.2.2　可变大小数组的定义

在使用数组解决实际问题时，往往事先不能确定数组的大小，也不能确定要定义多少个数组元素，定义得太多会占用大量的内存空间，定义得过少，可能不能满足需要，或者由于程序运行的需要，要求数组中元素的个数能够动态地发生改变。这时可以定义一个可变大小数组。可变大小数组有时也称为动态数组，表示数组的大小可以在运行时动态地改变。在 Visual Basic 中，可变大小数组最灵活、最方便，有助于有效管理内存。例如，当要处理的数据量很大时，可短时间使用一个大数组，然后在数据量变小时，可将原来的大数组变为一个较小的数组，释放多余的占用空间，或者在不使用这个数组时，将该数组所占用的内存空间全部释放给系统。

可变大小数组的定义需要分两步完成，首先在窗体模块或标准模块的通用声明段声明一个不指定下标的数组，然后在过程中重定义该数组，指定数组的下标。

第一步，在模块的通用声明段声明一个不指定下标的数组，格式如下：

Dim | Private | Public | Static <数组名>（）[AS <类型>] [，……]

注意 在<数组名>后没有指定数组的下标，但必须有一对圆括号。其余各部分含义与定义固定大小数组时相同。

第二步，在过程中重定义该数组，指定数组的下标，格式如下：

ReDim [Preserve] <数组名>（<下标列表>）[AS <类型>] [，……]

其中

ReDim：数组重定义关键词。

<数组名>：与第一步中用 Dim 语句声明的数组名相同。

<下标列表>：指定数组的维数和大小，与定义固定大小数组时相同。

<类型>：必须与第一步中用 Dim 语句声明的类型相同。

Preserve：可选，当使用 Preserve 时，将保留重定义前数组中数组元素的值，否则系统将对数组重新初始化，即将可变类型数组元素值置为 Empty，将数值型数组元素值置为 0，将字符串型数组元素值置为空串（零长度字符串）。如果执行不带 Preserve 的 ReDim 语句，则存储在数组中的值会全部丢失。

例 4.1 为了说明数组的定义方法，设计一个如图 4.1（a）所示的界面。在窗体 Form1 的通用声明段，声明一个可变大小数组 A；在"赋值"按钮的 Click 事件过程中，使用 ReDim 语句重定义数组 A，使数组 A 中元素的个数为 5，并给 5 个数组元素依次赋值为 1^2、2^2、3^2、4^2 和 5^2，将数组元素的值依次显示于列表框 List1 中；在"保留"按钮的 Click 事件过程中，使用带 Preserve 的 ReDim 语句重定义数组 A，使数组 A 中元素的个数为 10，并给后增加的 5 个数组元素依次赋值为前 5 个数组元素的值加 1，将数组元素的值依次显示于列表框 List2 中；在"不保留"按钮的 Click 事件过程中，使用不带 Preserve 的 ReDim 语句重定义数组 A，使数组 A 中元素的个数为 10，并给后增加的 5 个数组元素依次赋值为前 5 个数组元素的值加 1，将数组元素的值依次显示于列表框 List3 中。

观察运行情况（如图 4.1（b）所示），结论如下：

带有 Preserve 的 ReDim 语句，保留了前 5 个数组元素的值；而不带有 Preserve 的 ReDim 语句对数组重新进行了初始化，前 5 个数组元素的值被初始化为 0，丢失了原来的数据。

（a）设计界面

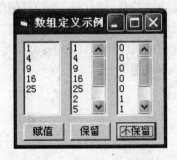

（b）运行界面

图 4.1 数组定义示例

窗体 Form1 通用声明段中的代码如下：

```
Option Base 1
Dim a() As Integer            '声明一个可变大小的一维整型数组A
```

"赋值"按钮的 Click 事件过程如下：

```
Private Sub Command1_Click()
    ReDim a(5)                '重定义数组A，含有5个元素
    For i = LBound(a) To UBound(a)
      a(i) = i * i
    Next i
    For i = LBound(a) To UBound(a)
      List1.AddItem a(i)
    Next i
End Sub
```

"保留"按钮的 Click 事件过程如下：

```
Private Sub Command2_Click()
    ReDim Preserve a(10)
    For i = 6 To UBound(a)
      a(i) = a(i - 5) + 1
    Next i
    For i = LBound(a) To UBound(a)
      List2.AddItem a(i)
    Next i
End Sub
```

"不保留"按钮的 Click 事件过程如下：

```
Private Sub Command3_Click()
    ReDim a(10)
    For i = 6 To UBound(a)
      a(i) = a(i - 5) + 1
    Next i
    For i = LBound(a) To UBound(a)
      List3.AddItem a(i)
    Next i
    Erase a
End Sub
```

从上例中还可以看到，在使用 ReDim 语句重定义数组时，ReDim 语句可以反复出现，但要注意的是，ReDim 语句只能出现在过程中，声明可变大小数组的语句"Dim A（）"则只能出现在模块的通用声明段。另外，可以使用 Erase 语句释放可变大小数组所占的存储空间，使用格式如下：

　　Erase <数组名>

4.3　数组的应用

4.3.1　For Each-Next 循环

在对数组元素进行操作时，如果不强调数组元素出现的次序，可以使用 Visual Basic

提供的 For Each-Next 循环结构，其格式如下：

For Each <变量> In <数组名>

   [<语句组 1>]

   [Exit For]

   [<语句组 2>]

Next <变量>

在 For Each-Next 循环结构中，<变量>只能是一个可变类型的变量，表示数组中的任意一个元素。

例如：

```
Option Base 1
Dim A(10) As Integer
Private Sub Form_Load()
    For i = 1 To 10
        A(i) = i * i + 1
    Next i
    For Each EveryNum In A
        List1.AddItem EveryNum
    Next EveryNum
End Sub
```

4.3.2 数组的应用

使用数组可以高效处理大批量的数据，也可以缩短和简化程序。下面介绍数组在数据排序中的应用。

例 4.2 设计如图 4.2（a）所示界面，单击"生成随机数"按钮，定义一个有 10 个元素的数组 A，生成 10 个 10～99 之间的随机数，依次赋给数组 A 的每一个元素，并将数组元素的值依次显示于文本框 Text1 中；单击"从大到小排序"按钮，对数组 A 中的元素从大到小排序，排序结果显示于文本框 Text2 中。运行界面如图 4.2（b）所示。

 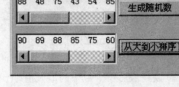

（a）设计界面   （b）运行界面

图 4.2 使用数组排序

窗体 Form1 通用声明段中的代码如下：

```
Option Base 1
Dim A() As Integer                    '声明一个可变大小的一维整型数组A
```

"生成随机数"按钮的 Click 事件过程如下：

```
Private Sub Command1_Click()
    ReDim A(10) As Integer            '重定义数组A，含有10个元素
```

```
    Text1.Text = ""
    Randomize
    For i = 1 To 10
        A(i) = Int(Rnd * 90 + 10)        '给数组A的10个元素赋值
        Text1.Text = Text1.Text & Trim(Str(A(i))) & Space(2)
'在Text1中显示数组A的10个元素
    Next i
End Sub
```

"从大到小排序"按钮的 Click 事件过程如下：

```
Private Sub Command2_Click()
    For i = LBound(A) To UBound(A) - 1
        For j = i + 1 To UBound(A)
            If A(i) < A(j) Then          '以下三行代码交换A（i）和A（j）
                temp = A(i)              '保存A（i）到临时变量Temp
                A(i) = A(j)              'A（i）取A（j）的值
                A(j) = temp              'A（j）取A（i）的值
            End If
        Next j
    Next i
    Text2.Text = ""
    For i = LBound(A) To UBound(A)
    Text2.Text = Text2.Text & Trim(Str(A(i))) & Space(2)
'在Text2中显示排序结果
    Next i
End Sub
```

窗体 Form1 的 Load 事件代码如下：

```
Private Sub Form_Load()
    Text1.Text = ""
    Text2.Text = ""
End Sub
```

在上面的例中，对数组元素排序时使用的方法为比较交换法，还可以使用选择排序法和冒泡法实现数组元素的排序。

使用选择排序法编写的"从大到小排序"按钮的 Click 事件过程如下：

```
Private Sub Command2_Click()
    For i = LBound(A) To UBound(A) - 1
'找出第i个数到最后一个数中的最大值A(p)，将其位置保存到变量p
        p = i
        For j = i + 1 To UBound(A)
            If A(j) > A(p) Then
                p = j
            End If
        Next j
'当A(i)不是最大值时，交换A(i)和A(p)
        If p <> i Then
            temp = A(i)
            A(i) = A(p)
```

```
            A(p) = temp
        End If
    Next i
    ......
End Sub
```

使用冒泡排序法编写的"从大到小排序"按钮的 Click 事件过程如下：

```
Private Sub Command2_Click()
    For i = LBound(A) To UBound(A) - 1
        For j = i To LBound(A) Step -1
            If A(j + 1) > A(j) Then
                temp = A(j)
                A(j) = A(j + 1)
                A(j + 1) = temp
            Else
                Exit For
            End If
        Next j
    Next i
End Sub
```

例 4.3　在例 4.2 的基础上，增加一个"删除"按钮和"插入"按钮。单击"删除"按钮时，先删除一个数组元素，要删除元素的位置由用户指定，再重定义数组 A，使其数组元素的个数减 1；单击"插入"按钮时，先重定义数组 A，使其数组元素的个数加 1，再在数组中插入一个 10～99 之间的随机数，要插入的位置由用户指定。设计界面如图 4.3（a）所示，运行界面如图 4.3（b）所示。

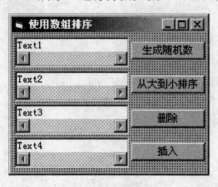

（a）设计界面　　　　　　　　　　（b）运行界面

图 4.3　数组元素的删除和插入

"删除"按钮的 Click 事件过程如下：

```
Private Sub Command3_Click()
    position = Int(Val(InputBox("请输入要删除的位置（1～10）","删除一个数组
元素")))
    If position >= 1 And position <= UBound(A) Then
        For i = position To UBound(A) - 1
            A(i) = A(i + 1)                          '向前移动数组元素
        Next i
```

```
      ReDim Preserve A(UBound(A) - 1)
'重定义数组A，元素个数减1，保留已有元素的值
      Text3.Text = ""
      For i = LBound(A) To UBound(A)
          Text3.Text = Text3.Text & Trim(Str(A(i))) & Space(2)
'在Text3中显示删除后的结果
      Next i
   Else
      temp = MsgBox("位置越界！",vbCritical + vbOKOnly,"输入错误")
   End If
End Sub
```

"插入"按钮的 Click 事件过程如下：

```
Private Sub Command4_Click()
    position = Int(Val(InputBox("请输入要插入的位置","插入一个数组元素")))
    ReDim Preserve A(UBound(A) + 1)
'重定义数组A，元素个数加1，保留已有元素的值
    If position < 1 Then position = 1
    If position < UBound(A) Then
       For i = UBound(A) - 1 To position Step -1
           A(i + 1) = A(i)                         '向后移动数组元素
       Next i
       A(position) = Int(Rnd * 90 + 10)         '给新插入的元素赋值，插入到
指定位置
    Else
       A(UBound(A)) = Int(Rnd * 90 + 10)        '给新插入的元素赋值，插入到数
组的最后
    End If
    Text4.Text = ""
    For i = LBound(A) To UBound(A)
        Text4.Text = Text4.Text & Trim(Str(A(i))) & Space(2)
'在Text4中显示插入后的结果
    Next i
End Sub
```

窗体 Form1 的 Load 事件代码如下：

```
Private Sub Form_Load()
    Text1.Text = "" : Text2.Text = ""
    Text3.Text = "" : Text4.Text = ""
End Sub
```

4.4　控件数组

4.4.1　基本概念

所谓控件数组就是以同一类型的控件为元素的数组。控件数组中的各控件具有共同的名称，即控件数组名，也具有共同的类型，如都为文本框，或都为命令按钮。

与普通数组一样，在控件数组中各控件（数组元素）的索引（下标）不同。控件数组中的每个控件具有 Index 属性，该 Index 属性值即为该控件在控件数组中的下标值。引用控件数组中的某个控件与引用普通数组中的一个元素相同。一个控件数组至少应有一个元素，元素数目可在系统资源和内存允许的范围内增加，数组的大小也取决于每个控件所需的内存和 Windows 资源。在控件数组中可用到的最大索引值为 32767。

在 Visual Basic 中编制菜单时，每一个菜单项就是一个菜单控件，这些菜单控件构成了一个菜单控件数组，从而实现一个菜单系统。

在设计时，使用控件数组添加控件所消耗的资源比直接向窗体添加多个相同类型的控件消耗的资源要少。若希望多个同类型的控件共享代码时，控件数组也很有用。例如，如果创建了一个包含三个选项按钮的控件数组，则无论单击哪个按钮都将执行相同的代码。

4.4.2 建立控件数组

在设计时可以用以下三种方法建立控件数组。

方法一，将多个控件取相同的名字。具体操作步骤如下。

1）绘制出要作为控件数组中控件的所有控件，或者在已有的控件中选择要作为控件数组中控件的所有控件，必须保证它们为同一类型的控件，如都为命令按钮。

2）决定哪一个控件作为数组中的第一个元素，选定该控件并将其 Name 属性值设置为控件数组名，或沿用原有的 Name 属性值。

3）将其他控件的 Name 属性值改成同一个名称。这时 Visual Basic 将显示一个对话框，要求确认是否要创建控件数组，选择"是"则将控件添加到控件数组中，如图 4.4 所示。

图 4.4 建立控件数组时系统弹出的对话框

方法二，复制现有的控件，并将其粘贴到窗体上。具体操作步骤如下。

1）绘制或选择要作为控件数组中的第一个控件。

2）进行"复制"和"粘贴"操作，当 Visual Basic 显示要求确认是否要创建控件数组对话框时，选择"是"则将控件添加到控件数组中。

在"编辑"菜单中，选择"粘贴"命令。Visual Basic 将显示一个对话框询问是否确认创建控件数组。选择"确定"确认操作。

方法三，给控件设置 Index 属性值。具体操作步骤如下。

1）绘制或选择要作为控件数组中的第一个控件。

2）在属性窗口直接指定该控件的 Index 属性值，如设置为 0，再用方法一或方法二向控件数组添加其他的控件，这时 Visual Basic 不再显示要求确认是否要创建控件数组的对话框。

使用以上三种方法建立一个控件数组时,系统会给控件数组中的每一个控件按添加的先后次序指定一个索引,即 Index 属性值。需要时可以直接在属性窗口中修改 Index 属性值来改变控件的索引。在一个控件数组中,控件的索引必须惟一。

4.4.3 控件数组的应用

例 4.4 设计如图 4.5(a)所示的界面,四门课程的成绩由文本框控件数组 Text1 输入,"最高分"、"平均分"和"总分"为一个命令按钮控件数组 Command1。运行时,在输入成绩后,单击按钮控件数组 Command1 中的任意一个按钮将在标签 Label5 上显示相应的统计方式(最高分、平均分或总分);在文本框 Text2 中显示统计结果;单击"退出"按钮 Command2 时退出程序;初始时文本框 Text2 和标签 Label5 不可见,当单击按钮控件数组 Command1 时变为可见。程序运行结果如图 4.5(b)所示。

(a)设计界面　　　　　　　　　　(b)运行界面

图 4.5　使用控件数组进行成绩统计

命令按钮控件数组 Command1 的 Click 事件过程如下:

```
Private Sub Command1_Click(Index As Integer)
    Select Case Index
    Case 0              '计算最高分A
        num = Val(Text1(0).Text)
        For i = 1 To 3
            If Val(Text1(i).Text) > num Then num = Val(Text1(i).Text)
        Next i
    Case 1              '计算平均分
        num = 0
        For i = 0 To 3
            num = num + Val(Text1(i).Text)
        Next i
        num = num / 4
    Case 2              '计算总分
        num = 0
        For i = 0 To 3
            num = num + Val(Text1(i).Text)
        Next i
    End Select
    Label5.Visible = True : Text2.Visible = True
```

```
    Label5.Caption = Command1(Index).Caption : Text2.Text = num
End Sub
```

"退出" 按钮 Command2 的 Click 事件过程如下：

```
Private Sub Command2_Click()
    End
End Sub
```

窗体 Form1 的 Load 事件过程如下：

```
Private Sub Form_Load()
    For i = 0 To 3
      Text1(i).Text = ""
    Next i
    Text2.Visible = False : Label5.Visible = False
End Sub
```

小 结

本章介绍数组、数组维数和数组元素的概念，重点介绍了 Visual Basic 中固定大小数组和可变大小数组的定义方法及数组的应用。注意 Visual Basic 中数组默认的最小下标是从 0 开始的。数组的应用中本章列举了排序的比较交换法、选择排序法和冒泡法等常用算法。同时本章也介绍了 Visual Basic 中控件数组的概念及应用。控件数组的特点是控件的名称相同可 Index 的值不同。希望读者通过本章学习掌握控件数组的建立与实际应用。

习 题

1. 在 Visual Basic 中，固定大小的数组和可变大小的数组如何定义。

2. 设计如图 4.6 所示界面，单击 "产生随机数" 按钮时，产生 50 个 100～999 之间的随机整数赋给一个数组，再将数组中的元素显示于列表框 List1 中，单击 "从小到大排序" 按钮时，将数组中的元素从小到大排序，排序后的结果显示于列表框 List2 中。设计界面如图 4.6（a）所示，运行界面如图 4.6（b）所示。

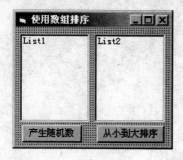
（a）设计界面

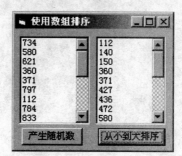
（b）运行界面

图 4.6　使用数组排序

3. 单击"矩阵 A"命令按钮生成一个 m 行 n 列的矩阵，m 和 n 由用户通过输入对话框指定，将矩阵的元素显示于列表框 List1 中；单击"矩阵 B"命令按钮再生成一个 n 行 s 列的矩阵，n 和 s 由用户通过输入对话框指定，此矩阵的 n 值由程序控制要与上一个矩阵的 n 值相同，将矩阵的元素显示于列表框 List2 中；单击"求积"命令按钮求矩阵 A 左乘矩阵 B 的积 AB，将 AB 显示于列表框 List3 中。矩阵 A 和矩阵 B 中的元素为 0～9 之间的随机数。运行界面如图 4.7 所示。

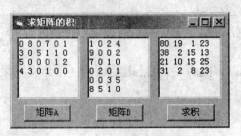

图 4.7　求矩阵的积

4. 使用控件数组设计一个如图 4.8 所示的简易计算器，并实现计算器的相应功能。

图 4.8　简易计算器

第 5 章　图形设计

本章要点

　　Visual Basic 6.0 为程序设计人员提供了非常丰富的绘图功能，使用这些绘图功能可以很容易设计出具有一定艺术效果的图形。可以使用 Visual Basic 的图形控件绘图，也可以使用 Visual Basic 的绘图方法绘图。本章首先介绍 Visual Basic 的坐标系统；然后介绍使用 Shape 控件、Line 控件绘图和使用 Pset 方法、Line 方法、Circle 方法绘图；最后介绍 AutoReDraw 属性和 Paint 方法。

本章难点

- 自定义坐标系统
- 绘图方法的使用
- Paint 方法的使用

5.1　坐标系统

　　Visual Basic 在窗体 Form 和图片框 PicrureBox 等容器对象中定义了一个平面直角坐标系，用于确定一个控件或一个图形在容器中的位置。一个完整的直角坐标系应规定其坐标原点，X 轴和 Y 轴的方向及刻度单位。在这样一个具有完整坐标系的容器中，一个控件的位置就可以用该控件左上角的坐标（x, y）来表示，一段直线就可以用其起始点的坐标（x1, y1）和终止点的坐标（x2, y2）来表示，一个矩形就可以用其左下角的坐标（x1, y1）和右上角的坐标（x2, y2）来表示。

5.1.1　系统默认的坐标系统

　　如果用户没有进行任何设置，Visual Basic 将使用默认的坐标系统，其坐标原点（0, 0）在容器的左上角，X 坐标轴向右为正方向，Y 坐标轴向下为正方向，X 方向和 Y 方向刻度单位为"缇"，如图 5.1 所示。

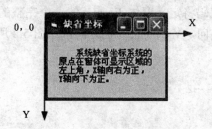

图 5.1　系统缺省的坐标系统

5.1.2　自定义坐标系统

在程序设计时，特别是在进行图形设计时，往往需要改变 Visual Basic 的默认坐标系统，这可以通过设置窗体和图片框等容器对象的 ScaleMode、ScaleLef、ScaleTop、ScaleWidth、ScaleHeight 属性来实现。

ScaleMode 属性：整型，用以确定坐标系统的刻度单位。可以是下列值之一：

0-User：用户自定义刻度单位，具体由属性 ScaleWidth 和 ScaleHeight 算出。

1-Twip：以缇为单位，缺省值，1 英寸=1440 缇（1 厘米=567 缇）。

2-Point：磅，1 英寸= 72 磅。

3-Pixel：像素，分辨率的最小单位。

4-Character：字符，水平 1 字符= 120 缇；垂直 1 字符= 240 缇。

5-Inch：英寸。

6-Millimeter：毫米。

7-Centimeter：厘米。

ScaleWidth 属性：数值型，此属性值具有三方面意义。

① ScaleWidth 属性值表示容器的内部宽度，如设置 ScaleWidth=5 即表示容器内部宽度为 5 个单位。

② 使用 ScaleWidth 属性值可以算出自定义坐标系 X 轴的刻度单位，例如当容器实际内部宽度为 2000 缇，而当前 ScaleWidth 属性值设置为 5，则 X 轴的每一刻度单位表示 2000/5=400 缇。

③ 将 ScaleWidth 属性值设置为负值，则表示反转 X 轴的方向，即自定义坐标系的 X 轴与系统默认 X 轴的正向相反。

ScaleHeight 属性：数值型，此属性值具有三方面意义。

① ScaleHeight 属性值表示容器的内部高度，如设置 ScaleHeight=2 即表示容器内部高度为 2 个单位。

② 使用 ScaleHeight 属性值可以算出自定义坐标系 Y 轴的刻度单位，例如当容器实际内部高度为 1000 缇，而当前 ScaleHeight 属性值设置为 2，则 X 轴的每一刻度单位表示 1000/2=500 缇。

③ 将 ScaleWidth 属性值设置为负值，则表示反转 Y 轴的方向，即自定义坐标系的 Y 轴与系统默认 Y 轴的正向相反。

ScaleLeft 属性：数值型，容器左上角在自定义坐标系中的 X 坐标。

ScaleTop 属性：数值型，容器左上角在自定义坐标系中的 Y 坐标。

例如，执行下面的代码将定义窗体 Form1 的一个完整的坐标系统：坐标原点在窗体中心，X 轴向右为正方向，Y 轴向上为正方向，如图 5.2 所示。

```
Form1.ScaleMode=0
Form1.ScaleWidth=2
Form1.ScaleHeight= -2
ScaleLeft = -1
ScaleTop = -1
```

图 5.2 一个自定义坐标系统示例

实际上，在自定义坐标系时，不必对 ScaleMode 属性进行设置，只要 ScaleWidth、ScaleHeight、ScaleLeft、ScaleTop 属性的属性值改变时，系统会自动将 ScaleMode 设置为 0。

除了可以联合使用以上属性自定义坐标系统外，还可以调用容器的 Scale 方法来自定义坐标系统。Scale 方法的调用格式如下：

[<对象名>.] Scale [（X1，Y1）-（X2，Y2）]

该方法将容器对象的左上角坐标定义为（X1，Y1），将右下角坐标定义为（X2，Y2）。如果省略<对象名>则默认为是当前窗体，省略"（X1，Y1）-（X2，Y2）"则将坐标系统还原为系统默认的坐标系统。

例 5.1 命令按钮"移到中心"时将标签"自定义坐标系统"移到窗体的中心位置。设计界面如图 5.3（a）所示，运行界面如图 5.3（b）所示。

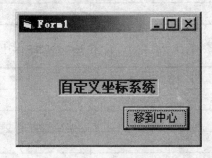

（a）设计界面 　　　　　　　　　　　　　　（b）运行界面

图 5.3 自定义坐标系统的应用

"移到中心"按钮的 Click 事件过程如下：

```
Private Sub Command1_Click()
    Form1.Scale (-1, -1)-(1, 1)
    Label1.Left = -Label1.Width / 2
    Label1.Top = -Label1.Height / 2
End Sub
```

5.2 使用控件绘图

在 Visual Basic 中,可以使用系统提供的 Shape 控件和 Line 控件在窗体或图片框中绘图。

5.2.1 Shape 控件

Shape 控件用于在窗体或图片框中绘制矩形、圆、椭圆等常见的几何图形。

Shape 属性:整型,决定 Shape 控件所绘制的几何图形的形状,其设置值与形状的对应关系如表 5.1 所示。

FillStyle 属性:整型,决定 Shape 控件所绘制的几何图形的填充样式,其设置值与填充样式的对应关系如表 5.2 所示。

表 5.1 Shape 控件的 Shape 属性设置值

设置值	对应的符号常量	形 状
0(缺省值)	VbShapeRectangle	矩形
1	VbShapeSquare	正方形
2	VbShapeOval	椭圆形
3	VbShapeOva	圆形
4	VbShapeRoundedRectangle	圆角矩形
5	VbShapeRoundedSquare	圆角正方形

表 5.2 Shape 控件的 Shape 属性设置值

设置值	对应的符号常量	填充样式
0	VbFSSolid	用实线填充
1(缺省值)	VbFSTransparent	透明,忽略 FillColor 属性
2	VbHorizontalLine	用水平直线填充
3	VbVerticalLine	用垂直直线填充
4	VbUpwardDiagonal	用上斜对角线填充
5	VbDownwardDiagonal	用下斜对角线填充
6	VbCross	用十字线填充
7	VbDiagonalCross	用交叉对角线填充

FillColor 属性:数值型,决定 Shape 控件所绘制的几何图形中填充的颜色。

BorderColor 属性:数值型,决定 Shape 控件所绘制的几何图形的边框颜色。

BorderWidth 属性:整型,决定 Shape 控件所绘制的几何图形的边框宽度。

例 5.2 如图 5.4(a)所示的界面,在窗体上画两个框架 Frame1、Frame2 和 Frame3,每个框架中放置一组选项按钮 OptionButton1、OptionButton3、OptionButton4、OptionButton6 和 OptionButton7、OptionButton9,另外再放置一 Shape 控件 Shape1,初

始为长方形、红色边框、绿色填充。运行时，单击填充颜色按钮用于改变图形的填充颜色，单击边框颜色按钮用于改变图形的边框颜色，单击选择形状按钮用于改变图形的形状。运行效果如图 5.4（b）所示。

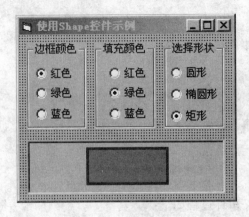
（a）设计状态

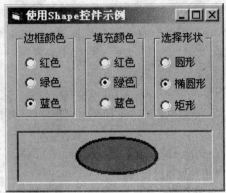
（b）运行状态

图 5.4　使用 Shape 控件绘制形状

为了使选项按钮的初始状态和图形的初始状态相一致，应在窗体的 Load 事件中写入相关代码。窗体的 Load 事件如下：

```
Private Sub Form_Load()
   Shape1.BorderColor = vbRed
   Shape1.BorderWidth = 3
   Shape1.FillStyle = vbSolid
   Shape1.FillColor = vbGreen
   Shape1.Shape = vbShapeRectangle
End Sub
```

"边框颜色"中"红色"按钮的 Click 事件过程如下：

```
Private Sub Option1_Click()
   Shape1.BorderColor = vbRed
End Sub
```

"边框颜色"中"绿色"按钮的 Click 事件过程如下：

```
Private Sub Option2_Click()
   Shape1.BorderColor = vbGreen
End Sub
```

"边框颜色"中"蓝色"按钮的 Click 事件过程如下：

```
Private Sub Option3_Click()
   Shape1.BorderColor = vbBlue
End Sub
```

"填充颜色"中"红色"按钮的 Click 事件过程如下：

```
Private Sub Option4_Click()
   Shape1.FillColor = vbRed
```

```
End Sub
```

"填充颜色"中"绿色"按钮的 Click 事件过程如下：

```
Private Sub Option5_Click()
    Shape1.FillColor = vbGreen
End Sub
```

"填充颜色"中"蓝色"按钮的 Click 事件过程如下：

```
Private Sub Option6_Click()
    Shape1.FillColor = vbBlue
End Sub
```

"选择形状"中"圆形"按钮的 Click 事件过程如下：

```
Private Sub Option7_Click()
    Shape1.Shape = vbShapeCircle
End Sub
```

"选择形状"中"椭圆形"按钮的 Click 事件过程如下：

```
Private Sub Option8_Click()
    Shape1.Shape = vbShapeOval
End Sub
```

"选择形状"中"矩形"按钮的 Click 事件过程如下：

```
Private Sub Option9_Click()
    Shape1.Shape = vbShapeRectangle
End Sub
```

5.2.2　Line 控件

Line 控件用于在窗体或图片框中绘制直线。

BorderStyle 属性：整型，对于 Line 控件，决定所绘制直线的线型。其设置值与线型的对应关系如表 5.3 所示。

表 5.3　BorderStyle 属性的设置值

设置值	对应的符号常量	线　型
0	vbTransparent	透明，忽略 BorderWidth 属性
1（缺省值）	vbBSSolid	实线，边框处于形状边缘的中心
2	vbBSDash	虚线
3	vbBSDot	点线
4	vbBSDashDot	点划线
5	vbBSDashDotDot	双点划线
6	vbBSInsideSolid	内收实线，边框的外边界就是形状的外边缘

BorderWidth 属性：整型，决定对象的边框宽度，对于 Line 控件，决定线的宽度。

BorderColor 属性：数值型，决定对象的边框颜色，对于 Line 控件，决定线的颜色。

X1，Y1，X2，Y2 属性：数值型，决定 Line 控件所绘直线的起始点的坐标（X1，

Y1）和终止点的坐标（X2，Y2）。

例 5.3　编写一个秒表程序，设计界面如图 5.5（a）所示，运行界面如图 5.5（b）所示。

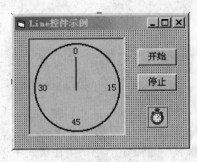　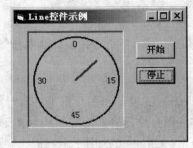

（a）设计界面　　　　　　　　　　（b）运行界面

图 5.5　使用 Line 控件绘图

设计界面：在窗体 Form1 中放置 1 个图片框 Picture1、2 个命令按钮、1 个定时器，在 Picture1 中用 Shape 控件画一个圆 Shape1，用 Line 控件画一直线 Line1 作为秒针，再画 4 个表示数字的标签。

窗体 Form1 的通用声明段代码如下：

```
Dim arlph
Const pi = 3.14159265
```

窗体 Form1 的 Load 事件过程如下：

```
Private Sub Form_Load()
   Timer1.Enabled = False          '关闭定时器
   Timer1.Interval = 1000          '定时时间为1秒
'自定义图片框坐标系，原点在图片框中心，X轴向右为正，Y轴向上为正
   Picture1.Scale (-2, 2)-(2, -2)
'秒针起点在原点，长1.2，初始时指向0秒
   Line1.X1 = 0:   Line1.Y1 = 0
   Line1.X2 = 0:   Line1.Y2 = 1.2
   arlph = pi / 2
End Sub
```

"开始"按钮的 Click 事件过程如下：

```
Private Sub Command1_Click()
   Line1.X2 = 0:    Line1.Y2 = 1.2          '恢复秒针初始位置，指向0秒
   arlph = pi / 2
   Timer1.Enabled = True                    '开启定时器
End Sub
```

"关闭"按钮的 Click 事件过程如下：

```
Private Sub Command2_Click()
   Timer1.Enabled = False
End Sub
```

定时器 Timer1 的 Timer 事件过程如下：

```
Private Sub Timer1_Timer()
    arlph = arlph - 360 / 60 * pi / 180        '按顺时针方向旋转，每次转6°
    Line1.X2 = 1.2 * Cos(arlph) : Line1.Y2 = 1.2 * Sin(arlph)
End Sub
```

5.3　使用绘图方法绘图

　　Visual Basic 的窗体和图片框等容器对象提供了 Pset 方法、Line 方法、Circle 方法用来在窗体和图片框等容器对象中绘制图形，其中 Pset 方法用于画点，Line 方法用于画直线和矩形，Circle 方法用于画圆形、椭圆形、圆弧和扇形。当在代码中调用这些方法绘图时，需要进行准确的定位。本节首先介绍当前坐标的概念，然后介绍三种绘图方法。

5.3.1　当前坐标 CurrentX 和 CurrentY

　　当在容器中绘制图形或输出结果时，常常需要将图形或输出结果定位在某一希望的位置。为此 Visual Basic 在其窗体和图片框等容器对象中定义了两个属性 CurrentX 和 CurrentY，用来指示下一次的输出在哪个位置，这就是当前坐标。其中 CurrentX 表示输出位置的 X 坐标，CurrentY 表示输出位置的 Y 坐标。

　　CurrentX 和 CurrentY 属性：数值型，返回或设置当前绘图点的 X 坐标和 Y 坐标。如果需要可以直接设置 CurrentX 和 CurrentY 的值，如下列代码将当前坐标设置为（100，100）：

```
Form1. CurrentX = 100
Form1. CurrentY = 100
```

　　在调用与绘图有关的方法时，CurrentX 和 CurrentY 的值会相应的自动改变，具体变化情况如表 5.4 所示。

表 5.4　CurrentX 和 CurrentY 的变化情况

方　法	Current X 和 Current Y 的值	方　法	Current X 和 Current Y 的值
Pset	指向画出的点	Circle	指向画出图形的中心
Line	指向画出线的终点	Cls	指向坐标原点

5.3.2　PSet 方法

　　Pset 方法用于在容器对象的指定位置画点，其调用格式如下：

　　[<对象名> .] PSet [Step]（x，y）[<颜色>]

其中

　　<对象名>：要绘制点的容器对象名称，如窗体、图片框等，省略时默认为当前窗体。

　　（x，y）：必选项，要绘制点的坐标，x 和 y 均为单精度浮点型。

　　<颜色>：可选项，要绘制点的颜色值，为长整型。可用颜色常量、RGB 函数、QBColor

函数指定颜色。省略时，则使用对象当前的前景色，即使用当前的 ForeColor 属性值。

　　Step：可选项，使用此参数时，（x，y）是指相对于当前坐标点的坐标，即相对于（CurrentX，CurrentY）的坐标；省略此参数时，（x，y）是指相对于当前坐标系的坐标。

　　调用 PSet 方法后，（CurrentX，CurrentY）指向刚才画出的点。

　　例 5.4　单击窗体时，用 Pset 方法在窗体上绘制由下列参数方程决定的曲线：

$$x = Sin2t*Cost \qquad 0 \leqslant t \leqslant 2\pi$$
$$y = Sin2t*Sint \qquad 0 \leqslant t \leqslant 2\pi$$

图 5.6　使用 Pset 方法绘制图像

　　在窗体的 Click 过程如下，绘制的线为星形线，如图 5.6 所示。

```
Private Sub Form_Click()
'自定义坐标系，原点在窗体中心
'X轴向右，Y轴向上
    Form1.Scale (-1, 1)-(1, -1)
    DrawWidth = 2
    For t = 0 To 2 * 3.14159265 Step 0.001
        x = Sin(2 * t) * Cos(t)
        Y = Sin(2 * t) * Sin(t)
        PSet (x, Y), QBColor(2)
    Next t
End Sub
```

5.3.3　Line 方法

　　Line 方法用于在容器对象的指定位置画直线或矩形，其调用格式如下：

　　[<对象名> .] Line [Step] [（x1，y1）]–[Step] （x2 ，y2) [, [<颜色>] [，B [F]]
其中

　　<对象名>：要绘制直线的容器对象名称，如窗体、图片框等，省略时默认为当前窗体。

　　（x1，y1）：可选项，要绘制的直线或矩形的起点坐标，如果省略，则起点坐标使用当前坐标，即由（CurrentX，CurrentY）所指示的坐标。（x1，y1）前带有 Step 参数时，是相对于（CurrentX，CurrentY）的坐标，否则为相对于当前坐标系的坐标。

　　（x2，y2）：必选项，要绘制直线或矩形的终点坐标。（x2，y2）前带有 Step 参数时，是相对于（CurrentX，CurrentY）的坐标，否则为相对于当前坐标系的坐标。

　　<颜色>：可选项，要绘制的直线或矩形的颜色值，省略时，则使用对象当前的前

景色，即使用当前的 ForeColor 属性值。

B：可选项，如果选择此参数，则画出矩形，矩形左上角坐标为（x1，y1），矩形右下角坐标为（x2，y2）。

F：可选项，如果使用了 B 参数后再选择 F 参数，则矩形的填充颜色取矩形的边框颜色；如果只使用 B 参数而不使用 F 参数，则矩形的填充颜色取当前容器对象的 FillColor 属性和 FillStyle 属性所指定的颜色。

调用 Line 方法后，（CurrentX，CurrentY）指向直线的终点或矩形的右下角。

例 5.5 单击开始按钮时，以窗体中心为起点，每 0.1 秒随机画出一条直线，线宽设为 2，线的颜色使用 RGB 函数随机生成，单击停止按钮则停止画线。

设计界面如图 5.7（a）所示，运行界面如图 5.7（b）所示。

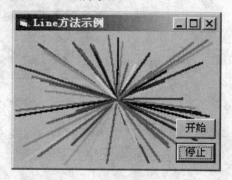

（a）设计界面 （b）运行界面

图 5.7 使用 Line 方法绘图示例

窗体的 Load 事件过程如下：

```
Private Sub Form_Load()
    Timer1.Enabled = False
    Timer1.Interval = 100
    Randomize
    Form1.Scale (-1, 1)-(1, -1)
    DrawWidth = 2
End Sub
```

定时器控件 Timer1 的定时事件过程如下：

```
Private Sub Timer1_Timer()
    randX = Rnd : randY = Rnd
    If Rnd > 0.5 Then randX = -randX
    If Rnd > 0.5 Then randY = -randY
    Form1.Line (0, 0)-(randX, randY), RGB(Rnd * 255, Rnd * 255, Rnd * 255)
End Sub
```

"开始" 按钮的 Click 事件过程如下：

```
Private Sub Command1_Click()
    Form1.Cls
    Timer1.Enabled = True
End Sub
```

"停止" 按钮的 Click 事件过程如下：

```
Private Sub Command2_Click()
    Timer1.Enabled = False
End Sub
```

5.3.4　Circle 方法

Circle 方法用于在容器对象的指定位置画圆形、椭圆形、圆弧和扇形，其调用格式如下：

[<对象名>.] Circle [Step]（x，y），<半径> [，[<颜色>] [，[<起始角>] [，[<终止角>]，[，[<纵横比>]]]]]

其中

<对象名>：要绘制的圆形、椭圆形、圆弧或扇形的容器对象名称，如窗体、图片框等，省略时默认为当前窗体。

（x，y）：必选项，要绘制的圆形、椭圆形、圆弧或扇形的圆心坐标。（x，y）前带有 Step 参数时，是相对于（CurrentX，CurrentY）的坐标，否则为相对于当前坐标系的坐标。

<半径>：可选项，要绘制的圆形、圆弧或扇形的半径；若要绘制的是椭圆形，则指椭圆形长半轴的长度。

<颜色>：可选项，要绘制的圆形、椭圆形、圆弧或扇形的边框颜色值，省略时，则使用当前容器对象的前景色，即使用当前容器对象的 ForeColor 属性值。

<起始角>：可选项，要绘制的圆弧或扇形的起始角度，以弧度为单位。

<终止角>：可选项，要绘制的圆弧或扇形的终止角度，以弧度为单位。

<纵横比>：可选项，要绘制的椭圆形长半轴与短半轴的比值，<纵横比>大于 1 时为椭圆，<纵横比>小于 1 时为椭圆，<纵横比>等于 1 时为椭圆。

调用 Circle 方法后，（CurrentX，CurrentY）指向所绘制的圆形、椭圆形、圆弧或扇形的圆心。

例 5.6　在窗体上放置一图片框 Picture1，使用 Circle 方法在图片框中绘出如图 5.8 所示的图形。

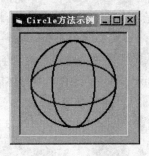

图 5.8　使用 Circle 方法绘图示例

图片框 Picture1 的 Click 事件过程如下：

```
Private Sub Picture1_Click()
```

```
        Picture1.Scale (-1, 1)-(1, -1)
        Picture1.Cls
        Picture1.DrawWidth = 2
        Picture1.Circle (0, 0), 0.8
        Picture1.Circle (0, 0), 0.8, vbRed, 0.5
        Picture1.Circle (0, 0), 0.8, vbBlue, 2
    End Sub
```

5.4　AutoReDraw 属性和 Paint 事件

5.4.1　AutoReDraw 属性

窗体（Form）和图片框（PictureBox）具有 AutoRedraw（自动重绘）属性，当使用 Pset、Line、Circle 和 Cls 等方法在这些对象上绘图时，AutoRedraw 属性极为重要。

AutoRedraw 属性：布尔型，用以确定是否可以重绘对象。缺省值为 False。

当 AutoRedraw 属性设置为 True 时，窗体（Form）对象和图片框（PictureBox）控件的自动重绘有效，这时使用 Pset、Line、Circle 等方法所绘制的图形或由 Print 方法所绘制的文本即输出到屏幕，同时也存储在内存的图像中；在改变对象大小或对象被其他对象遮盖后又重新显示的情况下，系统将用存储在内存的图像自动重绘输出。

当 AutoRedraw 属性设置为 False 时，该对象的自动重绘无效，系统将图形或文本只写到屏幕上而不写入内存。当改变对象大小或对象被其他对象遮盖后又重新显示时，显示在该对象上的图形或文字将不能重绘输出。

运行时，在代码中设置 AutoRedraw 为 False，以前的输出将成为背景屏幕的一部分，且用 Cls 方法清除绘图区时不会删除背景图形。把 AutoRedraw 设置为 True 后，再用 Cls 清除背景图形。

一般来说，除非 AutoRedraw 设置为 True，否则所有图形都需要使用 Paint 事件显示。

5.4.2　Paint 事件

如果在窗体上用绘图方法绘制一个图形，当调整窗体大小时希望图形的大小也要随之改变，可以采用如下方案：

首先将窗体的 AutoRedraw 属性设置为 False，将绘制图形的语句写在窗体的 Paint 事件过程中，然后在窗体的 Resize 事件过程中调用窗体的 ReFresh 方法。例如下列代码用 Circle 方法绘制一个圆，当调整窗体大小时圆的大小会随着窗体的改变而改变。

在窗体的 Load 事件中设置窗体的 AutoRedraw 属性为 False，事件过程如下：

```
Private Sub Form_Load()
    Form1.AutoRedraw = False
End Sub
```

在窗体的 Paint 事件过程中绘制圆，事件过程如下：

```
Private Sub Form_Paint()
```

```
    Form1.Scale (-2, 2)-(2, -2)
    Form1.Circle (0, 0), 1
End Sub
```

在窗体的 Resize 事件过程中调用窗体的 ReFresh 方法，事件过程如下：

```
Private Sub Form_Resize()
    Form1.Refresh
End Sub
```

Resize 事件：当控件被重新创建或改变控件的大小时发生 Resize 事件。该事件可以由系统触发，也可以在运行时由代码触发。

Paint 事件：当移动一个对象之后、或改变一个对象的大小之后，或在一个覆盖该对象的窗体被移开之后，该对象的部分或全部暴露时，发生 Paint 事件。在上面的示例中可以看出，如果需要在代码中使用 Pset、Line、Circle 等绘图方法输出图形，又希望这样的输出在必要时能被重绘，Paint 事件过程就很有用。

在使用 Paint 事件时，要注意在 Paint 事件过程中不要直接或间接调用它自身，否则会产生运行错误，如堆栈溢出。

当 AutoRedraw 为 False 时，最好在窗体或容器的 Paint 事件过程中调用 Pset、Line、Circle 等绘图方法绘图，否则对输出结果的管理非常困难。

当 AutoRedraw 为 False 时，在 Paint 事件之外的其他事件中调用绘图方法绘图，会产生不稳定的图形。每次使用图形方法向窗体或 PictureBox 容器输出图形时，可能会覆盖已经显示着的内容。

ReFresh 方法：强制全部重绘一个窗体或控件。通常，如果没有事件发生，窗体或控件的绘制是自动进行的。但是，有些情况下希望窗体或控件立即更新。例如，如果使用文件列表框、目录列表框或者驱动器列表框显示当前的目录结构状态，当目录结构发生变化时可以调用 ReFresh 方法更新列表。当然在调用 Refresh 方法时，Paint 事件即被调用，如果 AutoRedraw 属性被设置为 True，重新绘图会自动进行，这时 Paint 事件无效。

在窗体的 Resize 事件过程中，使用 Refresh 方法可在每次调整窗体大小时强制触发窗体的 Paint 事件，进而重绘整个对象。

例 5.7 画出 RLC 串联电路的零输入响应——欠阻尼情况下电容 C 上的电压波形及其包络，要求振荡线的颜色为红色，线宽为 2；两条包络线的颜色为蓝色，线宽为 1；运行时当调整窗体大小时振荡线和包络线的大小也要随之改变。振荡线和包络线的函数分别为：

振荡线：$U = 6e^{-0.5t} \cos 4t$，其中 t 的单位为弧度

包络线：$U = \pm 6e^{-0.5t}$，其中 t 的单位为弧度

程序代码如下：

```
Const pi = 3.14159265
Private Sub Form_Paint()
    Dim x As Single, y As Single
    Scale (0, 8)-(360, -8) : DrawWidth = 1
    For x = 0 To 360 Step 0.1
```

```
        y = 7 * Exp(-0.5 * x * pi / 180)
        If x Mod 20 < 10 Then
            PSet (x, y), vbBlue
            PSet (x, -y), vbBlue
        End If
    Next x
    Line (0, 0)-(360, 0), vbBlack : Line (1, -8)-(1, 8), vbBlack
    DrawWidth = 2
    For x = 0 To 360 Step 0.1
        y = 7 * Exp(-0.5 * x * pi / 180) * Cos(4 * x * pi / 180)
        PSet (x, y), vbRed
    Next x
End Sub
Private Sub Form_Resize()
    Form1.Refresh
End Sub
```

程序的运行结果如图 5.9 所示。

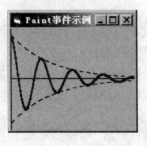   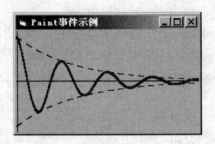

　(a) 原始图形大小　　　　　　　　　　(b) 改变窗体大小后的效果

图 5.9　Paint 事件示例

小　结

　　本章主要介绍了 Visual Basic 中的绘图方法：使用图形控件绘图和使用 Visual Basic 的绘图方法绘图。在介绍绘图方法之前，首先介绍 Visual Basic 的坐标系统，包括默认的坐标系统和用户根据容器对象设置相关属性来自定义的坐标系统。然后介绍使用图形控件——Shape 控件和 Line 控件以及使用 Pset 方法、Line 方法、Circle 方法绘图。前者在设计阶段进行绘图，后者在程序代码中进行绘图。读者在应用中可以有选择地使用绘图方法。本章最后介绍了具有图像自动重绘功能的 AutoReDraw 属性和 Paint 事件。

习　题

　　1. 在窗体上放置一个图片框控件，在图片框中放置一个 Shape 控件，并将形状设置为实心圆；再在窗体上放置三个命令按钮和一个定时器。运行时，单击"开始"命令按钮圆，开始沿图片框上边缘向右移动；当接触到图片框的右边缘时，改为沿图片框右边缘向下移动；当接触到图片框的下边缘时，改为沿图片框下边缘向左移动；当接触到图片框的左边缘时，改为沿图片框左边缘向上移动；当接触到图片框的上边缘时，改为沿图片框上边缘向右移动；如此反复沿图片框边缘运动；当圆沿图片框边缘运动时，每改变一次方向，圆的边框颜色和填充色将变化一次，具体颜色由程序随机产生。单击"停止"按钮时圆停止运动，单击"退出"按钮时，退出应用程序。设计界面如图 5.10（a）所示，运行界面如图 5.10（b）所示。

 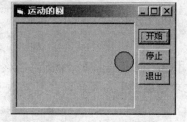

（a）设计界面　　　　　　　　　　　　（b）运行界面

图 5.10　运动的圆

2．当单击窗体时，在同一窗体上绘出 $y=Sinx$ 和 $y=2x^2+x+1$ 的图形。要求建立以窗体中心为原点，x 轴向右，y 轴向上的坐标系统；$y=Sinx$ 的图形呈蓝色，$y=2x^2+x+1$ 的图形呈红色；画出代表自定义坐标轴的水平线和垂直线，并在坐标轴线上标示刻度。

3．使用绘图方法编制一个秒表程序，如图 5.11 所示。单击"开始"按钮开始计时，秒针快速转动，秒针可以连续反复转动，每转一圈为 4 秒。在秒针转动时，在文本框中应显示秒针经过的秒数和百分秒数。单击"停止"按钮停止计时，单击"复位"按钮秒针复位，再单击"开始"按钮秒表可重新计时。

提示　可在定时器的 Timer 事件过程中调用 Paint 事件过程。

 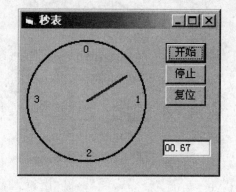

（a）设计界面　　　　　　　　　　　　（b）运行界面

图 5.11　用绘图方法编写的秒表

4．使用 Line 方法绘制直线和矩形，要求线宽为 2，直线颜色为蓝色，矩形边框颜色为红色如图 5.12 所示。当改变窗体大小时图形应能随窗体的改变而改变。

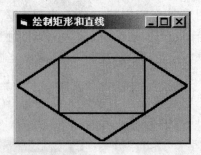

图 5.12　用 Line 方法绘制直线和矩形

5．使用 Circle 方法绘制一个圆，当该圆心沿另一个圆滚动时能形成如图 5.13 所示的图案。要求绘图颜色为蓝色，并且当改变窗体大小时图形能随窗体的改变而改变。

图 5.13　用 Circle 方法画图

第 6 章 过　　程

本章要点

Visual Basic 应用程序是由过程组成的，除了定义一些公共的常量和变量外，主要工作就是编写过程。Visual Basic 中的过程可以看作是程序的功能模块。从本质上说，编写过程就是在扩充 Visual Basic 的功能以适应特定需要。

在 Visual Basic 应用程序中，过程主要有事件过程和通用过程两类。前面各章节中我们已经介绍和多次使用了事件过程。事件过程是当发生某个事件（如 Load，Click，Change 等）时，作为响应该事件的程序段，这种事件过程构成了 Visual Basic 应用程序的主体。有时，为了使程序结构更加清晰或减少代码的重复，可将重复性较大的代码段独立出来，单独作为一个过程，这种过程叫做"通用过程"（General Procedure）。通用过程也叫"子程序"或"子过程"，它可以单独建立，供事件过程或其他通用过程多次调用。

在 Visual Basic 中，通用过程分为两类，即 Function（函数）过程和 Sub（子程序）过程。本章主要介绍通用过程的定义、调用以及变量的作用域等问题。

本章难点

- 通用过程的定义、建立与调用
- 参数传递的选择与使用
- 静态变量（过程中局部变量）的特点与应用
- 利用递归调用编程

6.1　Function 过程

在第一章我们学习了一些 Visual Basic 提供的内部函数，如 Sin 函数、Abs 函数等，这些都是系统预定义的函数。当程序中要重复使用某一公式或处理某一函数关系，而又没有现成的内部函数可供使用时，可以自己定义函数，并采用与调用内部函数相同的方法来调用自定义函数。自定义函数通过 Function 过程实现，Function 过程也称为函数过程，调用函数过程后函数将返回一个值。这一节将介绍 Function 过程的定义和调用。

6.1.1　Function 过程的定义

1. Function 过程的定义格式

[Static] [Public | Private] Function <过程名>（[<参数表>]）[As <类型>]

    [<语句组>]

    [<过程名> = <表达式>]

    [Exit Function]

    [<语句组>]

    [<过程名> = <表达式>]

End Function

2. 说明

① Function 过程以 Function 开头，以 End Function 结束，在两者之间是描述过程操作的语句块，即"过程体"或"函数体"，Exit Function 用于退出过程。格式中各参量的含义如下：

Static：指定过程中局部变量在内存中的存储方式。如果使用了 Static，则过程中的局部变量就是"Static"型的，即在每次调用过程时，局部变量的值保持不变；如果省略"Static"，则局部变量默认为"自动"，即在每次调用过程时，局部变量都要被初始化，数值型变量被初始化为 0，字符串型变量为空字符串。

Public：缺省项，表示 Function 过程是公有过程，可以在程序的任何地方调用它。各窗体公用的过程通常在标准模块中用 Public 定义。

Private：表示 Function 过程是私有过程，只能被本模块中的其他过程访问，不能被其他模块中的过程访问。

<过程名>：Function 过程的名称，遵循变量的命名规则。在同一个模块中，同一个过程名不能作为 Function 过程名和 Sub 过程名。

<参数表>：含有在调用时传送给该过程的简单变量名或数组名，各参数之间用逗号隔开。<参数表>指明了调用时传送给过程的参数的类型和个数，每个参数的格式为：

    [ByVal | ByRef] <变量名> [（）] [As <数据类型>]

这里的<变量名>是一个合法的 Visual Basic 变量名或数组名。如果是数组，则要在数组名后加上一对圆括号。<数据类型>指的是变量的类型，可以是 Byte、Boolean、Integer、Long、Single、Double、String（固定长度除外）、Currency、Object、Variant 或用户定义的类型。如果省略"As<数据类型>"，则默认为 Variant。<变量名>前面的"ByVal"为可选项，表示该参数按值传递；"ByRef"为可选项，表示该参数为引用（按地址传递）。有关参数的传送问题将在 6.3 节中介绍。

在定义 Function 过程时，"参数表列"中的参数称为"形式参数"，简称"形参"，不能用定长字符串变量或定长字符串数组作为形式参数。不过，可以在调用语句中用简单定长字符串变量作为"实际参数"，在调用 Function 过程之前，Visual Basic 会把它转换为变长字符串变量。

② 调用 Function 过程要返回一个值，因此可以像内部函数一样在表达式中使用。需要由 Function 过程返回的值放在上述格式中的<表达式>中，并通过赋值语句<过程名> = <表达式>把它的值赋给<过程名>。如果在 Function 过程中省略<过程名> = <表达式>，则该过程返回一个默认值，数值函数过程返回 0 值，字符串函数过程返回空字符串。因此，为了能使 Function 过程返回正确的值，通常要在过程体中为<过程名>赋值。

③ 过程的定义不能嵌套,但过程的调用可以嵌套。因此不能在事件过程中定义通用过程(包括 Sub 过程和 Function 过程),但能在事件过程内调用通用过程。

通用过程不属于任何一个事件过程,因此不能放在事件过程中。通用过程可以在标准模块中建立,也可以在窗体模块中建立,可以使用以下两种方法。

* 直接在代码窗口中输入。在代码窗口中的所有过程之外,按 Function 过程的定义的格式输入第一条语句。如 Private Function Fact(N As Integer),按回车键后,代码窗口如图 6.1 所示。此时可在 Private Function 语句和 End Function 语句之间输入程序代码。

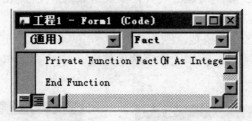

图 6.1 代码窗口

* 使用"添加过程"命令。选择"工具"菜单中的"添加过程"命令,打开"添加过程"对话框,如图 6.2 所示。在"名称"框内输入要建立的过程名,如 Fact,在"类型"栏内选择要建立的过程的类型,如果要建立函数过程,则应选择"函数";如果建立子程序过程,则应选择"子程序",在"范围"栏内选择过程的适用范围,可以选择"公有的"或"私有的",单击"确定"按钮,回到模块代码窗口,如图 6.3 所示。

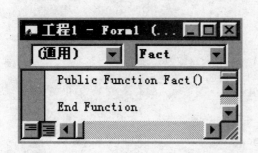

图 6.2 "添加过程"对话框

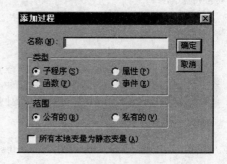

图 6.3 代码窗口

例 6.1 编写一个计算 N! 的 Function 过程。

程序代码:

```
Function Fact(N As Integer) As Long        '参数N为整型,函数返回值为长整型
Dim I As Integer,F As Long
F=1                                        'F用于保存阶乘值,作为返回值,初始化
    For I=1 To N
      F=F*I
    Next I
    Fact=F                                 '给函数过程名赋值,返回值
 End Function
```

6.1.2 Function 过程的调用

Function 过程的调用比较简单，可以像使用 Visual Basic 内部函数一样来调用 Function 过程。实际上，Function 过程与内部函数（如 Sin、Abs 等）在调用方法上没有什么区别，只不过内部函数由语言系统提供，而 Function 过程由用户自己定义，具有更大的灵活性。

调用格式：<过程名>（[<实参表>]）

其中，<过程名>为要调用的 Function 过程名，<实参表>为要传递给 Function 过程的常量、变量或表达式，各参数间用逗号隔开，如果是数组，在数组名之后必须跟一对空括号。

例 6.2 从键盘输入一个整数，利用例 6.1 编写的 Fact 函数过程计算阶乘数。

界面设计如图 6.4 所示，程序运行后输入整数 8，单击"计算阶乘"按钮后执行结果如图 6.5 所示。

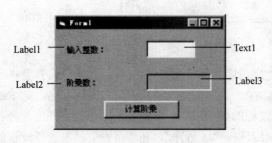

图 6.4 设计界面   图 6.5 运行结果

程序代码：

```
Private Sub Command1_Click()
    Dim X As Integer
    X = Val(Text1.Text)
    Label2.Caption = Trim(Str(X)) & "的阶乘数为: "
    Label3.Caption = Trim(Str(Fact(X)))
'以X为参数调用Fact函数，获得一个返回值X!
End Sub

Private Function Fact(N As Integer) As Long     '求N阶乘的函数
    Dim I As Integer,F As Long
    F = 1
    For I = 1 To N
        F = F * I
    Next I
    Fact = F                                    '设置函数返回值
End Function
```

其实，在一个过程中也可以调用另一个过程，称为嵌套调用。利用过程的嵌套调用可使程序结构更加清晰，请看下例。

例 6.3 求 1! +2! +3! +…+20! 的值。

程序代码：

```
Private Sub Command1_Click()
    Dim n As Integer
    n = Val(InputBox("n="))               '这里输入n=20
    Print sigma(n)                        '调用累加函数sigma，打印结果
End Sub
Private Function sigma(n As Integer) As Double
    Dim k As Integer, sum As Double
    sum = 0
    For k = 1 To n
        sum = sum + Fact(k)               '在sigma函数过程中调用Fact函数过程
    Next k
    sigma = sum
End Function
Private Function Fact(n As Integer) As Double
    Dim i As Integer, f As Double
    f = 1
    For i = 1 To n
        f = f * i
    Next i
    Fact = f
End Function
```

例 6.4 任给两个正整数，求它们的最大公约数和最小公倍数。

构造一个求最大公约数的函数 CommDiv，返回值为最大公约数，算法采用辗转相除法；构造一个求最小公倍数的函数 CommMul，返回值为最小公倍数，最小公倍数为两个数的乘积除以它们的最大公约数。

图 6.6 设计界面

图 6.7 运行结果

程序代码：

```
Private Sub Command1_Click()               ' "求最大公约数"按钮的事件过程
    Dim x As Integer, y As Integer
    x = Val(Text1.Text)
    y = Val(Text2.Text)
    Label3.Caption = CommDiv(x, y)
End Sub
Private Sub Command2_Click()               ' "求最小公倍数"按钮的事件过程
    Dim x As Integer, y As Integer
    x = Val(Text1.Text)
```

```
    y = Val(Text2.Text)
    Label4.Caption = CommMul(x, y)
End Sub
Private Function CommDiv(x As Integer, y As Integer) As Integer
    Dim A As Integer, B As Integer, R As Integer
    A = x: B = y
    R = A Mod B
    Do While R <> 0
        A = B
        B = R
        R = A Mod B
    Loop
    CommDiv = B
End Function
Private Function CommMul(x As Integer, y As Integer) As Integer
    CommMul = x * y / CommDiv(x, y)
End Function
```

程序运行后，在两个文本框中分别输入 136 和 48，单击"求最大公约数"按钮、单击"求最小公倍数"按钮，程序运行结果如图 6.7 所示。

6.2   Sub 过程

当需要定义的过程有一个返回值时，采用前面所介绍的 Function 过程就可实现，但实际使用时，有时不需要返回值或者需要多个返回值，在这种情况下就要使用 Sub 过程来实现。

6.2.1   Sub 过程的定义

1. Sub 过程定义的格式

[Static] [Public | Private] Sub <过程名> [(<参数表列>)]
    [<语句组>]
    [Exit Sub]
    [<语句组>]
End Sub

2. 说明

① Sub 过程以 Sub 开头，以 End Sub 结束，在 Sub 和 End Sub 之间是描述过程操作的语句块，称为"过程体"或"子程序体"，Exit Sub 用于退出过程。

② 格式中各项的含义和 Function 过程中的相同。

③ Sub 过程中的<过程名>与 Function 过程中的<过程名>不同，既不能给 Sub 过程中的<过程名>赋值，也不能给它定义类型。

④ Sub 过程的建立方法与 Function 过程的建立方法相同，可以在代码窗口中直接

输入，也可以通过"工具"菜单中的"添加过程"命令生成。

例 6.5 编写计算 n!的 Sub 过程。

由于 Sub 过程不能用过程名来返回值，因此在形参表中需要二个参数，一个用来传递 n 的值，另一个用来返回求得的阶乘值。程序代码：

```
Private Sub Fact(N As Integer,F As Long)      '参数F用于返回阶乘值
  Dim I As Integer
  F=1                                          'F用于保存阶乘值
  For I=1 To N
    F=F*I
  Next I
End Sub
```

6.2.2 调用 Sub 过程

Sub 过程的调用有两种方式，一种是把过程的名字放在一个 Call 语句中，一种是把过程名作为一个语句来使用。

1. 用 Call 语句调用 Sub 过程

格式：Call <过程名> [（<实参表>）]

Call 语句把程序控制传送到一个 Visual Basic 的 Sub 过程。用 Call 语句调用一个过程时，如果过程本身没有参数，则<实参表>和括号可以省略；否则应给相应的实际参数，并把参数放在括号中。<实参表>是传送给 Sub 过程的常量、变量或表达式，各参数之间用逗号隔开，如果是数组参数，则要在数组名后跟一对空括号。

2. 把过程名作为一个语句使用

格式：<过程名> [<实参表>]

在调用 Sub 过程时，如果省略关键字 Call，就成为调用 Sub 过程的第二种方式。与每一种方式相比，它有两点不同。

① 去掉了关键字 Call。

② 去掉了<实参表>的括号。

例 6.6 从键盘输入一个整数，利用例 6.5 编写的 Fact 过程计算阶乘数。

程序代码：

```
Private Sub Command1_Click()
    Dim X As Integer, Ff As Long
    X = Val(Text1.Text)
    Label1.Caption = Trim(Str(X)) & "的阶乘数为："
    Call Fact(X,Ff)
Label2.Caption = Trim(Str(Ff))
End Sub
Private Sub Fact(N As Integer,F As Long)      '参数F用于返回阶乘值
    Dim I As Integer
    F=1                                        'F用于保存阶乘值
    For I=1 To N
    F=F*I
```

```
    Next I
End Sub
```

其中，Call Fact（X，Ff）语句也可以写成 Fact X，Ff。

6.3　参数传送

在调用一个过程时，必须把实际参数传送给过程，完成形式参数（简称形参）与实际参数（简称实参）的结合，在 Visual Basic 中形参与实参的结合时传递方式有两种：按值传递和按地址传递。

6.3.1　形参与实参

形参是在 Sub、Function 过程的定义中出现的变量名，实参则是在调用 Sub 或 Function 过程时传送给 Sub 或 Function 过程的常数、变量、表达式或数组。

在调用过程时实参和形参的结合通常是按位置结合，当使用这种方式时应注意以下事项。

① 实际参数的次序必须和形式参数的次序相匹配。也就是说，它们的位置次序必须一致。

② 在传送参数时，形参表与实参表中对应变量的名字不必相同，但是它们所包含的参数的个数必须相同；同时，实参与相应形参的类型必须相同。

③ 形参表中各个变量之间用逗号隔开，表中的参数可以是：除固定长度字符串外的合法变量名，后面带一对圆括号的数组名。

④ 实参表中各个变量之间用逗号隔开，表中的参数可以是：常量、变量、表达式，后面带一对圆括号的数组名。

例如，定义了如下一个过程：

```
Sub MaxVal(max As Integer, x() As Integer)
……
End Sub
```

如果有以下的调用语句：

```
Call MaxVal(a, Array())
```

则其形参和实参的结合关系如下：

过程调用：Call MaxVal（a，Array（））

过程定义：Sub MaxVal（max As Integer，x（）As Integer）

Visual Basic 6.0 中，调用过程时参数通过两种方式传送，即传地址和传值，其中传地址习惯上称为引用。

6.3.2　引用

在默认情况下，变量（简单变量、数组等）都是通过"引用"传送给 Sub 或 Function

过程。在这种情况下，可以通过改变过程中相应的参数来改变该变量的值。这意味着，当通过引用来传送实参时，有可能改变传送给过程的变量的值。

例如，设定义了以下过程：

```
Sub SS(X,Y,Z)
  X=X+1
  Y=Y+1
  Z=Z+1
End Sub
```

而某命令按钮的单击事件过程如下：

```
Private Sub Comand1_Click()
  A=1:B=2:C=3
  Call SS(A,B,C)
  Print A,B,C
End Sub
```

程序运行后，单击命令按钮后在窗体上打印出：

2   3   4

上例中，执行 Call SS（A，B，C）语句时，A、B、C 以传地址的方式（引用）分别和形参变量 X、Y、Z 结合，并在 SS 过程中改变了变量 X、Y、Z 的值，从 SS 过程返回时，调用过程中的 A、B、C 的值已在 SS 过程中被修改，因此打印在窗体上 A、B、C 的值已变成 2、3、4。

6.3.3　传值

传值就是通过值传送实际参数，即传送实参的值而不是传送它的地址。在这种情况下，系统把需要传送的变量复制到一个临时单元中，然后把该临时单元的地址传送给被调用的通用过程。由于通用过程没有访问变量（实参）的原始地址，因而不会改变原来变量的值，所有的变化都是在变量的副本上进行的。

在 Visual Basic 中，传值方式通过关键字 ByVal 来实现。也就是说，在定义通用过程时，如果形参前面有关键字 ByVal，则表示该参数用传值方式传送，否则用引用（即传地址）方式传送。

例如，我们将 6.3.2 节 SS 过程中的形参 X，Y，Z 前加上 ByVal，使参数按值传递：

```
Sub SS(ByVal X, ByVal Y, ByVal Z)
    X=X+1
    Y=Y+1
    Z=Z+1
End Sub
```

而某命令按钮的单击事件过程如下：

```
Private Sub Coomand1_Click()
    A=1:B=2:C=3
    Call SS(A,B,C)
    Print A,B,C
End Sub
```

程序运行后，单击命令按扭后在窗体上打印出：

1　　　　2　　　　3

本例中，执行 Call SS（A，B，C）语句时，A、B、C 以传值的方式分别和形参变量 X、Y、Z 结合，并在 SS 过程中改变了变量 X、Y、Z 的值，但从 SS 过程返回时，这些值不会影响调用过程中 A、B、C 的值，因此打印在窗体上的值还是 A、B、C 在调用 SS 前的值。

什么时候用传值方式，什么时候用传地址方式，没有硬性的规定。但下面几条建议可供参考。

① 对于整型、长整型或单精度类型的参数，如果不希望过程修改实参的值，则应加上关键字 ByVal（值传送）。而为了节省内存、提高效率，字符串和数组应通过地址传送。此外，用户定义的类型（记录）和控件只能通过地址传送。

② 对于双精度型、货币型和可变数据类型，一般来说，此类参数最好用传值方式传送，这样可以避免错用参数。

6.3.4　数组参数的传送

Visual Basic 允许把数组作为实参传送到过程中。如定义一个数组排序的 Sub 过程，数组作为参数进行传递：

```
Sub SortArray(a())
......
End Sub
```

该过程有一个参数，这个参数是个数组，定义时应在数组名后加上一对括号，表示这个参数是数组。调用时可用下面的语句：

```
Call SortArray(x())
```

其中，数组 x 是传送给 SortArray 过程的实参，书写时应在数组名后加上一对括号。当数组作为过程的参数传递时，使用的是"传地址"方式，而不是"传值"，只是把 x 数组的起始地址传给过程，在 x（）的前面不能加 ByVal。

在传送数组作为参数时，除遵守参数传送的一般规则外，应注意以下几点。

① 为把一个数组的全部元素传送给一个过程，在形参表和实参表中出现的数组名不需要写出上下界，但括号不能省略。在过程中可通过 Lbound 和 Ubound 函数求出数组的最大下标和最大上标值。

② 如果不需要把整个数组传送给一个通用过程，只是传送指定的单个元素，则需要在数组名后面的括号中写上指定元素的下标。

例 6.7　用户输入一个正整数 n，生成一个由 n 个[0，99]之间的随机数组成的数组，单击 Command1 按钮时，实现数组元素从大到小的排序。

程序代码：

```
Option Base 1                      '设定数组的下标的下界为1
Dim n As Integer, x() As Integer
Private Sub Command1_Click()
   Call SortArray(x())             '调用数组排序过程, 数组x为传递的参数
   For i = 1 To n
```

```
      Print x(i);
   Next i
End Sub

Private Sub Form_Load()
   n = Val(InputBox("请输入一个正整数: ","输入框"))
   ReDim x(n)
   Randomize
   For i = 1 To n
      x(i) = Int(100 * Rnd)
   Next i
End Sub
Sub SortArray(value() As Integer)
   Dim i As Integer, j As Integer, n As Integer, t As Integer
   n = UBound(value)
   For i = 1 To n - 1
      For j = i + 1 To n
         If value(i) < value(j) Then
            t = value(i)
            value(i) = value(j)
            value(j) = t
         End If
      Next j
   Next i
End Sub
```

6.4　可选参数与可变参数

Visual Basic 6.0 提供了十分灵活和安全的参数传送方式，允许使用可选参数和可变参数。在调用一个过程时，可以向过程传送可选的参数或者任意数量的参数。

6.4.1　可选参数

在前面的例子中，一个过程中的形式参数的个数是固定的，调用时提供的实参的个数也是固定的。也就是说，如果一个过程有三个形参，则调用时必须按相同的顺序和类型提供三个实参。

事实上，在 Visual Basic 6.0 中，可以指定一个或多个参数作为可选参数。在定义带可选参数的过程时，必须在参数表中使用 Optional 关键字，并在过程体中通过 IsMissing 函数测试调用时是否传送了可选参数，以便在过程体中针对不同的参数个数加以处理。

定义带可选参数的过程时注意以下几点。

① 可选参数必须放在参数表的最后，而且必须是 Variant 类型。

② 在编写过程代码时，通过 IsMissing 函数测试实际调用时是否传送了这个可选参数，IsMissing 函数有一个参数，它就是 Optional 指定的形参的名字，其返回值为 Boolean 型，如果调用时没有传递这个可选参数，则 IsMissing 函数返回 True，否则返回 False。

③ 若指定某一参数可选，则此参数后面的其他参数也必是可选的，并且第一个参数前要用 Optional 关键字来声明。

例 6.8　编写一个既能计算两个数也能计算三个数相乘的 Sub 过程。

程序代码：

```
Private Sub Mul(first As Integer, sec As Integer, Optional third)
    result = first * sec
    If Not IsMissing(third) Then
      result = result * third
    End If
    Print result
End Sub
```

用 Call Mul（15，20）可得到结果为 300；用 Call Mul（15，20，10）可得到结果为 3000。

6.4.2　可变参数

通用过程中除了可用可选参数外，还可以定义成可接受任意个数参数的传递，这就是可变参数过程。

可变参数过程通过关键字 ParamArray 来定义，其一般格式为：

Sub 过程名（ParamArray <数组名>（））

这里的<数组名>（）是一个形式参数，它后面括号不能省略。

例 6.9　编写对多个数的累加求和过程，利用它求任意多个数的和。

```
Private Sub Sum(ParamArray Num())
    s = 0
    For Each x In Num
      s = s + x
    Next x
    Print s
End Sub
```

可以用任意多个参数调用上述过程，例如：

```
Private Sub Form_Click()
    Call Sum(11, 20, 50, 60)
End Sub
```

输出结果为 141。

若上面的程序中把 Call Sum（11，20，50，60）改为 Call Sum（11，20，50，60，70），则输出结果为 211。

6.5　对象参数

前面我们所述的通用过程一般用变量作为形式参数。事实上，在 Visual Basic 中还允许使用对象作为过程的参数进行传递，窗体或控件也可作为通用过程的参数。在有些情况下，这样做可以简化程序设计，提高效率。

用对象作为参数与用其他数据类型作为参数的过程在定义和调用时没有什么区别，格式为：

Sub <过程名>（<形参表>）

　　<语句组>

　　[Exit Sub]

　　……

End Sub

<形参表>中形参的类型通常为 Control 或 Form。

　　注意　在调用含有对象的过程时，对象只能通过传地址方式传送。因此在定义过程时，不能在其参数前加关键字 ByVal。

6.5.1　窗体参数

我们通过一个例子来说明窗体参数的使用。

例 6.10　新建一个工程，并通过"工程"菜单中的"添加窗体"命令新建一个窗体 form2，把 form2 的 Caption 属性设为"我是窗体二"，把 form1 设为启动窗体。界面设计如图 6.8 所示，单击"检测 form2"按钮后运行结果如图 6.9 所示。

　　　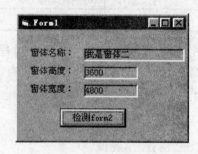

　　　图 6.8　设计界面　　　　　　　　　　图 6.9　运行结果

在 form1 中编写如下代码：

```
Private Sub Command1_Click()
    FormState Form2              'Form2是传递给FormState过程的窗体参数
End Sub
Private Sub FormState(FormName As Form)
    Label4.Caption = FormName.Caption
    Label5.Caption = FormName.Height
    Label6.Caption = FormName.Width
End Sub
```

6.5.2　控件参数

和窗体参数一样，控件也可以作为参数传递给通用过程。使用时，可在一个通用过程中对控件（Control）类型的形参设置所需要的属性，然后用不同的控件调用此过程。在用控件作为参数调用时，作为实参的控件必须具有通用过程中所用到的形参控件的属性，否则会出现错误。

为了判断某个控件是不是属于某种控件类型，Visual Basic 提供了一个 TypeOf 语句，其格式为：

TypeOf <控件名称> Is <控件类型>

功能：测试<控件名称>（一个控件实体）是否属于<控件类型>。

使用中 TypeOf 语句通常放在通用过程中，<控件名称>为控件参数（形参）的名字，<控件类型>是代表各种不同控件的关键字，这些关键字如表 6.1 所示。

表 6.1   关键字

关键字	控 件	关键字	控 件
CheckBox	复选框	Frame	框架
ComboBox	组合框	HScrollbar	水平滚动条
CommandButton	命令按钮	Label	标签
ListBox	列表框	DirListBox	目录列表框
DriveListBox	驱动器列表框	Menu	菜单
FileListBox	文件列表框	OptionButton	单选按钮
PictureBox	图片框	TextBox	文本框
Timer	时钟	VScrollBar	垂直滚动条

例 6.11 编写一个带控件参数的过程，要求用 Label 控件、TextBox 控件作为实参都能来调用。界面设计如图 6.10 所示。

程序代码：

```
Private Sub Form_Click()
    CtlTest Label1                  '以Label1作为控件参数调用CtlTest过程
    CtlTest Text1                   '以Text1作为控件参数调用CtlTest过程
End Sub

Private Sub CtlTest(C As Control)   '本过程只响应Label或TextBox类型的控件
参数
    If TypeOf C Is Label Then
        C.FontSize = 18
        C.FontItalic = True
        C.Caption = "我是标签控件！"
    End If

    If TypeOf C Is TextBox Then
        C.FontSize = 24
        C.FontBold = True
        C.Text = "我是文本框控件！"
    End If
End Sub
```

程序运行后，单击窗体（不要击在控件上）后如图 6.11 所示。

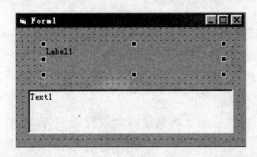
图 6.10　设计界面

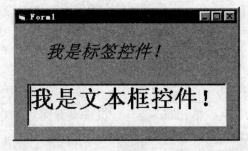
图 6.11　运行结果

6.6　局部变量的内存分配

在运行应用程序时，Visual Basic 给所有的全局变量分配内存，但是，对于某个过程中定义的局部变量，只有在调用这个过程时才建立该过程所包含的局部变量和参数，并为其分配内存，而在过程结束后清除这些局部变量，这种分配机制可以提高内存的利用率。但如果再次调用该过程，则重新建立这些变量。也就是说，局部变量的内存在需要时分配，释放后可以被其他过程的变量使用。

有时候，在过程结束时，可能不希望失去保存在局部变量中的值。如果把变量声明为全局变量或模块级变量，当然可以解决这个问题，但如果声明的变量只在一个过程中使用，则这种方法会使程序的可读性和安全性变差。为此，可通过在定义局部变量时加关键字 Static 解决，其格式如下：

static <变量表>

其中<变量表>中各变量之间用逗号隔开，每个变量的格式如下：

<变量> [（）] [As <类型>]

Static 语句的格式与 Dim 语句完全一样，但 Static 语句只能出现事件过程、Sub 过程或 Function 过程中。在过程中的 Static 变量只有局部的作用域，即只在本过程中可见，但可以和模块变量一样，即使过程结束后，其值仍能保留。

在程序设计中，Static 语句常用于以下两种情况。

① 记录一个事件被触发的次数，即程序运行时事件发生的次数。

② 用于开关切换，即原来为开，将其改为关，反之亦然。

Static 语句有以下几种用法。

① 把一个数值变量定义为静态变量。

例如：Static N As Integer

② 把一个字符串变量定义为静态变量。

例如：Static Str As string

③ 使一个通用过程中的所有变量成为静态变量。

例如：Static Function Mul（x As Single，y As Singl）

④ 使一个事件过程中的所有变量为静态变量。

例如：Static Sub Form_Click（）

⑤ 定义静态数组。

例如：Static MyArray（10）

说明：

① 用 Static 语句定义的变量可以和在模块级定义的变量或全局变量重名，但用 Static 语句定义的变量优先于模块级或全局变量，因此不会发生冲突。

② 前面我们已经看到，Static 可以作为属性出现在过程定义行中。在这种情况下，该过程内的局部变量都默认为 Static。对于 Static 变量来说，调用过程后其值被保存下来。如果省略 Static，则过程中的变量默认为自动变量。在这种情况下，每次调用过程时，自动变量都将被初始化。

③ 当数组作为局部变量放在 Static 语句中时，在使用之前应标出其维数。

例 6.12　利用静态变量记录 Command1 被单击的次数。

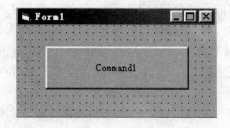 

图 6.12　设计界面　　　　　　　　　　　图 6.13　运行结果

程序代码：

```
Private Sub Command1_Click()
    Static n As Integer
    n = n + 1
    Command1.Caption = "我已被单击" & Str(n) & "次了！"
End Sub
```

本例中如果把 Static n As Integer 语句改为 Dim n As Integer 则不能得到正确的结果，读者可自行验证。

6.7　递　　归

递归就是一个过程中直接或间接调用这个过程本身。在递归调用中，一个过程执行的某一步要用到它自身的上一步（或上几步）的结果。

Visual Basic 的过程允许递归调用。递归调用在进行阶乘运算、级数运算、幂指数运算等方面特别有效。递归分为两种类型：一种是直接递归，即在过程中调用过程本身；一种是间接递归，即间接地调用一个过程。例如，第一个过程调用了第二个过程，而第二个过程又回过头来调用第一个过程。

例 6.13　利用过程的递归计算 N!。

程序代码：

```
Private Sub Form_Click()
    Dim x As Integer
    x = Val(InputBox("请输入一个小于20的正整数：","输入框"))
    Print Str(x) & "的阶乘是：" & Str(Fact(x))
End Sub

Private Function Fact(N As Integer) As Double
    If N > 0 Then
        Fact = N * Fact(N - 1)            'Fact函数的递归调用
    Else
        Fact = 1
    End If
End Function
```

本例中采用的是直接递归。

6.8　Shell 函数

在 Visual Basic 中，不但可以调用通用过程，而且可以调用各种应用程序。也就是说，凡是能在 DOS 下或 Windows 下运行的应用程序，基本上都可以在 Visual Basic 中调用，这一功能可通过 Shell 函数来实现。

Shell 函数的格式如下：

Shell（<命令字符串>[，<窗口类型>]）

功能：调用一个应用程序，返回一个 Variant（Double）。如果成功的话，代表这个程序的任务标识 ID 号；如果不成功，则会返回 0。

其中，<命令字符串>是要执行的应用程序的文件名（包括路径）。它必须是可执行文件，其扩展名为.COM，.EXE，.BAT 或.PIF，其他文件不能用 Shell 函数执行。Shell 函数是以异步方式来执行其他程序的。也就是说，用 Shell 启动的程序可能还没有执行完，就已经开始执行 Shell 函数之后的语句。

"窗口类型"是执行应用程序时应用程序窗口的大小，可选下列常量。如表 6.2 所示。

表 6.2　窗口类型

常　量	值	窗口类型
VbHide	0	窗口被隐藏，焦点移到隐式窗口
VbNormalFocus	1	窗口具有焦点，并还原到原来的大小和位置
VbMinimizedFocus	2	窗口会以一个具有焦点的图标来显示
VbMaximizedFocus	3	窗口是一个具有焦点的最大化窗口

常　量	值	窗口类型
VbNornalNoFocus	4	窗口被还原到最近使用的大小和位置,而当前活动的窗口仍保持活动
VbMinimizdeNoFocus	6	窗口以一个图标来显示,而当前活动的窗口仍保持活动

Shell 函数调用某个应用程序并成功地执行后,返回一个任务标识(Task ID),它是执行程序的惟一标识。例如:

TID = Shell ("D：\Program Files\Microsoft Office\Office\Excel.exe", 1)

执行该语句将打开"电子表格"Excel,并获得焦点。

注意 Shell 函数返回的 ID 必须有个变量接收,否则就会出错。如果上例写成:

Shell ("D：\Program Files\Microsoft Office\Office\Excel.exe", 1)

则是错误的。它是一个函数,不能当作命令运行。

小　结

本章首先介绍了通用过程的概念和分类:通用过程的建立方法和步骤,Function 过程和 Sub 过程的定义格式、调用方式及二者的区别。重点介绍了调用通用过程的参数传递方式:按值传递还是按地址(引用)传递和数组作为参数传递时定义格式和调用方式。在 Visual Basic 中,对象也可以作为参数进行传递,实际上,用对象作为参数与用其他数据类型作为参数的过程在定义和调用时没有什么区别。通用过程的调用不仅可以嵌套调用还可以递归调用,过程的递归调用是过程调用中的一个难点。另外,在 Visual Basic 中还可以利用 Shell 函数调用 Windows 或 DOS 中的各种应用程序。

本章的另一个知识点就是局部变量的内存分配问题。过程中定义的局部变量,只有在调用这个过程时才建立该过程所包含的局部变量和参数,并为其分配内存,而在过程结束后清除这些局部变量,这种分配机制可以提高内存的利用率。但如果再次调用该过程,则要重新建立这些变量。有时,过程结束后,如不希望失去保存在局部变量中的值,可以在过程中定义过程变量语句前加 Static 关键字。Static 语句常用于以下两种情况。

① 记录一个事件被触发的次数,即程序运行时事件发生的次数。

② 用于开关切换,即原来为开,将其改为关,反之亦然。

习　题

1. 编写一个判断自然数是否为质数的 Function 过程,在窗体上打印出[100, 200]间的所有质数,并求出它们的和。

2. 编写一个求一元二次方程 $ax^2+bx+c=0$ ($a\neq0$) 的实根的 Sub 过程,要求能判断有无实根、实根的个数并求出实根。

3. 编写一个 Sub 过程,该过程能根据输入的工资数额确定发给多少张 100 元、50

元、10元、5元、1元、5角、1角、5分、1分的钞票。要求以数组作为传递参数，利用窗体上的文本框输入工资数额，输出界面自定。

4．编写一个应用程序，针对一个整形数组具有以下功能，每个功能由一个通用过程来实现。

（1）读入一个由 n 个元素组成的整形数组。

（2）在数组的最后添加一个元素。

（3）在数组中第 k 个元素前插入一个元素。

（4）删除数组中第 k 个元素。

（5）删除数组中指定值的元素（建议编写一个用于检索的 Function 过程，检索成功时，函数返回值为检索到的元素的下标）。

5．根据下列公式，编写一个计算 π 近似值的过程，利用该过程求出当 n=100、500、1000、5000 时 π 的近似值。

$$\frac{\pi}{4} = 1 - \frac{1}{3} + \frac{1}{5} - \frac{1}{7} + \cdots + (-1)^{n-1} \frac{1}{2n-1}$$

6．利用过程的嵌套求出 $\frac{1}{2!} + \frac{2}{3!} + \frac{3^2}{4!} + \frac{4^3}{5!} + \cdots + \frac{9^8}{10!}$ 的值。

第 7 章　用 Visual Basic 6.0 设计用户界面

本章要点

　　在 Visual Basic 中，其可视化构件主要有：窗体、菜单和控件等，它们是构成 Visual Basic 应用程序的基本要素。这些构件都具有自己的属性、方法和事件。可以通过属性设置它们的外观特征；通过方法表现它们的动作；通过事件过程使它们对外界行为作出响应。本章主要介绍窗体的常用属性、事件和方法；对话框的设计及公共对话框控件的使用；下拉式菜单和弹出式菜单的设计及应用；工具栏和状态栏的创建及应用。

本章难点

- 公共对话框、菜单、工具栏和状态栏的属性设置与使用
- 动态菜单的使用与修改

7.1　窗　　体

　　在 Windows 的应用程序中，窗体是最基本的对象。一个 Windows 的应用程序至少应该包含一个窗体，窗体上不仅可以放置各种控件，也可以在上面绘图。同时，也是在运行应用程序时与用户进行交互操作的界面。

　　窗体的组成部分如图 7.1 所示，包含图标、标题栏、控制菜单、控制按钮和工作区。

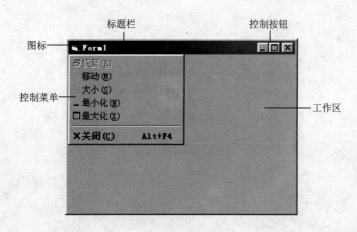

图 7.1　窗体的组成

窗体是一个容器，可以通过"控件工具箱"往窗体添加各种控件。实质上，窗体就好像一块画布，为 Visual Basic 的可视化界面设计提供了一个构造平台。

7.1.1　窗体属性

在 Visual Basic 环境下，新建一个工程时，系统自动在工程中添加一个窗体，该窗体的名称缺省设置为 Form1；若要再添加窗体，可选择"工程"菜单中的"添加窗体"命令。

窗体的个性是通过其属性体现的，因此，设计窗体的第一步就是设置它的属性。这可以在设计时通过"属性"窗口设置，也可以在运行时由代码来实现，但有些属性只能在设计时设置，不能由代码来修改，这种属性称为"只读"属性。窗体的主要属性如下。

1．Name 属性

用于设置窗体的名称，其默认的第一个窗体名为 Form1，在代码中用这个名称引用该窗体（注意它和 Caption 属性的不同）。此属性只能在设计时设置，运行时为只读。为便于识别，一般给 Name 属性设置一个有实际意义的名称。

2．Appearance 属性

设置一个窗体是否以 3D 效果显示，运行时为只读属性。

设置值：0-Flat 为平面效果。这时窗体的外形像一张纸，无立体感。

设置值：1-3D 为 3D 效果（默认值）。这时窗体的外形像一块板，有立体感。

3．AutoRedraw 属性

用于控制窗体内图像的重画方式。

设置值：True 或 False，默认值为 False。

语法：[<窗体名>].AutoRedraw = True / False

在其他窗口覆盖窗体后，当再返回该窗体时，如果 AutoRedraw 设置为 True，则 Visual Basic 将重画当前窗体，从而自动恢复窗体原先的显示；如果将该属性设为 False，Visual Basic 就必须调用一个 Paint 事件过程才能完成重画工作。

4．BackColor 属性

BackColor 属性用于设置窗体内含文本或图形对象的背景色，其语法格式如下：

[<窗体名>].BackColor = <颜色值>

其中，<颜色值>为长整型值表示颜色。

例如，form1.BackColor = QBColor（10）或 form1.BackColor = vbGreen 语句运行后背景色会设置成绿色。

5．BorderStyle 属性

用于设置窗体的边框样式，运行时为只读属性。

设置值：0-None 窗体无边框。

设置值：1-Fixed Single 固定单边框。可以包含控制菜单框、标题栏、"最大化"按钮和"最小化"按钮。只有使用最大化和最小化按钮才能改变大小。

设置值：2-Sizable（缺省值）可调整的边框。可以使用设置值 1 的任何可选边框元素重新改变尺寸。

设置值：3-Fixed Dialog 固定对话框。可以包含控制菜单框和标题栏，不能包含最大化和最小化按钮，不能改变尺寸。

设置值：4-Fixed ToolWindow 固定工具窗口。不能改变尺寸。显示关闭按钮并用缩小的字体显示标题栏。窗体在 Windows 的任务栏中不显示。

设置值：5-Sizable ToolWindow 可变尺寸工具窗口，可变大小。显示关闭按钮并用缩小的字体显示标题栏。窗体在 Windows 的任务栏中不显示。

6. Caption 属性

此属性确定窗体标题栏显示的文本。当窗体被最小化时，该文本显示在窗体图标的右面。在代码中使用该属性的语法格式如下：

[<窗体名>] Caption = <字符串>

7. ControlBox 属性

设置是否取用窗体"控制菜单"。运行时为只读属性。
属性值：True 或 False。

8. Enabled 属性

设置或返回对象是否能够对用户产生的事件作出反应。
属性值：True 或 False。

9. Height、Width、Left 和 Top 属性

Height（高）、Width（宽）决定的窗体初始大小。
Left（左）、Top（顶）确定窗体离屏幕的左上角的位置。
以上属性所取数值是以 twips（缇）为单位来度量的。

10. Font 属性

设置或返回窗体上字体的样式、大小、字形等。
该属性可在"属性窗口"中，单击"Font"属性右边的"…"按钮，在弹出的"字体"对话框中设置。

11. HelpContextID 属性

设置对象的帮助文件的上下文关联编号，用于提供应用程序的联机帮助。
在代码中使用时，语法格式如下：
[<窗体名>].HelpContextID = <数值>

12. Icon 属性

用于设置窗体图标（显示在窗体左上角）。

设计时可以在"属性窗口"中单击其右边的"…"按钮，在弹出的"加载图标"对话框中加入图标。

13. KeyPreview 属性

用于返回/设置窗体是否在激活窗体上的控件的键盘事件之前，优先激活窗体的键盘事件。

属性值：True 或 False。

14. MDIChild 属性

设置窗体是否作为一个 MDI 窗体的子窗体，运行时为只读属性。

属性值：True 或 False。

15. Moveable 属性

设置是否能移动一个窗体的位置。

属性值：True 或 False。

16. Picture 属性

设置在窗体中显示的图片。单击 Picture 属性右边的"…"按扭，弹出"加载图片"对话框，由此可以选择位图、gif 图像、jpeg 图像和 Icon 图像格式的文件作为窗体背景图片。若在程序代码中设置该属性值，需要使用 LoadPicture 函数。

例如，[<窗体名>].Picture = LoadPicture（"C：\Program Files\Microsoft Visual
            Studio\Common\Graphics\Icons\Win 95\Drive.ico"）

17. StartUpPosition 属性

决定窗体启动后出现时在屏幕上的位置，运行时为只读属性。

设置值：0（默认值）窗体的初始位置由 Left 和 Top 值决定。

设置值：1-窗体出现在容器的中心位置。

设置值：2-窗体出现在屏幕的中心位置。

设置值：3-窗体以 Windows 默认的方式出现在屏幕上，一般是左上角。

18. Visible 属性

设置窗体是被显示还是被隐藏，用户可用该属性在程序代码中控制窗体的隐现。

属性值：True 或 False。

在程序代码中的语法格式：

[<窗体名>].Visible = True/False

注意 将 Show 或 Hide 方法应用于一个窗体，相当于在代码中设置 Visible 属性的
        True 或 False。

19. WindowState 属性

设置一个窗体启动后的大小状态。

设置值：0（默认值）-窗体大小由 Width，Height 属性决定。

设置值：1-窗体最小化成图标。

设置值：2-窗体以最大化出现。

在 Visual Basic 中，虽然不同的对象有不同的属性集合，然而却有一些属性是公共的，如 Name、Enabled、Visible、Left、Top、Height、Width 等。因此，在窗体中所遇到的属性有许多将出现在菜单、控件中，并具有相类似的作用。

7.1.2　窗体事件

Visual Basic 应用程序是建立在事件驱动基础上的，事件的作用在于能够对用户的行为作出响应。窗体作为一个能够装载控件的容器，其常见事件有：

1.　Load 事件

Load 事件发生在窗体被装载时。通常，可以在 Load 事件过程编写窗体启动代码，用来设置窗体或窗体内控件的属性初始值。

2.　UnLoad 事件

当从内存中卸载一个窗体（如关闭窗体）时触发该事件。

3.　Click 事件

程序运行后，当鼠标在窗口内左键单击时触发。

注意　不要击在窗体中的控件上，否则触发的是被击控件的 Click 事件。

4.　DblClick 事件

程序运行后，当鼠标在窗口内左键双击时触发。

注意　不要双击在窗体中的控件上，否则触发的是被击控件的 DblClick 事件，要想区别鼠标的左、右、中按钮，使用 MouseDown 和 MouseUp 事件，如果在 Click 事件中有编码，DlbClick 事件将永远不会触发。

5.　MouseDown 事件

程序运行后，当鼠标在窗口内按下时触发。

6.　MouseMove 事件

程序运行后，当鼠标在窗口内移动时触发。

7.　MouseUp 事件

程序运行后，当鼠标在窗口内释放时触发。

8.　KeyDown、KeyUp 事件

程序运行后，在当前活动窗口中，如果窗体中没有控件或 KeyPreview 属性值为 True，当键盘按下或释放时触发。（要解释 ANSI 字符，应使用 KeyPress 事件。）

语法：

Private Sub Form_KeyDown（KeyCode As Integer，Shift As Integer）

Keycode：键代码，诸如 vbKeyF1（F1 键）或 vbKeyHome（HOME 键）。要指定键代码，可使用对象浏览器中的 Visual Basic 对象库中的常数。

Shift：是在该事件发生时响应 Shift，Ctrl 和 Alt 键状态的一个整数。Shift 参数是一个位域，它用最少的位响应 Shift 键（位 0）、Ctrl 键（位 1）和 Alt 键（位 2）。这些位分别对应于值 1、2 和 4。可通过对一些、所有或无位的设置来指明有一些、所有或零个键被按下。例如，如果 Ctrl 和 Alt 这两个键都被按下，则 Shift 的值为 6。

9.　KeyPress 事件

程序运行后，在当前活动窗口中，如果窗体中没有控件或 KeyPreview 属性值为 True，当用户按下 ANSI 键时触发。

语法：Private Sub Form_KeyPress（KeyAscii As Integer）

说明：具有焦点的对象接收该事件。一个窗体仅在它没有可视和有效的控件或 KeyPreview 属性被设置为 True 时才能接收该事件。一个 KeyPress 事件可以引用任何可打印的键盘字符，一个来自标准字母表的字符或少数几个特殊字符之一的字符与 Ctrl 键组合，以及 Enter 或 Backspace 键。KeyPress 事件过程在截取 TextBox 或 ComboBox 控件所输入的击键时是非常有用的。它可立即测试击键的有效性或在字符输入时对其进行格式处理。改变 KeyAscii 参数的值会改变所显示的字符。

可使用下列表达式将 KeyAscii 参数转变为一个字符：

Chr（KeyAscii）

然后执行字符串操作，并将该字符反译成一个控件可通过该表达式解释的 ANSI 数字：

KeyAscii = Asc（char）

应当使用 KeyDown 和 KeyUP 事件过程来处理任何不被 KeyPress 识别的击键，诸如，功能键、编辑键、定位键以及任何这些键和键盘换档键的组合等。与 KeyDown 和 KeyUp 事件不同的是，KeyPress 不显示键盘的物理状态，而只是传递一个字符。

KeyPress 将每个字符的大、小写形式作为不同的键代码解释，即作为两种不同的字符。而 KeyDown 和 KeyUp 用两种参数解释每个字符的大写形式和小写形式：KeyCode——显示物理的键（将 A 和 a 作为同一个键返回）和 Shift——指示 Shift + Key 键的状态而且返回 A 或 a 的其中之一。

如果 KeyPreview 属性被设置为 True，窗体将先于该窗体上的控件接收此事件。可用 KeyPreview 属性来创建全局键盘处理例程。

10.　Activate 事件

每当一个窗体变成活动窗体时，就会触发一个 Activate 事件；启动窗体时可以用该事件进行初始化。例如，在 Activate 事件过程中，可以编写代码突出显示一个特定文本框中的文本用以启动成功提示。

11. Resize 事件

无论是因为用户交互，或是通过代码调整窗体的大小或是启动窗体都会触发一个 Resize 事件。该事件的用处是：当窗体尺寸变化，而且需要在窗体上进行移动控件或调整控件大小的操作时，可以将代码编写在 Resize 事件过程中。

12. Paint（绘图）事件

在一个对象被移动或放大后，或在一个覆盖该对象的窗体被移开后，该对象部分或全部暴露时，触发此事件，通常在此事件的过程中编写维护窗体界面的代码。

7.1.3 窗体方法

方法是对象的动作，因此窗体的方法也就是窗体所具有的行动方式。窗体上常用的方法有：

1. Cls 方法

用法：[<窗体名>].Cls

说明：Cls 将清除图形和打印语句在运行时所产生的文本和图形，而设计时在 Form 中使用 Picture 属性设置的背景位图和放置的控件不受 Cls 影响。

2. Show 方法

用以显示窗体。

语法：[<窗体名>].Show [Style]

其中，Style 为参数，决定窗体是模式还是无模式显示。如果 Style 为 0，则窗体是无模式的；如果 Style 为 1，则窗体是模式的。

作用：当 Show 在显示无模式窗体时，在 Show 之后遇到的代码将要执行；而当 Show 在显示模式窗体时，随后的代码要到该窗体被隐藏或卸载时才能执行。

例如：

```
Form1.Show 1       '模式显示Form1
```

3. Print 方法

在窗口中显示文本。

语法：

[<窗体名>].Print [Spc（n）| Tab（n）] [<表达式列表>] [{，|; }]

Spc（n）：可选的。在输出中插入空白字符，这里 n 为要插入的空白字符数。

Tab（n）：可选的。将插入点定位在绝对列号上，这里 n 为列号。使用无参数的 Tab（n）将插入点定位在下一个打印区的起始位置。

<表达式列表>：可选的。要打印的数值表达式或字符串表达式。

4. Hide 方法

隐藏窗体，但不能将其从内存中卸载。

语法：[<窗体名>].Hide

用 Hide 隐藏窗体，如同将其 Visible 属性设置为 False 一样，用户将无法访问隐藏窗体上的控件，不过用户仍然可以通过程序代码访问它。

5. Move 方法

将窗体移动到一定的位置。

语法：[<窗体名>].Move <left> [，<top> [，<width> [，<height>]]]

其中，<left>、<top>、<width>、<height>分别是单精度数值，单位是缇。

Move 方法的语法包含下列部分：

<窗体名>：可选的。省略时表示移动当前窗体。

<left>：必需的。单精度值，指示窗体左边的水平坐标（x-轴）。

<top>：可选的。单精度值，指示窗体顶边的垂直坐标（y-轴）。

<width>：可选的。单精度值，指示窗体新的宽度。

<height>：可选的。单精度值，指示窗体新的高度。

6. Refresh 方法

强制重绘一个窗体及上面的控件。

语法：[<窗体名>].Refresh

Refresh 方法不能用于 MDI 窗体，但能用于 MDI 子窗体。不能在 Menu 或 Timer 控件上使用 Refresh 方法。

7.2　对话框

对话框是一种用于实现用户和应用程序进行交互的特殊窗口，主要用作用户输入数据或应用程序输出提示信息和运行结果的界面。在 Visual Basic 的学习过程中，我们已经体会到了对话框的价值，并看到了它的特点。

在 Windows 的应用程序中，对话框一般有以下作用。

① 显示程序运行状态、操作和信息的显示。

② 设置应用程序工作方式及工作环境。

③ 用户和应用程序在运行中的交互。

对话框分模式和无模式两种类型。

所谓模式对话框，就是在切换到其他窗体或对话框之前，要求先单击"确定"或"取消"按钮。一般情况下，显示重要消息的对话框有其特点的要求，它要求程序在继续运行之前，必须对提供消息的对话框作出响应。

无模式的对话框允许在对话框与其他窗体之间转移焦点而不用关闭对话框。因此，当对话框正在显示时，可以在当前应用程序的其他地方继续工作。Visual Basic 中"编辑"菜单中的"查找"对话框就是一个模式对话框。通常无模式对话框用于显示频繁使用的命令与信息。

7.2.1 使用预定义对话框

在 Visual Basic 中，可以通过使用两个系统预定义的函数 InputBox 和 MsgBox 弹出的对话框作为输入对话框和消息对话框，这两种对话框都是模式对话框。

1. putBox 函数（输入对话框）

用来在对话框显示提示，等待用户在文本框中输入内容，并以字符串的形式返回文本框内容。前面已介绍过，在此不再重复。

2. MsgBox 函数（消息对话框）

用来在对话框中显示消息，等待用户单击按钮，并返回一个整型数值告诉用户单击哪个按钮。前面已介绍过，在此不再重复。

7.2.2 使用自定义对话框

自定义对话框就是用户所创建的含有控件的窗体，常用的控件包括命令按钮、单选按钮、复选按钮和文本框等。通过设置窗体及控件的属性来自定义对话框的外观，如：设置窗体的 BorderStyle 属性为 3-Fixed Dialog，使之具有对话框风格。和预定义对话框的相比，在外形及用途上，自定义对话框有更大的自由度和实用性。

可以按照以下操作来完成自定义对话框的制作。

1. 创建标题

对话框一般是有标题的。通过设置窗体的 Caption 属性，为对话框加上合适的标题。通常，可以在设计窗体时设置标题，也可以用代码在程序运行中进行设置。

例如：

```
FrmDlg.Caption="警告"
```

2. 设置对话框属性

使用对话框时，通常不需要对它调整大小、最小化及最大化，对话框边框尺寸往往也是固定的。可以通过设置 BorderStyle、ControlBox、MaxButton 和 MinButton 属性来达到设计要求。

例如：

    BorderStyle 设置为 1，设为单个边框，运行时不能改变大小。

    ControlBox 设置为 False，不设控制菜单。

    MaxButton 设置为 False，不设最大化按钮。

    MinButton 设置为 False，不设最小化按钮。

3. 设置命令按钮

对话框必须至少包含一个退出该对话框的命令按钮。通常用两个命令按钮，其中一个按钮表示确认设置值的改变同时关闭对话框,而另一个按钮表示关闭该对话框而不做任何改变。通常这两个按钮的 Caption 属性设置"确定"与"取消"。其中，"确定"命令按钮的 Default 属性设置为 True（运行时按下回车键或单击该按钮）；Cancel 按钮的

Cancel 属性设置为 True（运行时按下 ESC 键或单击该按钮）。"确定"与"取消"按钮的组合最为常用，当然也可以选用其他形式的按钮组合。

可以使用以下属性来对设置对话框中的命令按钮。

① Default 属性：在一个窗体上，只能有一个命令按钮的 Default 属性可以设置为 True。一般说来，代表最可靠的或最安全的操作的按钮应当是缺省按钮。例如：在"文本替换"对话框中，"取消"应当是缺省按钮，而不应是"全部替换"。

② Cancel 属性：在设置配合 ESC 键的"取消"按钮时，可设置按钮的 Cancel 属性为 True。同样，在一个窗体上，只能有一个命令按钮的 Cancel 属性可设置为 True。不过，可以把同一个命令按钮的 Default 属性和 Cancel 属性都设置为 True。例如："文本替换"对话框中的"取消"按钮。

③ TabIndex 属性：设置当按下 Tab 键时焦点移动的顺序。

④ TabStop 属性：指定当对话框被显示时具有焦点的按钮。

4. 显示自定义对话框

自定义对话框的显示和应用程序中其他窗体显示使用同样的方法。其中最常用的是：Show 方法。

在使用 Show 方法装入窗体时，通过其 Style 参数，可控制其显示是模式或无模式。如果省略 Style 参数或者设置为 vbModeless 或 0（缺省），则对话框为无模式对话框；如果 Style 参数设为 vbModel 或 1，则为模式对话框。多数情况下，对话框采用模式方式显示。

除了 Show 方法之外，操作对话框时常用的还有：Load、Unload 语句和 Hide 方法，如表 7.1 所示。

表 7.1　对话框常用操作

任　务	关键字	举　例
将窗体装入内存，但不显示	用 Load 语句，或者引用窗体上的属性或控件	FrmDlg.bout
装入并显示无模式窗体	用 Show 方法	FrmDlg.Show
装入并显示模式窗体	用 style=vbMoal 的 Show 方法	FrmDlg.Show vbModal
显示已装入内存的窗体	设置它的 Visible 属性为 True，或者使用 Show 方法	FrmDlg.Visibe=True
隐藏窗体（不从内存中卸载）	设置它的 Visible 属性为 False，或者使用 Hide 方法	FrmDlg.Visible=False 或 FrmDlg.Hide
隐藏窗体并从内存中卸载	用 Unload 语句	Unload FrmDlg

实际使用中有以下几点建议。

① 为确保对话框可以随其父窗口的最小化而最小化，随其父窗口的关闭而关闭，可在 Show 方法中定义其父窗口。例如：在窗体 Form1 中单击 Command1 按钮后打开对话框 FrmDlg，可将 Form1 定义为 FrmDlg 的父窗口。代码如下：

```
Private Sub Form_Click()
    FrmDlg.Show  vbModelless, Form1
End Sub
```

② 在关闭对话框时，为了节省内存，最好卸载对话框。但如果对话框是经常要使用的，可以选择隐藏对话框。隐藏对话框后还能保留与之关联的数据，且可以继续引用对话框的属性和控件。

7.2.3　对话框控件

编写 Windows 应用程序时经常会用到文件打开/保存、字体设置及颜色设置等对话框，我们利用 Visual Basic 提供的通用对话框控件可以很方便地创建具有标准 Windows 风格的对话框。通用对话框控件是 ActiveX 控件，使用之前必须先将它添加到工具箱中，添加步骤如下。

1）选择"工程"菜单下的"部件"命令，打开"部件"对话框。

2）在"部件"对话框中的"控件"选项上选中"Microsoft Common Dialog Control 6.0"。

3）单击"确定"按钮，通用对话框控件 CommonDialog 即被添加到工具箱中，如图 7.2 所示。

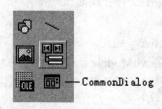

图 7.2　工具箱中的对话框控件

使用 CmmonDialog 控件可以创建六种标准对话框，包括打开文件对话框、另存为文件对话框、颜色对话框、字体对话框、打印对话框和帮助对话框。设计步骤如下。

1）首先设置 CommonDialog 控件的属性，可以在属性窗口中设置，也可以在其"属性页"对话框中设置。在窗体上添加 CommonDialog 控件，用鼠标右键单击该控件，或者在属性窗口中单击"自定义"属性右边的属性按钮"…"，都可以打开"属性页"对话框。CommonDialog 控件的"属性页"对话框如图 7.3 所示，使用不同的选项卡可以对不同类型的对话框设置属性。

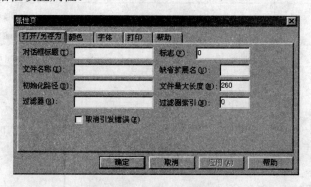

图 7.3　"属性页"对话框

2）在"属性页"对话框中完成各项设置后，在代码中使用对话框的打开方法打开对话框，对话框的打开方法有以下几种。

ShowOpen 方法：显示"打开文件"对话框。

ShowSave 方法：显示"另存为文件"对话框。

ShowColor 方法：显示"颜色"对话框。

ShowFont 方法：显示"字体"对话框。

ShowPrinter 方法：显示"打印"对话框。

ShowHelp 方法：显示"帮助"对话框。

以下介绍打开文件对话框、另存为文件对话框以及颜色和字体对话框的设计。

1. 打开/另存为文件对话框

打开文件对话框和另存为文件对话框基本上相似。

要 使 用 CommonDialog 控 件 设 计 打 开 文 件 或 保 存 文 件 对 话 框，首 先 要 在 CommonDialog 控件"属性页"的"打开/另存为"选项中进行属性设置。"打开/另存为"选项卡如图 7.3 所示。各项设置作用如下。

① 对话框标题：对应于 DialogTitle 属性，设置对话框的标题内容。

② 文件名称：对应于 FileName 属性，设置打开对话框时显示的初始文件名。

③ 初始化路径：对应于 InitDir 属性，打开或另存对话框指定初始的目录。如没有指定该属性，则使用当前目录。

④ 过滤器：对应于 Filter 属性，用于指定在对话框的文件类型列表框中要显示的文件类型。例如，选择过滤器为*.txt，表示显示所有的文本文件。应该给每个过滤器一个描述，使用管道符号"|"可以将过滤器描述与过滤器隔开。管道符号的前后都不要加空格，例如，用下列代码设置过滤器，允许选择文本文件或选择位图文件和图标文件：

Text（*.txt）|*.txt | Pictures（*.bmp；*.ico）|*.bmp；*.ico

　　描述　　过滤器　　　　描述　　　　　　过滤器

⑤ 过滤器索引：对应于 FilterIndex 属性，当为一个对话框指定一个以上的过滤器时，用于确定哪一个作为缺省过滤器，索引值为整数。第一个过滤器索引值为 1，第二个过滤器索引值为 2，以此类推。

⑥ 缺省扩展名：对应于 DefaultExt 属性，当对话框用于保存文件时，如果文件名上没有指定扩展名，则使用该属性指定文件的缺省扩展名，如：.txt 或.doc。

⑦ 文件最大长度：对应于 MaxFileSize 属性，用于指定文件名的最大长度，单位为字节。

⑧ 取消引发错误：对应于 CancelError 属性，用于运行时当在对话框中按"取消"按钮时是否引发出错。选择该选项，相当于将 CancelError 属性设置为 True，这种情况下，当运行时在对话框中按"取消"按钮时，均产生 32755 号错误；否则，相当于将 CancelError 属性设置为 False。

⑨ 标志：对应于 Flags 属性，该属性是个长整型值，用于确定对话框的一些特性，如是否允许同时选择多个文件、是否在对话框中显示帮助按钮等。具体设置值可以查阅

Visual Basic 中有关的帮助。

例 7.1 新建一个工程，在窗体上放置一个图片框，一个命令按钮，用作打开"文件"对话框的命令按钮，把对话框中选中的图片文件加载到图片框。在"打开/另存为"选项卡中的对话框标题栏中输入"打开图片文件"，过滤器栏中输入"图片文件（*.bmp；*.jpeg）|*.bmp；*.jpeg"。

程序代码如下：

```
Private Sub Command1_Click()
    CommonDialog1.ShowOpen
    Picture1.Picture = LoadPicture(CommonDialog1.FileName)
End Sub
```

2. 颜色对话框

通过调用 CommonDialog 控件的 ShowColor 方法可显示"颜色"对话框。"颜色"对话框用于从调色板中选择颜色，或者生成和选择自定义颜色。

要使用 CommonDialog 控件打开"颜色"对话框，需要先在其"属性页"的"颜色"选项卡上进行属性设置。"颜色"选项卡如图 7.4 所示。

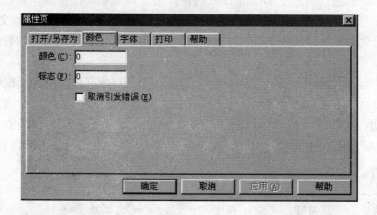

图 7.4 "颜色"选项卡

在"颜色"选项卡上有以下设置。

① 颜色：对应于 Color 属性，用于设置对话框的初始颜色，只有当标志为 1 时起作用。

② 标志：对应于 Flags 属性，该属性是个长整型值，用于设置"颜色"对话框的一些特性。具体设置可以查阅 Visual Basic 中有关的帮助。

3. 字体对话框

通过使用 CommonDialog 控件的 ShowFont 方法可显示"字体"对话框。"字体"对话框用于指定字体、大小、颜色、样式。

要使用 ConnonDialog 控件打开"字体"对话框，需要先在其"属性页"的"字体"选项卡上进行属性设置。"字体"选项卡如图 7.5 所示。

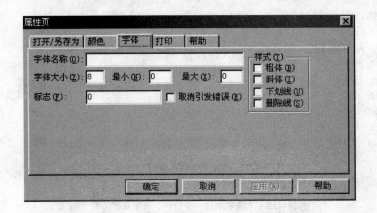

图 7.5　"字体"选项卡

在"字体"选项卡上有以下设置。

① 字体名称：对应于 FontName 属性，用于设置"字体"对话中的初始字体。

② 字体大小：对应于 FontSize 属性，用于设置"字体"对话框中的初始字体大小。

③ 最小：对应于 Min 属性，用于设置"字体"对话框的"大小"列表框中显示的字体的最大尺寸。只有当标志（Flags）属性设置为 8192 时起作用。

④ 最大：对应于 Max，用于设置"用于设置"字体"对话框的"大小"列表框中显示的字体的最小尺寸。只有当标志（Flags）属性设置为 8192 时起作用。

⑤ 样式：对应于 Flags 属性，该属性是个长整型值，用于设置"字体"对话框的一些特性。具体设置值可以查阅 Visual Basic 中有关的帮助。

注意　如果要在"字体"对话框中显示样式和颜色，必须设置标志（Flags）属性为 256。而且，在显示"字体"对话框前，必须先将标志（Flags）属性设置为 1（屏幕字体）、2（打印机字体），或 3（两种字体），否则，会发生字体不存在的错误。

如果要同时使用多个标志设置，可以将相应的标志值相加，例如，要使"字体"对话框显示效果及颜色设置，同时显示屏幕字体，应将标志设置为 257（即 256+1）。

利用 CommonDialog 控件还可以制作具有 Windows 风格的打印对话框和帮助对话框，这两种对话框的使用涉及到其他方面的知识较多，这里不再叙述，读者可以参阅 Visual Basic 的联机帮助。

例 7.2　新建一个工程，在窗体上放置一个文本框，两个命令按钮，用作打开"字体"和"颜色"对话框的命令按钮，通过对话框选择可改变文本框中文字的字体、字号、背景颜色等。界面设计如图 7.6 所示，在"字体"选项卡中的字体名称栏中输入"宋体"，标志栏中输入 257。

程序代码如下：

```
Private Sub Command1_Click()                    '"字体"按钮的事件过程
    CommonDialog1.ShowFont
    Text1.Font = CommonDialog1.FontName
    Text1.FontSize = CommonDialog1.FontSize
    Text1.FontBold = CommonDialog1.FontBold
```

```
    Text1.FontItalic = CommonDialog1.FontItalic
    Text1.FontStrikethru = CommonDialog1.FontStrikethru
    Text1.FontUnderline = CommonDialog1.FontUnderline
End Sub

Private Sub Command2_Click()                    '"颜色"按钮的事件过程
    CommonDialog1.ShowColor
    Text1.BackColor = CommonDialog1.Color
End Sub
```

图 7.6　设计界面

7.3　菜　　单

　　在 Windows 环境下,大部分的应用软件都通过菜单实现各种操作。对于 Visual Basic 应用程序来说,当操作比较简单时,一般通过控件来执行;而当要完成较复杂的操作时,使用菜单具有十分明显的优势。

　　菜单的基本作用如下。

　　① 为人机对话的界面,以便用户选择应用系统的各种功能。

　　② 管理应用系统,控制各种功能模块的运行。

　　在应用系统中加入一个设计完好的菜单,不仅能使系统的界面美观,而且能使用户使用方便,并可避免由于误操作而带来的严重后果。

　　在实际应用中,菜单可分为两种基本类型,即弹出式菜单和下拉式菜单。在 Windows 系统中,我们已见过这两种菜单。例如,启动 Visual Basic 后,单击"文件"菜单所显示的就是下拉式菜单;而用鼠标右键单击窗体时所显示的菜单就是弹出式菜单,使用户能更加方便地进行菜单操作。

　　下拉式菜单是一种典型的窗口式菜单,如图 7.7 所示。在下拉式菜单系统中,一般有一个主菜单,其中包括若干个选择项,单击每一项又可下拉出下一级菜单,操作完毕即可从屏幕上消失,并恢复原来的屏幕状态。在 Windows 系统的各种应用软件中,下拉式菜单得到了广泛的应用。

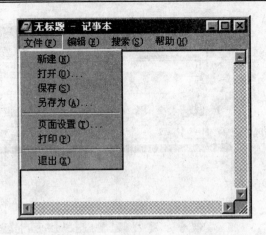

图 7.7　"下拉式"菜单

下拉式菜单有很多优点，如下。

① 整体感强，层次分明，操作一目了然，界面友好、直观，使用方便，易于学习和掌握。

② 具有导航功能，为用户在各个菜单的功能间导航。在下拉式菜单中，用户能方便地选择所需要的操作，可以随时灵活地转向另一功能。

③ 占用屏幕空间小，通常只占用屏幕（窗体）最上面一行，在必要时下拉出一个子菜单。这样可以使屏幕（窗体）有较大的空间来显示计算过程、处理过程等各种图、表、控制及数字信息。

在 Visual Basic 中，下拉式菜单通常设计在一个窗体上。菜单栏（或主菜单行）是菜单的常驻行，位于窗体的顶部（窗体标题的下面），由若干个菜单标题组成，当用户选择了相应的主菜单项后会下拉出子菜单，以供用户进一步选择菜单的子项，子菜单中的每一项是一个菜单命令或分隔条，称为菜单项。在用 Visual Basic 设计下拉式菜单时，把每个菜单项（主菜单或子菜单项）看作是一个控件，并具备与某些控件相同的属性。

7.3.1　菜单编辑器

对于可视化语言（如 Visual Basic、Visual C++、Delphi 等）来说，菜单的设计简单而直观。因为它省去了屏幕位置的计算，也不需要保存和恢复屏幕区域，全部设计都在一个窗口内完成。利用这个窗口，可以建立下拉式菜单，最多可达 6 层。

菜单通过菜单编辑器，即菜单设计窗口建立。可以通过以下 4 种方式进入菜单编辑器。

① 执行"工具"菜单中的"菜单编辑器"命令。

② 使用热键 Ctrl+E。

③ 单击工具栏中的"菜单编辑器"按钮。

④ 在要建立菜单的窗体上单击鼠标右键，将弹出一个快捷菜单，单击"菜单编辑器"命令。

注意　只有当某个窗体为活动窗体时，才能用上面的方法打开菜单编辑器窗口。打开后的菜单编辑器窗口如图 7.8 所示。

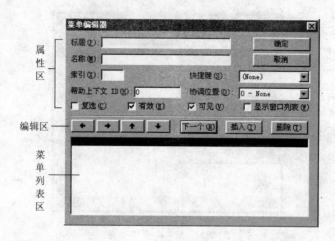

图 7.8   菜单编辑器

菜单编辑器窗口分为三个部分，即属性区、编辑区和菜单项列表区。

1. 属性区

用来输入或修改菜单项，设置菜单项的属性。属性区分为若干栏，各栏的作用如下。

① 标题：用来设置所建立的菜单项中显示的文字（相当于菜单控件的 Caption 属性）。如果在该栏中输入一个减号（−），则可在菜单中加入一条分隔条，也可以在一个字母前插入&符号，给菜单项定义一个访问键，运行时，该字母会带下划线显示。对于主菜单标题，按 Alt+带下划线的字母就可以打开其子菜单；对于已经打开的子菜单，直接按下该字母键就可以访问该菜单项的命令。

② 名称：用来设置菜单项的控制名（相当于菜单控件 Name 属性），它不在菜单中出现。每个菜单项都是一个控件，都要为其取一个控制名，在代码中用此名称访问菜单控件。

③ 索引：用来为用户建立的控件数组设立下标（相当于菜单控件 Index 属性），可将若干个菜单控件定义成一个控件数组，Index 属性用于确定相应菜单控件在数组中的位置，该值不影响菜单控件的显示位置。

④ 快捷键：是一个列表框，用来设置菜单项的快捷键（热键），相当于菜单控件 Shortcut 属性。单击右端的箭头，将下拉显示可供使用的热键，可选择输入与菜单项等价的热键。

⑤ 帮助上下文 ID：可在该框中键入数值，相当于菜单控件 HelpContextID 属性，这个值用来在帮助文件（用 HelpFile 属性设置）中查找相应的帮助主题。

⑥ 协调位置：即菜单控件 NegotiatePosition 属性，当一个具有菜单的容器对象（如窗体）包含另一个具有菜单的对象（如 Excel 工作表）时，该属性决定窗体菜单栏的顶级菜单与窗体中的活动对象的菜单如何共用菜单栏空间,运行时无效。单击右端的箭头，将下拉显示一个列表，该列表有 4 个选项，作用如下：

0——None：缺省值，对象活动时，菜单栏上不显示顶级菜单。

1——Left：对象活动时，顶级菜单显示在菜单栏的左端。

2——Middle：对象活动时，顶级菜单显示在菜单栏的中间。

3——Right：对象活动时，顶级菜单显示在菜单栏的右端。

所有 NegotiatePosition 属性为非零值的顶级菜单项与活动对象的菜单在窗体的菜单栏上一起显示。如果窗体的 NegotiateMenus 属性为 False，则该属性的设置不起作用。另外，"协调位置"属性对 MDI 窗体不起作用。

⑦ 复选：即菜单控件 Checked 属性，当选择该项时，可以在相应的菜单项旁加上指定的记号（例如"√"）。它不改变菜单项的作用，也不影响事件过程对任何对象的执行结果。利用这个属性，常用于指明某个菜单项当前是否处于活动状态，在代码中可以通过设置菜单项的 Checked 属性为 True 或 False 来改变。

⑧ 有效：即菜单控件 Enabled 属性。在默认情况下，该属性被设置为"True"，表明相应的菜单项可以对用户事件作出响应。如果该属性被设置为"False"，则相应的菜单项会"变灰"，不响应用户事件。

⑨ 可见：确定菜单项是否可见。一个不可见的菜单项是不能执行的，在默认情况下，该属性设为"True"，即菜单项可见。当一个菜单项的"可见"属性设置为"False"时，该菜单项将从菜单中去掉；如果把它的可见属性改为"True"，则该菜单项将重新出现在菜单中。

⑩ 显示窗口列表：即菜单控件 WindowList 属性。用于多文档（MDI）应用程序。当该选项被设置为"On"（框内有"√"）时，将显示当前打开的一系列子窗口。

2. 编辑区

编辑区共有 7 个按钮，用来对输入的菜单项进行简单的编辑。菜单在属性区输入，在菜单项列表区显示。

① ◆ ▶ ：用来取消或调出内缩符号（....）。单击一次右箭头可以产生 4 个点，单击一次左箭头则删除 4 个点。4 个点称为内缩符号，用来确定菜单的层次。

② ◆ ▼ ：在菜单列表区中移动菜单项的位置。把条形光标移到某个菜单项上，单击上箭头将使该菜单项在同级菜单内上移一个位置，单击下箭头将使该菜单项在同级菜单内下移一个位置。

③ 下一个：开始一个新的菜单项（与回车键作用相同）。

④ 插入：用来插入新的菜单项。建立了多个菜单项后，如果想在某个菜单项前插入一个新的菜单项，则可先把条形光标移到该菜单项上（单击该菜单项即可），然后单击"插入"按钮，条形光标覆盖的菜单项将下移一行，上面空出一行，可在这一行插入新的菜单项。

⑤ 删除：删除条形光标所在的菜单项。

3. 菜单项列表区

位于菜单设计窗口的下部，输入的菜单项在这里显示出来，并通过内缩符号表明菜单的层次。条形光标所在的菜单项是"当前的菜单项"。

说明 内缩符号由 4 个点组成，它表明菜单所在的层次。一个内缩符号（4 个点）表示一层，二个内缩符号（8 个点）表示两层，最多为 20 个点，即 5 个内缩符号，它后面的菜单项为第 6 层。

7.3.2　下拉菜单

利用菜单设计器可以方便的设计下拉式菜单，设计出的菜单在运行时尽管能被显示出来，但不能执行菜单项的功能，因为，我们还没有为它的单击事件过程编写代码，事实上，菜单控件的惟一事件是 Click 事件，因此，编写菜单功能的实现代码，也就是建立其 Click 事件过程。

下面通过设计一个简单的文本编辑器来介绍下拉式菜单的设计过程。

例 7.3　建立文本编辑器的下拉菜单，主菜单下拉后的格式如图 7.9 所示。

图 7.9　文本编辑器的下拉菜单

首先，在 Visual Basic 中的当"文件"菜单中选择"新建工程"，创建一个新项目，这时屏幕上出现一个空白的窗体 form1，打开"菜单编辑器"窗口，按表 7.2 中的描述要求创建一个下拉菜单。

表 7.2　文本编辑器中菜单控件的属性设置及说明

标　题	名　称	快捷键	说　明
文件（&F）	File		主菜单项
新建（&N）	FileNew	Ctrl+N	子菜单项
打开（&O）	FileOpen	Ctrl+O	子菜单项
-	L1		分隔条
保存（&S）	FileSave	Ctrl+S	子菜单项
另存为（&A）	FileSave_as		子菜单项
-	L2		分隔条
退出（&X）	FileExit		子菜单项
编辑（&E）	Edit		主菜单项
剪切	EditCut	Ctrl+X	子菜单项
复制	EditCopy	Ctrl+C	子菜单项
粘贴	EditPaste	Ctrl+V	子菜单项
视图（&V）	View		主菜单项
工具栏	ViewTools		"复选"，子菜单项

续表

标　题	名　称	快捷键	说　明
状态栏	ViewStates		"复选",子菜单项
帮助（&H）	Help		主菜单项
帮助主题	Help1		子菜单项

利用编辑区的向右箭头按钮 ➡️ 使"子菜单项"和"分隔条"产生一个内缩符号（....）。

为了显示文本内容,在 form1 窗体中加入一个文本框控件,接下来设置它的某些属性。文本框的默认属性是只能接收单行文本,利用文本框控件的 MultiLine 属性,将其改为可接收多行文本,这样用户就能加上滚动条了。文本框的属性设置如表 7.3 所示。

表 7.3　文本框的属性设置

属性名	属性值
Text	空
MultiLine	True
ScrollBars	3−Both

设计完成后的界面如图 7.10 所示。

程序运行时,为了在调整窗体大小时文本框的大小能跟随窗体大小的变化,使文本框一直能充满整个窗体,应在窗体的 Resize（）事件里加上如下程序代码:

```
Private Sub Form_Resize()
    Text1.Left = 0
    Text1.Top = 0
    Text1.Width = ScaleWidth
    Text1.Height = ScaleHeight
End Sub
```

这里,ScaleWidth 和 ScaleHeigh 指的是窗体去掉边框和菜单栏之后的宽度和高度,而 Width 和 Height 指的是窗体外围的宽度和高度。

运行后的文本编辑器如图 7.11 所示。调整窗体大小或窗体最大化时,文本框始终充满整个窗体。菜单的下拉显示功能已实现,但由于我们还未编写菜单的功能代码,目前菜单命令不能执行,以后我们将逐步实现和完善。

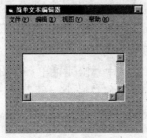

图 7.10　设计界面

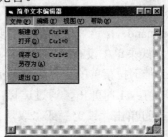

图 7.11　运行界面

7.3.3　弹出式菜单

弹出式菜单又称"快捷菜单"，通常在特定位置单击鼠标右键打开，并显示在当前的鼠标位置，以更加灵活的方式为用户提供方便的操作。

建立弹出式菜单通常分两步进行：首先用菜单编辑器建立菜单，记下所建的菜单名，然后用 PopupMenu 方法弹出显示。第一步的操作与前面介绍下拉式菜单的建立方法基本相同，惟一的区别是，必须把菜单名（即主菜单项）的"可见"属性设置为 False（子菜单项不要设置为 False），即把可见复选框中的"√"号去掉。

在窗体对象的 MouseDown 事件过程中编写代码，用 PopupMenu 方法来显示弹出式菜单，其格式为：

[<对象名>.] PopupMenu <菜单名> [，Flags [，X [，Y [，BoldCommand]]]]

功能是在窗体对象上的当前鼠标位置或指定的坐标位置显示弹出式菜单。

<对象名>：指菜单所在的窗体名。如果省略，则默认为是当前窗体。

<菜单名>：在菜单设计器中设计的菜单项的名称。

Flags：可选项，数值或常量，用于指定弹出式菜单的位置和行为，其取值及含义如表 7.4、表 7.5 所示。

表 7.4　位置常量

值	位置常	说　明
0	VbPopupMenuLeftAlign	缺省值，弹出式菜单的左上角位于坐标（X，Y）处
4	VbPopupMenuCenterAlign	弹出式菜单的上框中央位于坐标（X，Y）处
8	VbPopupMenuRightAlign	弹出式菜单的右上角位于坐标（X，Y）处

表 7.5　行为常量

值	行为常量	说　明
0	VbPopupMenuLeftButton	缺省值，弹出式菜单项只响应鼠标左键单击
2	VbPopupMenuRightButton	弹出式菜单项可以响应鼠标左、右键单击

如果要同时指定位置常量和行为常量，则将两个参数值用 Or 连接，如：vbPopupMenuLeftalign Or VbPopupMenuRightButton。

X：指定显示弹出式菜单的 X 坐标，省略时为鼠标单击处的坐标。

Y：指定显示弹出式菜单的 Y 坐标，省略时为鼠标单击处的坐标。

Boldcommand：指定弹出式菜单中要显示为黑体的菜单项控件的名称，如果该参数省略，则弹出式菜单中没有以黑体字出现的菜单项。

在例 7.3 带下拉菜单的文本编辑器的基础上，设计一快捷菜单，如图 7.12 所示。当鼠标右键单击 Text1 时弹出，通过选择"增加一磅"和"减少一磅"来改变 Text1 中文字的大小，通过单击"锁定"或"取消锁定"使文本框的文字是否可以编辑。

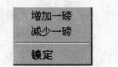

图 7.12　快捷菜单的两种状态

打开菜单编辑器，在原菜单的基础上，按表 7.6 中的设置增加一个主菜单名为 Tpopmenu 的快捷菜单。设计完成后菜单编辑器如图 7.13 所示。

表 7.6　文本编辑器中菜单控件的属性设置及说明

标　题	名　称	说　明
文本框快捷菜单	Tpopmenu	主菜单项，设为不可见
增加一磅	Tpop1	快捷菜单项（子菜单项），可见
减少一磅	Tpop2	快捷菜单项，可见
-	L3	分隔条，可见
锁定	Tpop3	快捷菜单项，可见，初始时未锁定

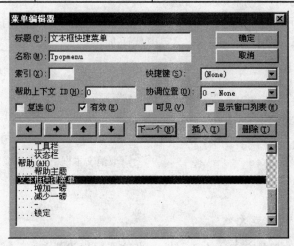

图 7.13　增加了快捷菜单后"菜单编辑器"窗口

在文本框上单击鼠标右键时要求能弹出快捷菜单，程序如下：

```
Private Sub Text1_MouseDown(Button As Integer, Shift As Integer, X As Single,
Y As Single)
    If Button = 2 Then                              '是右键抬起吗？
        PopupMenu Tpopmenu, 0 Or 0, , , Tpop3
'弹出快捷菜单Tpopmenu，"锁定"项加粗显示
    End If
End Sub
```

程序运行后，在文本框上单击鼠标右键能弹出如图 7.12 中左侧的快捷菜单，但菜单功能未实现。

注意　Visual Basic 本身为文本框设计了一个快捷菜单，所以在运行时，即使不设

计快捷菜单，也可以得到一个弹出式菜单。本例运行时在文本框中二次单击鼠标右键会弹出自定义菜单。

设计菜单时，可以把应用程序的大多数功能放在下拉式菜单中，并按功能进行分组，而对于与界面各部分有直接关系的一些特殊操作或常用操作，可以通过快捷菜单来实现。当然，允许下拉式菜单与弹出式菜单包含相同的功能。另外，为了使操作更方便直观，也常把菜单中的一些常用操作做成按钮、列表框或组合框等形式，集中放在工具栏中。如 Microsoft Word 中的"常用"工具栏、"格式"工具栏。

7.3.4 动态修改菜单

通过"菜单编辑器"加入到窗体中的每一个菜单项实际上都是一个菜单控件，它也有自己的属性、事件和方法。在程序运行中，可以通过设置它的属性改变菜单的外观和特性。

1. 修改菜单的标题

通过修改菜单控件的 Caption 属性可以显示菜单项的标题。格式如下：
<菜单名>.Caption = <新的菜单标题>

例如，7.3.3 节中文本编辑器的快捷菜单中的"锁定"和"取消锁定"菜单项，用鼠标单击时，菜单标题要能互相转变。实现代码如下：

```
Private Sub Tpop3_Click()
    If Tpop3.Caption = "锁定" Then
        Tpop3.Caption = "取消锁定"      '修改菜单项标题
        Text1.Locked = True            '锁定文本框中的文本，使之不能编辑
    Else
        Tpop3.Caption = "锁定"
        Text1.Locked = False            '取消文本框中的文本锁定，使之能被编辑
    End If
End Sub
```

2. 使菜单命令有效或无效

所有的菜单控件都具有 Enabled 属性，当这个属性设为 False 时，菜单命令将无效而不能响应任何动作，且快捷键的访问也将无效，从而我们可以在特定时候限制某些菜单项的使用，在重新需要时可把 Enabled 属性设为 True，恢复它的功能，被设为无效的菜单项会变暗。

例如，若标题为"粘贴"的菜单项的名称是 EditPaste，则可以用下列语句使"粘贴"菜单项无效。

```
EditPaste.Enabled=False
```

执行后如图 7.14 所示，其中的"粘贴"菜单项变暗，此时本项菜单功能无效。若要恢复其功能，则只要执行语句：

```
EditPaste.Enabled=True
```

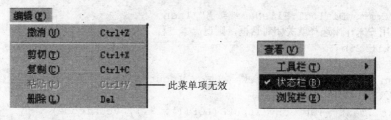

图 7.14　无效的菜单项　　　　　　图 7.15　菜单项上的复选标志

3. 显示菜单项上的复选标志

通过设置菜单控件的 Checked 属性值为 True，可以把一个复选标志放在菜单项上。如图 7.15 所示，表示"查看"菜单中的"状态栏"的 Checked 属性值为 True。

4. 使菜单控件不可见

通过设置菜单控件的 Visible 属性，可以使菜单项可见或不可见。当某菜单项的 Visible 属性被设为 False 时，此菜单项不显示，当然也无法通过鼠标单击来使用。当一个菜单控件不可见时，菜单中的其余控件会自动调整显示位置以填补空出的空间，以保持菜单在外观上的整齐。

7.3.5　菜单功能的实现

菜单控件惟一的事件是 Click 事件，要实现菜单的特定功能，必须编写 Click 事件过程的代码。

除了分隔条、以及无效的或不可见的菜单控件以外，当用户用鼠标单击菜单控件时，都将触发该菜单控件的 Click 事件。也就是说，实现菜单功能的代码应写在 Click 事件过程中。

我们现在可以来实现 7.3.3 节中的文本编辑器中的菜单功能了。

1. 为"文件"的子菜单项"新建"编写代码

```
Private Sub FileNew_Click()      '新建文件时清空文本框中的内容
Text1.Text = ""
End Sub
```

2. 为"文件"的子菜单项"打开"编写代码

单击"打开"菜单项，弹出一个"打开文件"对话框，以供选择要打开的文件。Visual Basic 6.0 已把它作为标准控件来使用，如果在"工具箱"中找不到该控件，可以在"工具箱"上单击鼠标右键，在弹出的快捷菜单中选择"部件"，在"控件"选项卡中选择 Microsoft Common Dialog control 6.0，单击"确定"，就可以把它加入到"工具箱"中。

```
Private Sub FileOpen_Click()
    CommonDialog1.Filter = "文本文件(*.txt)|*.txt|源程序(*.asm)|*.asm|所有
文件|*.*|"                                          '设置过滤器
    CommonDialog1.ShowOpen                          '显示"打开文件"对话框
```

```
    If CommonDialog1.FileName = "" Then
'如果用户未作出选择就关闭对话框，则退出本过程
    Exit Sub
    End If
    Open CommonDialog1.FileName For Input As #1
'以读入方式打开用户选择的文件
    Text1.Text = StrConv(InputB(LOF(1), #1), vbUnicode)
'把文件内容转换成Unicode格式，显示在文本框
    Close #1                                        '关闭文件
End Sub
```

3. 为"文件"的子菜单项"保存"编写代码

```
Private Sub FileSave_Click()
    CommonDialog1.Filter = "文本文件(*.txt)|*.txt|源程序(*.asm)|*.asm|所有
文件|*.*|"                                          '设置过滤器
    CommonDialog1.ShowSave                          '显示"另存为"对话框
    If CommonDialog1.FileName = "" Then
    Exit Sub
    End If
    Open CommonDialog1.FileName For Output As #1
'以写入方式打开或新建用户选择的文件
    Print #1, Text1.Text                            '把文本框内容写入文件
    Close #1                                        '关闭文件
End Sub
```

4. 为"文件"的子菜单项"退出"编写代码

```
Private Sub FileExit_Click()
    End
End Sub
```

5. 为"编辑"的子菜单项"剪切"编写代码

```
Private Sub EditCut_Click()
    Clipboard.SetText Text1.SelText
'调用剪贴板对象的.SetText方法，把选中的文本复制到剪贴板
    Text1.SelText = ""                  '删除所选文本，实现"剪切"效果
End Sub
```

6. 为"编辑"的子菜单项"复制"编写代码

```
Private Sub EditCopy_Click()
    Clipboard.SetText Text1.SelText
'调用剪贴板对象的.SetText方法，把选中的文本复制到剪贴板
End Sub
```

7. 为"编辑"的子菜单项"粘贴"编写代码

```
Private Sub EditPaste_Click()
    Text1.SelText = Clipboard.GetText
'调用剪贴板对象的.GetText方法，用剪贴板中的文本替换文本框中被选中的文本，实现"粘
贴"效果
End Sub
```

8. 为快捷菜单"增加一磅"编写代码

```
Private Sub Tpop1_Click()
    Text1.FontSize = Text1.FontSize + 1
End Sub
```

9. 为快捷菜单"减少一磅"编写代码

```
Private Sub Tpop2_Click()
    Text1.FontSize = Text1.FontSize - 1
End Sub
```

至此，除了"视图"菜单中的功能未实现以外，其他菜单项的功能均已实现。

7.4　工具栏和状态栏

7.4.1　创建工具栏

工具栏是许多基于 Windows 应用程序的标准功能，它提供了对应用程序中最为常用的菜单命令的快速访问。在 Visual Basic 中设计工具栏有两种方法：手工设计和使用工具栏控件进行。

1. 使用手工方式制作工具栏

用手工方式制作工具栏的步骤如下。

1）在窗体上放置一个图片框，设置其 Align 属性为 1-Align Top，图片框宽度会自动伸展，填满窗体顶部工作空间。工作空间指窗体边框以内的区域，不包括标题栏、菜单栏、所有的工具栏、状态栏、或者可能在窗体上的滚动条，调整好图片框的高度。

2）在图片框中放置需要在工具栏上显示的控件。如命令按钮、选项按钮、复选按钮、列表框、组合框等。对于如命令按钮、选项按钮、复选框这类可以带图形的控件，可以设其 Style 属性为 1（图形风格），然后给控件装入一定的图片，选择的图片应能形象地表示相应的操作。

设置控件的 ToolTipText 属性，当鼠标在工具栏按钮上停留片刻后会显示适当的提示。

3）为各工具栏控件编写代码。如果工具栏控件的功能已经包括在某菜单项中，可以直接调用菜单项的相应事件过程，而不必重新为它编写实现相应功能的代码。

2. 使用工具栏控件制作工具栏

Visual Basic 为创建工具栏提供了一个 ActiveX 控件——ToolBar 控件，使用该控件创建工具栏更方便、快捷，创建出的工具栏与 Windows 工具栏风格更加统一。

使用 ToolBar 控件之前，首先要将其添加到工具箱。添加步骤如下。

1）选择"工程"菜单下的"部件"命令，打开"部件"对话框。在"控件"选项卡上选择"Microsoft Windows Common Controls 6.0"。

2）单击"确定"按钮,在工具箱中会增加一些控件,其中包括 ToolBar 控件和 ImageList 控件,如图 7.16 所示。ToolBar 控件用来创建工具栏的 Button 对象集合。同时可以使用图像列表控件 ImageList 为工具栏的 Button 对象集合提供所需要显示的图像。

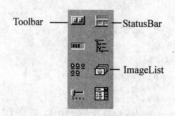

图 7.16　工具箱中新增加的控件图标

使用工具栏控件 ToolBar 设计工具栏的基本步骤如下。

1）设置 ImageList 控件。如果要给工具栏按钮添加一些图片,可以在窗体的任意位置绘制一个 ImageList 控件。选择 ImageList 控件,单击鼠标右键,在快捷菜单中选择"属性",打开 ImageList 控件的"属性页"对话框,在其"图像"选项卡中插入需要的所有图片。供 ToolBar 控件使用。

2）绘制 ToolBar 控件。在窗体上任意位置绘制 ToolBar 控件,这时会在窗体顶部显示一个空白的工具栏,该空白的工具栏会自动充满整个窗体顶部。如果不希望工具栏出现在窗体的顶部,也可以修改其 Align 属性使其出现在窗体的底部、左侧或右侧。

3）设置 ToolBar 控件的"属性页"。选择 ToolBar 控件,单击鼠标右键,在快捷菜单中选择"属性",或者单击属性窗口的"自定义"右边的属性按钮"…",打开 ToolBar 控件的"属性页"对话框,进行相应属性的设置。

4）编写代码。在 ToolBar 控件的"属性页"对话框中进行了各项设置后,就可以为工具栏上的每个按钮编写实现代码,完成相应的功能。通常代码都编写在 ToolBar 控件的 ButtonClick 事件过程中。可以通过双击窗体上的工具栏控件,打开其 ButtonClick 事件过程,将代码添加到 ButtonClick 事件过程中。

下面我们将详细介绍 ToolBar 控件的"属性页"对话框。该对话框包括三个选项卡,即"通用"、"按钮"和"图片"选项卡,如图 7.17 所示。

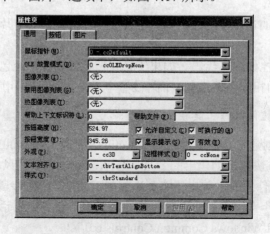

图 7.17　ToolBar 控件的"属性页"对话框

1.　"通用"选项卡

"通用"选项卡用于设置整个工具栏的一些共同的属性，该选项卡上常用的设置有以下几种。

① 鼠标指针：对应于工具栏的 MousePointer 属性。该属性设置提供了一个下拉列表，从下拉列表中可以选择各种预定义的鼠标指针形状。如果在下拉列表中选择 99-ccCustom，则表示鼠标指针可以通过"图片"选项卡任意指定。运行时，当鼠标指向工具栏时，鼠标指针显示成该属性定义的形状。

② 图像列表：对应于工具栏的 ImageList 属性。在图像列表中会列出窗体上的 ImageList 控件的名称，从列表中选择某个 ImageList 控件使该工具栏与选择的 ImageList 控件相关联，这样，该工具栏就可以使用该 ImageList 控件提供的图像了。

③ 按钮高度、按钮宽度：对应于工具栏的 ButtonHeight、ButtonWidth 属性，用于指定具有命令按钮、复选框或选项按钮组样式的控件的按钮大小。

④ 外观：对应于工具栏的 Appearance 属性，用于决定工具栏是否带有三维效果。

⑤ 边框样式：对应于工具栏的 BorderStyle 属性，选择 0 为无边框样式，选择 1 为固定单边框样式。

⑥ 文本对齐：对应于工具栏的 TextAlignment 属性，用于确定文本在按钮上的位置。选择 0-tbrTextAlignBottom 使文本与按钮的底部对齐，选择 1-tbrTextAlignRight 使文本与按钮的右侧对齐。

⑦ 样式：对应于工具栏的 Style 属性，用于决定工具栏按钮的外观样式。选择 0 为标准样式，按钮呈标准凸起形状，选择 1 时按钮呈平面形状。

⑧ 允许自定义：对应于工具栏的 AllowCustomize 属性，用于决定运行时是否可用"自定义工具栏"对话框自定义 ToolBar 控件。如果选择该属性（或设置为 True），运行时双击 ToolBar 控件可以打开一个"自定义工具栏"对话框；否则，不允许在运行时用"自定义工具栏"对话框自定义 ToolBar 控件。

⑨ 可换行的：对应于工具栏的 Wrappable 属性，用于决定当重新设置窗体大小时，ToolBar 控件按钮是否自动换行。如果选择该属性（或设置为 True），在重新调整窗体大小时，ToolBar 控件上的按钮会自动换行；否则，ToolBar 控件上的按钮不会自动换行。

⑩ 显示提示：对应于工具栏的 ShowTips 属性，用于决定是否对按钮对象显示工具提示。如果选择该属性（或设置为 True），工具栏中的每个对象都可以显示一个相关的提示字符串；否则，不允许显示提示字符串。

⑪ 有效：对应于工具栏的 Enabled 属性，用于决定工具栏是否有效。

以上在"通用"选项卡上设置的属性也可以直接在属性窗口中设置。在代码中设置这些属性与设置普通控件的属性方法相同，例如，要设置工具栏 Toolbar1 的文本对齐属性为右对齐，使用代码：

```
Toolbar1.TextAlignment=tbrTextAlignRight
```

要使工具栏无效，使用代码：

```
Toolbar1.Enabled=False
```

  2. "按钮"选项卡

"属性页"对话框的"按钮"选项卡如图 7.18 所示。一般情况下，工具栏中要包含一些按钮，因此要创建工具栏，必须先将按钮添加到工具栏中。在设计时，使用"按钮"选项卡可以添加按钮对象并对各个按钮对象的属性进行设置。

"按钮"选项卡中的主要设置项如下。

  ① "插入按钮"：单击该按钮可以在工具栏上添加一个按钮对象。

  ② "删除按钮"：单击该按钮可以在工具栏上由当前索引指定的按钮对象。

  ③ 索引：对应于按钮对象的 Index 属性，表示添加的按钮对象的索引值，该索引值由添加次序决定。在代码中访问此按钮对象时要使用该索引值。例如，要设置工具栏 Toolbar1 中索引值为 3 的按钮标题为"显示"，可以写成：

```
Toolbar1.Buttons(3).Caption="显示"
```

  ④ 标题：对应于按钮对象的 Caption 属性，用来设置要在按钮对象上显示的文本。

  ⑤ 关键字：对应于按钮对象的 Key 属性，用于给当前的按钮对象定义一个标识符。该标识符在整个按钮对象集合的标识符中必须惟一。

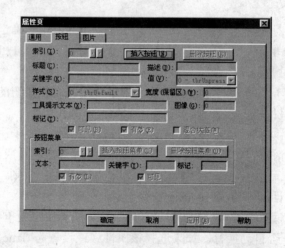

图 7.18   "属性页"对话框的"按钮"选项卡

  ⑥ 样式：对应于按钮对象的 Style 属性，用于决定按钮对象的外观和状态。有如下选择。

tbrDefault：按钮具有命令按钮的特点。

tbrCheck：按钮是一个复选按钮，可以有选择和未被选择两种状态。

tbrButtonGroup 按钮具有选项按钮的特点。一个按钮内在任何时刻都只能按下一个按钮。当按下组内的另一个按钮时，原按下的按钮会自动抬起。如果需要多个按钮组，可以在按钮组之间加入一个样式为 tbrSeparator 或 tbrPlaceholder 的按钮作为分隔符。

tbrSeparator：按钮作为有 8 个像素的固定宽度的分隔符使用。使用分隔符可以对不同的选项按钮组进行分组。

tbrPlaceholder：按钮作为占位符使用，外观上和功能上像分隔符，但可以设置其宽度。

tbrdropDown：按钮呈按钮菜单的样式，选择该选后，在按钮的旁边会有一个下拉箭头。运行时单击下拉箭头可以打开一个下拉菜单，从中选择所需要的选项。下拉菜单的菜单项可以在本选项卡下部的"按钮菜单"中进一步设置。

⑦ 工具提示文本工具：对应于按钮对象的 ToolTipText 属性，用于设置按钮的提示信息，运行时指向该按钮时会出现该提示字符串。

⑧ 图像：对应于按钮对象的 Image 属性，可以为每个按钮对象添加图像。图像是由关联的 ImageList 控件提供的。每个图像在 ImageList 控件的"属性页"设置中应有一个索引值，在这里只需指出要使用的图像在 ImageList 控件中的索引值即可。

⑨ 可见：对应于按钮的 Visible 属性，用于决定按钮是否可见，缺省值为可见（True）。

⑩ 有效：对应于按钮的 Enabled 属性，用于决定按钮是否响应用户事件。

⑪ 混合状态：对应于按钮的 MixedState 属性，用于决定按钮对象是否以不确定状态出现，缺省值为否（False）。

⑫ "插入按钮菜单"按钮：当在"样式"中选择 5 时，按钮呈按钮菜单的样式，这时可以为按钮添加一个按钮菜单，使用"插入按钮菜单"按钮可以向按钮菜单中增加一个菜单项。

对每一个菜单项的访问使用 ButtonMenus 属性，同样有以下设置。

① 索引：按钮菜单项的索引号，在代码中访问菜单项时要使用该索引值。

② 文本：对应于按钮菜单项的 Text 属性，用于设置要在按钮菜单项中显示的文本。

③ 有效：对应于按钮菜单项的 Enabled 属性。

④ 可见：对应于按钮菜单项的 Visible 属性。

例如，要在程序中使工具栏中的第二个按钮的按钮菜单中的第一项显示内容为"粗体"，可以使用以下代码：

```
Toolbar1.Buttons(2).ButtonMenus(1).Text="粗体"
```

3. "图片"选项卡

当在"通用"选项卡的"鼠标指针"设置中选择 99-ccCustom 时，就可以在"图片"选项卡中为鼠标指针定义一幅图片，运行时，当鼠标指针指向工具栏时，鼠标指针将显示自定义的图片。

也可以在代码中使用 MouseIcon 属性装入光标或者图标文件。例如：

```
Toolbar1.MouseIcon=LoadPicture("D:\program files\Microsoft Visual
Studio\Common\Graphics\cursors\Normal08.cur")
```

例如，下面将为上节中未完成的文本编辑器加入一个工具栏，我们使用 ToolBar 控件进行设计。首先，在窗体上加入一个 ImageList 控件和一个 ToolBar 控件，打开 ImageList 控件的"属性页"对话框，选择其中的"图像"选项卡，如图 7.19 所示。

利用"插入图片"按钮插入图 7.19 中"图像"列表中的五张图片，索引号从左到右依次为 1、2、3、4、5，为工具栏中的"新建"、"打开"、"剪切"、"复制"、"粘贴"五个按钮提供。

打开 ToolBar 控件的"属性页"对话框，选择"通用"选项卡，在"图像列表"的下拉列表中选择 ImageList1；再选择"按钮"选项卡，利用"插入按钮"插入六个按钮，按钮的设置值按表 7.7 中输入。

图 7.19　ImageList 控件的"属性页"对话框中的"图像"选项卡

表 7.7　工具栏按钮的设置值

索　引	样　式	工具提示文本	图　像	说　明
1	tbrDefault	新建	1	
2	tbrDefault	打开	2	
3	tbrSeparator			分隔条
4	tbrDefault	剪切	3	
5	tbrDefault	复制	4	
6	tbrDefault	粘贴	5	

　　然后在 ToolBar 控件的 ButtonClick 事件中添加代码，由于工具栏的功能和菜单中相应的功能相同，故不必编写代码，只要调用相应菜单控件的 Click 事件过程即可。

```
Private Sub Toolbar1_ButtonClick(ByVal Button As MSComctlLib.Button)
    Select Case Button.Index
    Case 1
        FileNew_Click      '单击工具栏的"新建"按钮时调用菜单的"新建"功能
    Case 2
        FileOpen_Click     '单击工具栏的"打开"按钮时调用菜单的"打开"功能
    Case 4
        EditCut_Click      '单击工具栏的"剪切"按钮时调用菜单的"剪切"功能
    Case 5
        EditCopy_Click     '单击工具栏的"复制"按钮时调用菜单的"复制"功能
    Case 6
        EditPaste_Click    '单击工具栏的"粘贴"按钮时调用菜单的"粘贴"功能
    End Select
End Sub
```

　　程序运行后界面如图 7.20 所示。为使运行时工具栏不遮蔽文本框的顶部区域，应改写 Form_Resize 事件过程中的代码，改变文本框的 Top 属性的计算方法，这里不再介绍，等加入状态栏和实现"视图"菜单的功能时再作综合考虑。此时的工具栏中各按钮的功能均已实现。

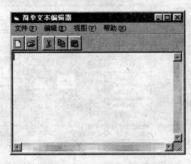

图 7.20　程序运行界面

7.4.2　状态栏的使用

通常，状态栏一般显示在窗口的底部，用于显示应用程序当前的运行状态、系统状态等，并提供一些操作提示。使用 Visual Basic 提供的状态栏控件 StatusBar 可以很容易地设计出具有 Windows 风格的状态栏。

使用 StatusBar 控件之前，首先要将其添加到工具箱。添加步骤如下。

1）选择"工程"菜单下的"部件"命令，打开"部件"对话框。

2）在"控件"选取项卡上选择"Microsoft Windows Common Controls 6.0"。

3）单击"确定"按钮，在工具箱中会增加一些控件，其中包括 StatusBar 控件，如 7.4.1 节中的图 7.16 所示。

StatusBar 控件是由 Panels 集合（若干个窗格）构成的。在该集合中至多可包含 16 个 Panel 对象（窗格），每个窗格中可以显示文本或图像。

使用状态栏控件 StatusBar 设计状态栏的基本步骤如下。

1）在窗体上添加一个 StatusBar 控件，该状态栏会自动出现在窗体的底部，并自动将宽度调整为与窗体的宽度相同。

2）在 StatusBar 控件的"属性页"对话框中设置属性。选择 StatusBar 控件，单击鼠标右键，在快捷菜单中选择"属性"，或者单击属性窗口的"自定义"右侧的属性按钮"…"，打开 StatusBar 控件的"属性页"对话框，如图 7.21 所示。该对话框包括四个选项卡，即"通用"、"窗格"、"字体"和"图片"选项卡。如果在"通用"选项卡的"鼠标指针"下拉列表中选择"99-ccCustom"，则表示鼠标指针可以由"图片"选项卡任意指定，运行时，当鼠标指向状态栏时，鼠标指针显示成该属性定义的形状。"字体"选项卡用于设置状态栏的文本的字体、大小和效果。"窗格"选项卡（下文将详细介绍）用于添加 Panel 对象以及设置 Panel 对象的各种属性。

3）编写代码。在 StatusBar 控件的"属性页"对话框中进行了各项设置后，就可以在应用程序中根据当前的运行情况设置状态栏。可以在应用程序中动态修改状栏的属性，如添加窗格、删除窗格、修改窗格的显示内容等。状态栏常用的事件过程有 Click、DblClick、PanelClick、PanelDblClick，但通常不在这些事件过程中编写代码。

下面主要介绍"窗格"选项卡的各项功能，"窗格"选项卡如图 7.21 所示。

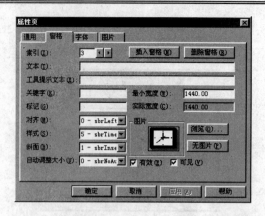

图 7.21   StatusBar 控件的"属性页"对话框的"窗格"选项卡

① "插入窗格"按钮：每次单击该按钮可以在状态栏上添加一个窗格。

② "删除窗格"按钮：每次单击该按钮可以删除状态栏上由当前索引指定的窗格。

③ 索引：对应于 Panel 对象的 Index 属性，表示添加的 Panel 对象的索引值，该索引值由添加次序决定。在代码中访问此 Panel 对象时要使用该索引值。例如，要设置状态栏 StatusBar1 控件中索引值为 2 的窗格的显示文本为"锁定"。可以写成：

```
StatusBar1.Panels(2).Text="锁定"
```

④ 文本：对应于 Panel 对象的 Text 属性，用于设置要在窗格中显示的文本。

⑤ 图片：对应于 Panel 对象的 Picture 属性，单击"浏览"按钮可以给窗格添加一幅图片；单击"无图片"按钮可以清除已添加的图片。

⑥ 工具提示文本：对应于 Panel 对象的 ToolTipText 属性，用于设置相应的窗格的提示信息，运行时鼠标指向该窗格时会出现该提示字符串。

⑦ 关键字：对应于 Panel 对象的 Key 属性，用于给当前的 Panel 对象定义一个标识符。该标识符在整个 Panel 对象集合的标识符中必须惟一。

⑧ 最小宽度：对应于 Panel 对象的 MinWidth 属性，返回或设置 Panel 对象的最小宽度，缺省值与状态栏的实际宽度（Width 属性）的缺省值相同。当 AutoSize 属性被设置为 1（可伸缩）时，使用 MinWidth 属性可以防止窗格因自动调整大小被调整到最小的宽度。当 AutoSize 属性被设置为 0（固定大小）时，MinWidth 属性总是被设定为与 Width 属性相同的值。

⑨ 实际宽度：对应于 Panel 对象的 Width 属性，表示窗格的当前宽度，Width 属性值总是反映窗格的实际宽度，并且不小于 MinWidth 属性值。

⑩ 对齐：对应于 Panel 对象的 Alignment 属性，用于设置窗格中的文本对齐方式。有以下选择。

sbrLeft：文本左对齐。

sbrCenter：文本居中。

sbrRight：文本右对齐。

⑪ 样式：对应于 Panel 对象的 Style 属性，用于设置窗格的样式。其允许的设置值如表 7.8 所示。

表 7.8　Panel 对象的 Style 属性设置

属性值	描　述
0-sbrText	缺省值，在窗格上显示由 Text 属性设置的文本，或显示由 Picture 属性设置的图片。在窗格中可以同时显示文本和图片
1-sbrCaps	在窗格上显示当前键盘上的 Caps Lock 键的状态。当打开 Caps Lock 键时，显示黑体的"CAPS"字母；反之，显示暗淡的"CAPS"字母
2-sbrNum	在窗格上显示当前键盘上的 Number Lock 键的状态。当打开 Number Lock 键时，显示黑体的"NUM"字母；反之，显示暗淡的"NUM"字母
3-sbrIns	在窗格上显示当前键盘上的 Insert 键的状态。当激活插入键时，显示黑体的"INS"字母；反之，显示暗淡的"INS"字母
4-sbrScrl	在窗格上显示当前键盘上的 Scroll Lock 键的状态。当打开 Scroll Lock 键时，显示黑体的"SCRL"字母；反之，显示暗淡的"SCRL"字母
5-sbrTime	在窗格上以系统格式显示当前的系统时间
6-sbrDate	在窗格上以系统格式显示当前的系统日期
7-sbrKana	当激活滚动锁定时，用黑体显示字母 KANA；反之，当停用滚动锁定时，显示暗淡的字母。该选项仅在日文操作系统中有效

如果将 Style 属性设置为除零以外的任何样式，则在 Text 属性中设置的文本将不再显示。

⑫ 斜面：对应于 Panel 对象的 Bevel 属性，用于设置 Panel 对象的斜面样式。有以下选择。

sbrNoBevel：窗格不显示斜面，显示为平面样式。

sbrInset：缺省值，窗格以凹进的形式显示。

sbrRaised：窗格以凸出的形式显示。

⑬ 自动调整大小：对应于 Panel 对象的 AutoSize 属性，用于确定窗格能否自动调整大小。有以下选择。

sbrNoAutoSize：缺省值，窗格不能自动调整大小。窗格的宽度由 Width 属性决定。

sbrSpring：窗格的宽度随窗体宽度的改变自动调整，但不会低于 MinWidth 属性所指定的宽度。

sbrContents：窗格的宽度随显示的内容自动调整，但不会低于 MinWidth 属性所指定的宽度。

例如，下面将为上节中未完成的文本编辑器加入一个状态栏，我们使用 StatusBar 控件进行设计。首先，在窗体上加入一个 StatusBar 控件，打开 StatusBar 控件的"属性页"对话框，选择其中的"窗格"选项卡。如图 7.21 所示。利用"插入窗格"按钮插入三个按钮，按钮的设置值按表 7.9 中输入。

表 7.9　状态栏窗格的设置值

索　引	文　本	样　式	说　明
1		1-sbrCaps	用于显示键盘字母的大小写状态

续表

索 引	文 本	样 式	说 明
2	编辑	0-sbrText	显示文本处于"编辑"或"锁定"状态
3		5-sbrTime	用于显示当前的时间及时钟图标

在索引号为 3 的窗格中加载一个时钟图标, 可通过单击图 7.21 中的"浏览"按钮, 在弹出的"打开文件"对话框中选择图标文件加入。如选择"D: \Program Files\Microsoft Visual Studio\Common\Graphics\Icons\Misc\Clock 05.ico", 加入的时钟图标在图 7.21 中的"图片"中显示。

窗格一和窗格三都不用编写代码就已实现其功能, 由于窗格二中要显示当前文本处于"编辑"或"锁定"状态, 而这两种状态是由文本框的快捷菜单控制的, 故应在快捷菜单的事件过程中添加代码, 添加后的代码如下:

```
Private Sub Tpop3_Click()
    If Tpop3.Caption = "锁定" Then
        Tpop3.Caption = "取消锁定"
        Text1.Locked = True
        StatusBar1.Panels(2).Text = "锁定"          '窗格二中显示"锁定"
    Else
        Tpop3.Caption = "锁定"
        Text1.Locked = False
        StatusBar1.Panels(2).Text = "编辑"          '窗格二中显示"编辑"
    End If
End Sub
```

最后, 我们来实现"视图"菜单中的工具栏和状态栏的显示/隐藏功能。由于工具栏和状态栏显示时都要占据窗体的工作区域, 为了使工具栏、状态栏以及文本框三者在任何情况下都刚好占据整个窗体工作区, 有必要改写 Form_Resize 事件过程的代码, 同时要结合"视图"菜单中的两个菜单项的代码。程序代码如下:

```
Private Sub ViewStatus_Click()
    If ViewStatus.Checked = False Then
    '如果状态栏处于"隐藏", 即菜单项"状态栏"前未打"√"
        ViewStatus.Checked = True          '则菜单项"状态栏"前打"√"
        StatusBar1.Visible = True          '显示"状态栏"
    Else
        ViewStatus.Checked = False          '则撤去菜单项"状态栏"前的"√"
        StatusBar1.Visible = False          '隐藏"状态栏"
    End If
    Form_Resize                          '调用Form_Resize事件过程重新文本框的位置和
大小
    End Sub

Private Sub ViewTools_Click()
    If ViewTools.Checked = False Then
    '如果工具栏处于"隐藏", 即菜单项"工具栏"前未打"√"
        ViewTools.Checked = True          '则菜单项"工具栏"前打"√"
        Toolbar1.Visible = True          '显示"工具栏"
```

```
        Else
            ViewTools.Checked = False          '则撤去菜单项"工具栏"前的"√"
            Toolbar1.Visible = False           '隐藏"工具栏"
        End If
        Form_Resize                        '调用Form_Resize事件过程重新文本框的位置和大小
End Sub

Private Sub Form_Resize()
Text1.Left = 0
If ViewTools.Checked = True Then       '如果"工具栏"处于显示状态
    Text1.Top = Toolbar1.Height        '调整工具栏的Top属性值
Else
    Text1.Top = 0                      '调整工具栏的Top属性值
End If
Text1.Width = ScaleWidth
If ViewStatus.Checked = True Then      '如果"状态栏"处于显示状态
    Text1.Height = ScaleHeight - Text1.Top - StatusBar1.Height
'调整状态栏的Height属性值
Else
    Text1.Height = ScaleHeight - Text1.Top       '调整状态栏的Height属性值
End If
End Sub
```

小　　结

本章详细介绍了 Visual Basic 中窗体的外观、常用属性、事件和方法；对话框的两种模式和三种类型的对话框，它们是预定义对话框、自定义对话框和对话框控件（公共对话框），重点介绍了对话框控件中常用的四种标准对话框（打开、另存为、字体、颜色对话框）的属性的显示方法及应用；利用菜单生成器创建和编辑下拉式菜单和弹出式菜单，以及菜单功能的实现；最后本章介绍了工具栏和状态栏的创建方式和功能的实现等。

习　　题

1. 新建一个工程，窗体中放置一文本框 Text1 用于显示文本，如图 7.22 所示。并设计一个菜单，各主菜单项及其下拉菜单如图 7.23 所示。下拉菜单中的子菜单项用于对文本框 Text1 设置字体、文字颜色、背景颜色和文本框属性。其中有如下功能。

（1）单击"文字颜色"后，弹出一个标准"颜色"对话框，用于设置文本框中的文字颜色；单击"背景颜色"后，弹出一个标准"颜色"对话框，用于设置文本框的背景颜色。

（2）单击"只读"命令可以在该项前面打上"√"或者取消"√"，用于控制文本是否可以编辑；而单击"隐藏"后将文本框隐藏起来，同时该菜单项名称变为"显示"，再单击"显示"将文本框设置为可见，同时该菜单项名称变为"隐藏"。

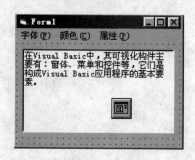

图 7.22　设计界面

图 7.23　主菜单项及其下拉菜单

2．在上题的基础上，设计一个弹出式菜单，如图 7.24 所示。当鼠标右键单击文本框时弹出，用于设置 Text1 中的文字的字号。

图 7.24　弹出式菜单

3．在上题的基础上，利用 ToolBar 控件添加工具栏，要求运行后界面如图 7.25 所示，工具栏中的按钮从左到右依次为："粗体"、"斜体"、"下划线"、"删除线"，按钮允许复选，并要求鼠标指向按钮时有相应的功能提示。

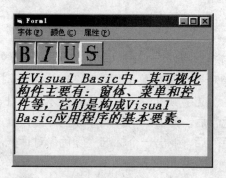

图 7.25　运行界面

4．上题的基础上，在窗体上添加一个由三个窗格组成的状态栏。第一个窗格显示当前文本框处于"编辑"状态还是"只读"状态；第二个窗格用于显示当前键盘的 Caps Lock 状态；第三个窗格用于显示当前的系统时间，并显示一个时钟图标。运行后的界面如图 7.26 所示。

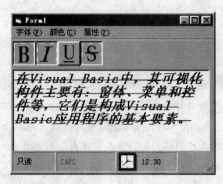

图 7.26　运行界面

第 8 章 文件操作

本章要点

在计算机技术中，文件通常是用来存储数据的，是指记录在外部介质上的数据的集合。如文本文件、位图文件、程序文件等。迄今为止，我们所涉及的输入和输出的对象都是计算机终端，即从键盘上输入数据，在显示器（窗体）或打印机上输出数据，程序运行结束后数据不能被保存下来。事实上，Visual Basic 的输入输出既可以在标准输入输出设备上进行，也可以在其他外部设备，诸如磁盘、磁带等后备存储器上进行。由于后备存储器上的数据是由文件构成的，因此非标准的输入输出通常称为文件处理。在目前微机系统中，除终端外，使用最广泛的输入输出设备就是磁盘。本章主要介绍文件的直接操作命令，文件操作中常用的函数和语句；顺序文件、随机文件、二进制文件创建、打开、存取操作和文件的关闭；利用控件——驱动器列表框、目录列表框和文件列表框管理文件系统；使用文件系统对象（FSO）管理文件系统。

本章难点

- 文件操作函数的功能与用法
- 使用传统方法对文件的读、写操作
- 顺序文件、随机文件和二进制文件夹的特点
- 使用文件系统对象处理文件：属性和方法的使用

8.1   文件系统概述

Visual Basic 具有较强的文件处理能力，它可以处理顺序文件、随机文件和二进制文件，同时提供了与文件处理有关的控件。

在 Visual Basic 中，访问文件的方法有两种，一种是使用传统的访问文件方法，如使用 Open、Write #等语句，而查询关于磁盘、文件及文件夹的信息或要对文件、文件夹进行复制、移动、删除等操作则要使用 Windows API 函数；另一种是使用 Visual Basic 6.0 提供的新方法，即使用文件系统对象 FSO（File System Object）对文件进行访问。另外，使用 Visual Basic 的内部文件系统控件（如 DriveListBox、DirListBox、FileListBox）可以实现选择驱动器、遍历浏览文件夹或文件等操作。

根据不同的标准，文件可分为不同的类型。

1. 程序文件和数据文件

根据数据性质，可分为程序文件和数据文件。

① 程序文件（Program File）：这种文件存放的是可以由计算机执行的程序，包括源文件和执行文件。在 Visual Basic 中，扩展名为.exe，.frm，.vbp，.vbg，.bas，.cls 等的文件都是程序文件。

② 数据文件（Data File）：数据文件用来存放普通的数据，例如学生考试成绩、职工工资、商品库存等。这类数据必须通过程序来存取和管理。

2. 顺序文件和随机文件

根据数据的存取方式和结构，可分为顺序文件和随机文件。

① 顺序文件（Sequential File）：顺序文件的结构比较简单，文件中的记录一个接一个地存放。在这种文件中，只知道第一个记录的存放位置，其他记录的位置无从知道。当要查找某个数据时，只能从文件头开始，一个记录一个记录地顺序读取，直至找到要查找的记录为止。

顺序文件的组织比较简单，只要把数据记录一个接一个地写到文件中即可。但维护困难，为了修改文件中某个记录，必须把整个文件读入内存，修改完后再重新写入磁盘。顺序文件不能灵活地存取和增减数据，因而适用于有一定规律且不经常修改的数据。其主要优点是占内存空间少，容易使用。

② 随机存取文件（Random Access File）：又称直接存取文件，简称随机文件或直接文件。与顺序文件不同，在访问随机文件中的数据时，不必考虑各个记录的排列顺序或位置，可以根据需要访问文件中的任一记录。对于顺序文件来说，文件中的各个记录只按实际排列的顺序，一个接一个地依次访问。而对于随机文件来说，所要访问的记录不受其位置的约束，可以根据需要直接访问文件中的每个记录。

在随机文件中，每个记录的长度是固定的，记录中的每个字段的长度也是固定的。此外，随机文件的每个记录都有一个记录号。在写入数据时，只要指定记录号，就可以把数据直接存入指定位置。而在读取数据时，只要给出记录号，就以直接读取该记录。在随机文件中，可以同时进行读、写操作因而能快速地查找和修改每个记录，不必为修改某个记录而对整个文件进行读、写操作。

随机文件的优点是数据的存取较为灵活、方便，速度较快，容易修改；主要缺点是占用空间较大，数据组织较复杂。

③ 二进制文件（Binary File）：以二进制方式保存的文件。由于二进制文件没有特别的结构，整个文件都可以当成一个长的字节序列来处理。二进制文件常用来存放非记录形式的数据或变长记录形式的数据，不能用普通的字处理软件编辑，占用空间较小。

8.2　关于文件的命令

8.2.1　直接作用命令

Visual Basic 6.0 提供了一些在 Windows 中直接与当前使用的操作系统相互作用的

命令。表 8.1 列出了这些命令的简要说明。

例如，Kill "*.*"。

将删除当前目录下的所有文件。详细的说明可参阅 Visual Basic 的联机帮助。

表 8.1 直接作用命令

命 令	功 能
ChDrive	改变当前的驱动器
ChDir	改变当前的目录或文件夹
MkDir	创建一个新的目录或文件夹
RmDir	删除一个存在的目录或文件夹
Name	重新命名一个文件、目录、或文件夹
Kill	从磁盘中删除文件

8.2.2 文件操作函数和语句

1. 文件操作函数

文件的主要操作是读和写，将在后面各节中介绍。这里介绍的是通用的语句和函数，这些语句和函数用于文件的读、写操作中。

① FreeFile 函数：返回一个 integer 类型的值，代表下一个可供 Open 语句使用的文件号。

语法：

FreeFile [（rangenumber）]

可选的参数 rangenumber 是一个 Variant，它指定一个范围，以便返回该范围之内的下一个可用文件号。指定 0（缺省值）则返回一个介于 1–255 之间的文件号。指定 1 则返回一个介于 256–511 之间的文件号。

说明：

用 FreeFile 函数可以得到一个在程序中没有使用的文件号。当程序中打开的文件较多时，这个函数很有用。特别是当在通用过程中使用文件时，用这个函数可以避免使用其他 Sub 或 Function 过程中正在使用的文件号。利用这个函数，可以把未使用的文件号赋给一个变量，用这个变量作为文件号，不必知道具体的文件号是多少。

例如：使用 FreeFile 函数来返回下一个可用的文件号。在循环中，共打开五个输出文件，并在每个文件中写入一些数据。

```
Dim MyIndex, FileNumber
For MyIndex = 1 To 5                              '循环五次
    FileNumber = FreeFile                        '取得未使用的文件号
    Open "TEST" & MyIndex For Output As #FileNumber  '创建文件名
    Write #FileNumber, "This is a sample."       '输出文本至文件中
    Close #FileNumber                            '关闭文件
Next MyIndex
```

② Loc 函数：返回一个 Long 类型的值，用于在已打开的文件中指定当前读/写位

置。

语法：

Loc（filenumber）

必需的 filenumber 参数是任何一个有效的文件号。

说明：

Loc 函数对各种文件访问方式的返回值如表 8.2 所示。

表 8.2 Loc 函数的返回值

方　式	返回值
随机文件方式	上一次对文件进行读出或写入的记录号
顺序文件方式	文件中当前字节位置除以 128 的值，但是，对于顺序文件而言，不会使用 Loc 的返回值，也不需要使用 Loc 的返回值
二进制文件方式	上一次读出或写入的字节位置

Loc 函数返回由"文件号"指定的文件的当前读写位置。格式中的"文件号"是在 Open 语句中指定的文件号。

对于随机文件，Loc 函数返回一个记录号，它是对随机文件读或写的最后一个记录的记录号，即当前读写位置的上一个记录；对于顺序文件，Loc 函数返回的是从该文件被打开以来读或写的记录个数，一个记录是一个数据块；对于二进制文件，Loc 函数返回读或写的最后一个字节的位置，即当前要读写的上一个字节的位置。

在顺序文件和随机文件中，Loc 函数返回的都是数值，但它们的意义是不一样的。对于随机文件，只有知道了记录号，才能确定文件中的读写出位置；而对于顺序文件，只要知道已经读或写的记录个数，就能确定该文件当前的读写出位置。

例如，使用 Loc 函数来返回在打开的文件中当前读写的位置。本示例假设 TESTFILE 文件内含数行文本数据。

```
Dim MyLocation, MyLine
Open "TESTFILE" For Binary As #1          '打开刚创建的文件
Do While MyLocation < LOF(1)              '循环至文件尾
   MyLine = MyLine & Input(1, #1)         '读入一个字符到变量中
   MyLocation = Loc (1)                   '取得当前位置
                                          '在立即窗口中显示

   Debug.Print MyLine : Tab : MyLocation
Loop
Close #1                                  '关闭文件
```

③ LOF 函数：返回一个 Long，表示用 Open 语句打开的文件的大小，该大小以字节为单位。

语法：

LOF（filenumber）

必需的 filenumber 参数是一个 Integer 类型的值，指有效的文件号。

注意 对于尚未打开的文件，使用 FileLen 函数将得到其长度。

LOF 函数返回给文件分配的字节数（即文件的长度），与在 DOS 下用 dir 命令所显示的数值相同。

"文件号"的含义同前，在 Visual Basic 中，文件的基本单位是记录，每个记录的默认长度是 128 字节。因此，对于由 Visual Basic 建立的数据文件，LOF 函数返回的将是 128 的倍数，不一定是实际的字节数。

例如，使用 LOF 函数来得知已打开文件的大小。本示例假设 TESTFILE 文件内含文本数据。

```
Dim FileLength
Open "TESTFILE" For Input As #1        '打开文件
FileLength = LOF (1)                   '取得文件长度
Close #1                               '关闭文件
```

④ EOF 函数：返回一个 Integer 类型的值，它包含 Boolean 值 True，True 表明已经到达用"Random"方式或"Input"方式打开的文件的结尾。

语法：

EOF（filenumber）

必要的 filenumber 参数是一个 Integer 类型的值，指一个有效的文件号。

说明：

使用 EOF 是为了避免因试图在文件结尾处进行输入而产生的错误。

不是在文件的结尾，EOF 函数都返回 False。对于为访问用"Random"或"Binary"方式打开的文件，直到最后一次执行的 Get 语句无法读出完整的记录时，EOF 都返回 False。

对于为访问用"Binary"方式打开的文件，在用 Input 函数读出二进制文件时，要用 LOF 和 Loc 函数来替换 EOF 函数，或者将 Get 函数与 EOF 函数配合使用。对于用"Output"方式打开的文件，EOF 总是返回 True。

"文件号"的含义同前，利用 EOF 函数，可以避免在文件输入时出现"输入超出文件尾"错误。因此，它是一个很有用的函数。在文件输入期间，可以用 EOF 测试是否到达文件末尾。对于顺序文件来说，如果已到文件末尾，则 EOF 函数返回 True，否则返回 False。

当 EOF 函数用于随机文件或二进制文件时，如果最后执行所有 Get 语句未能读到一个完整的记录，则返回 True，这通常发生在试图读文件结尾以后的部分时。

实用中，EOF 函数常用作在循环中测试是否已到文件尾，一般结构如下：

```
Do While Not EOF(文件号)              '文件读写语句
Loop
```

例如，使用 EOF 函数来检测文件尾。示例中假设 MYFILE 为有数个文本行的文本文件。

```
Dim InputData
Open "MYFILE" For Input As #1        '为输入打开文件
Do While Not EOF (1)                 '检查文件尾
  Line Input #1, InputData           '读入一行数据
```

```
    Debug.Print InputData            '在立即窗口中显示
Loop
Close #1                             '关闭文件
```

⑤ FileDateTime 函数：返回一个 Variant（Date），此为一个文件被创建或最后修改后的日期和时间。

语法：FileDateTime（pathname）

必要的 pathname 参数是用来指定一个文件名的字符串表达式。pathname 可以包含目录、文件夹以及驱动器。

例如，使用 FileDateTime 函数来得知文件创建或最近修改的日期与时间。日期与时间的显示格式依系统的地区设置而定。

```
Dim MyStamp
'假设TESTFILE上次被修改的时间为1998年2月12日下午4时35分47秒
'假设English/U.S.地区设置
MyStamp = FileDateTime ("TESTFILE")     '返回"2/12/98 4:35:47 PM"
```

⑥ GetAttr 函数：返回一个 Integer，为一个文件、目录或文件夹的属性。

语法：GetAttr（pathname）

必要的 pathname 参数是用来指定一个文件名的字符串表达式。pathname 可以包含目录、文件夹以及驱动器。

返回值：由 GetAttr 返回的值，如表 8.3 所示。

注意　表中的这些常数是由 VBA 指定的，在程序代码中的任何位置，可以使用这些常数来替换真正的值。

表 8.3　GetAttr 的返回值

常　数	值	描　述
vbNormal	0	常规
vbReadOnly	1	只读
vbHidden	2	隐藏
vbSystem	4	系统文件
vbDirectory	16	目录或文件夹
vbArchive	32	上次备份以后，文件已经改变
vbalias	64	指定的文件名是别名

说明：若要判断是否设置了某个属性，在 GetAttr 函数与想要得知的属性值之间使用 And 运算符与逐位比较。如果所得的结果不为零，则表示设置了这个属性值。例如，在下面的 And 表达式中，如果档案（Archive）属性没有设置，则返回值为零。

```
Result = GetAttr (FName) And vbArchive
```

如果文件的档案属性已设置，则返回非零的数值。

例如，使用 GetAttr 函数来得知文件及目录或文件夹的属性。

```
Dim MyAttr
```

假设 TESTFILE 具有隐含属性。

```
MyAttr = GetAttr ("TESTFILE")              '返回2
```

如果 TESTFILE 有隐含属性，则返回非零值。

```
Debug.Print MyAttr And vbHidden
```

假设 TESTFILE 具有隐含的只读属性。

```
MyAttr = GetAttr ("TESTFILE")              '返回3
```

如果 TESTFILE 含有隐含属性，则返回非零值。

```
Debug.Print MyAttr And (vbHidden + vbReadOnly)
```

假设 MYDIR 代表一目录或文件夹。

```
MyAttr = GetAttr ("MYDIR")                 '返回16
```

2. 文件操作语句

（1）FileCopy 语句：复制一个文件

语法：

FileCopy source, destination

FileCopy 语句的语法含有如表 8.4 所示的命名参数。

表 8.4　FileCopy 语句的参数

参　　数	描　　述
source	必要参数。字符串表达式，用来表示要被复制的文件名。source 可以包含目录、文件夹以及驱动器
destination	必要参数。字符串表达式，用来指定要复制的目地文件名。destination 可以包含目录、文件夹以及驱动器

说明：

如果想要对一个已打开的文件使用 FileCopy 语句，则会产生错误。

例如：使用 FileCopy 语句来复制文件。示例中假设 SRCFILE 为含有数据的文件。

```
Dim SourceFile, DestinationFile
SourceFile = "SRCFILE"                    '指定源文件名
DestinationFile = "DESTFILE"              '指定目的文件名
FileCopy SourceFile, DestinationFile      '将源文件的内容复制到目的文件中
```

（2）SetAttr 语句：为一个文件设置属性信息

语法：

SetAttr pathname, attributes

SetAttr 语句的语法含有表 8.5 的命名参数。

表 8.5 SetAttr 语句的参数

部 分	描 述
pathname	必要参数。用来指定一个文件名的字符串表达式，可能包含目录、文件夹以及驱动器
Attributes	必要参数。常数或数值表达式，其总和用来表示文件的属性

Attributes 参数设置如表 8.6 所示。

表 8.6 Attributes 语句的参数

常 数	值	描 述
vbNormal	0	常规（缺省值）
VbReadOnly	1	只读
vbHidden	2	隐藏
vbSystem	4	系统文件
vbArchive	32	上次备份以后，文件已经改变

注意 这些常数是由 VBA 所指定的，在程序代码中的任何位置，可以使用这些常数来替换真正的数值。

说明：如果想要给一个已打开的文件设置属性，则会产生运行时错误。

例如，使用 SetAttr 语句来设置文件属性。

```
SetAttr "TESTFILE", vbHidden                    '设置隐含属性
SetAttr "TESTFILE", vbHidden + vbReadOnly       '设置隐含并只读
```

8.3　使用传统方法处理文件

8.3.1　顺序文件

在顺序文件中，记录的逻辑顺序与存储顺序相一致，对文件的读写操作只能一个记录一个记录地顺序进行。其中读操作是把文件中的数据读到内存，写操作是把内存中的数据输出到文件中。

1. 顺序文件的打开和关闭

对文件进行任何存取操作前必须先打开文件，打开顺序文件要使用 Open 语句。

格式：

Open <文件名> For [Input | Output | Append] As [#] <文件号> [Len = <缓冲区大小>]

功能：按指定的方式打开一个文件，并为已打开的文件指定一个文件号。

说明：

① <文件名>：是一个字符串表达式，可包含驱动器符及文件名，表示要打开的文

件。

② Input：表示以只读方式打开文件。当要打开的文件不存在时会出错。

③ Output：表示以写方式打开文件。如果文件不存在，就创建一个新文件；如果文件已存在，则删除文件中的原有数据。

④ Append：表示以添加的方式打开文件。如果文件不存在，就创建一个新文件；如果文件已存在，则保留原文件中的数据，当要写入时从文件末尾开始添加数据。

⑤ <文件号>：表示已打开的文件的句柄，是一个 1～511 之间的整数，是已打开文件的惟一标识，供文件读/写和关闭时使用。为了避免文件号的重复使用，可利用 8.1.2 节中介绍的 FreeFile 函数来为文件分配系统中未被使用的文件号。<文件号>前的#可以省略。

⑥ <缓冲区的大小>：表示读写文件时，在内存中可使用的缓冲区的字节数。

由 Open 语句建立的顺序文件是 ASCII 文件，可以用字处理程序来查询或修改。顺序文件由记录组成，每个记录是一个文本行，它以回车换行符作为一行的结束标志。每个记录又被分成若干个字段，这些字段是记录中按同一顺序反复出现的数据块。在顺序文件中，每个记录可以具有不同的长度，不同记录中的字段的长度也可以不一样。

例如，要在 C 盘的 Date 文件夹下建立一个名为 Score.dat 的顺序文件。

```
Open "C:\ Date\Score.dat" For Output as #1
或：Dim FileNumber用来保存文件号
    FileNumber = FreeFile
Open "C:\Date\Score.dat" For Output As #FileNumber
```

例如，要打开当前盘当前文件夹下名为 Score.dat 的顺序文件，用来读取数据。

```
Open "Score.dat" For Input As #2
```

关闭随机文件用 Close 语句

格式：Close [<文件号列表>]

说明：<文件号列表>：包括一个或多个已打开的文件的文件号，各项之间用逗号隔开，如省略<文件号列表>则表示关闭所有已打开的文件。

例如：Close #1

表示关闭文件号为 1 的文件。

Close #1，2，3

表示关闭文件号为 1、2、3 的文件。

2. 顺序文件的写操作

顺序文件的写操作分三步进行，即打开文件、写入数据和关闭文件。其中打开文件的操作如前所述，写入数据的操作由 Print #语句或 Write #语句实现。

（1）Print #语句

格式：Print # <文件号>，[[Spc（n）| Tab（n）] [<表达式列表>] [；|，]]

功能：把数据写入文件中。以前我们曾多次用到 Print 方法，Print #语句与 Print 方法的功能是类似的。Print 方法所"写"的对象是窗体、打印机或图片框，而 Print #语句所"写"的对象是文件。

说明：

① <文件号>的含义同前。

② <表达式列表>：由一个或多个表达式组成，各项间要用逗号或分号隔开。每一项可以是常量、变量或表达式。当用逗号分隔时，采用分区格式输出；当用分号分隔时，采用紧凑格式输出。所有项将在一行（以回车换行符作为一行结束标志）内输出，所有项输出后将自动加上回车换行符。

③ 其他参量：包括 Spc 函数、Tab 函数及尾部的分号、逗号等，其含义与 Print 方法中相同。

④ <表达式列表>可以省略。在这种情况下，将向文件中写入一个空行。

例 8.1　用 Print #语句把数据写入顺序文件。

```
Open "c:\date\score.dat" For Output As #1
Print #1, "李斌", 89, 67
Print #1, "何平", 84, 95
Close #1
```

用"记事本"打开 c：\date\score.dat 如图 8.1 所示。

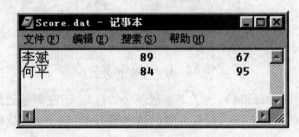

图 8.1　score.dat-记事本

本例中，向文件 score.dat 写入了二条记录（二行），但在每条记录中的字符串并未加双引号，三个数据项之间也未用逗号隔开，如果将来想用 Input #语句读出时分离出三个数据项中的数据，则写入文件时请使用下面将要介绍的 Write #语句。

实际上，Print #语句的任务只是将数据送到缓冲区，数据由缓冲区写到磁盘文件的操作是由文件系统来完成的。对于用户来说，可以理解为由 Print #语句直接将数据写出入磁盘文件。但是执行 Print #语句后，并不是立即把缓冲区中的内容写出入磁盘，只有在下列条件之一时才写盘。

① 关闭文件（Close）。

② 缓冲区已满。

③ 缓冲区未满，但执行下一个 Print #语句。

上例中最后要用 Close 语句关闭文件，把缓冲区中的数据写入文件。

（2）Write #语句

格式：Write # <文件号>，[<表达式表>]

功能：把数据写入文件中。

说明：

① <文件号>和<表达式表>的含义同前。当使用 Write #语句时，文件必须以 Output 或 Append 方式打开。

② Write #语句与 Print #语句的功能基本相同，其主要区别有以下两点：

- 当用 Write #语句向文件写入数据时，各字段数据在磁盘上以紧凑格式存入，能自动在数据项之间插入逗号，并将字符串加上双引号。
- 用 Write #语句写入的正数的前面没有空格。

例 8.2　用 Write #语句把数所写入顺序文件。

```
Open "c:\date\score.dat" For Output As #1
Write #1, "李斌", 89, 67
Write #1, "何平", 84, 95
Close #1
```

用"记事本"打开 c：\date\score.dat 如图 8.2 所示。

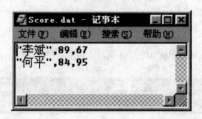

图 8.2　score.dat-记事本

本例中，向文件 score.dat 写入了二条记录（二行），但在每条记录中的字符串被加上了双引号，三个数据域之间用逗号分隔，将来可用 Input #语句读出各个数据域中的数据。

3. 顺序文件的读操作

顺序文件的读操作分三步进行，即打开文件、读数据文件和关闭文件。其中打开文件的操作如前所述，读数据的操作由 Input#语句或 Line Input#语句实现。

（1）Input #语句

格式：Input # <文件号>，<变量列表>

功能：Input #语句从顺序文件中读出数据项（字段），并将这些数据项依次赋给<变量列表>中所列的变量。

说明：

① <文件号>：含义同前。

② <变量列表>：由一个或多个变量组成，各项间要用逗号或分号隔开。这些变量既可以是数值变量，也可以是字符串变量或数组元素，从数据文件中读出的数据赋给这些变量。但文件中数据项的类型应与 Input #语句中变量的类型匹配，否则会读出错误的结果。

③ Input #语句也可用于随机文件的读入。

注意　在用 Input #语句把读出的数据赋给数值变量时，将忽略前导空格、回车或换行符，把遇到的每一个非空格、非回车和换行符作为数值的开始，遇到空格、回车和换行符。如果需要把开头带有空格的字符串赋给变量，则必须把字符串放在双引号中。

如要用 Input #语句读出由例 8.1 中建立的 Score.dat 中的两条记录的内容，可用如下语句：

```
Open "c:\date\score.dat" For Input As #2
Input #2, a, b
Print a
Print b
Close #2
```

如要用 Input #语句读出由例 8.2 中建立的 Score.dat 中的第一条记录的内容，可用如下语句：

```
Open "c:\date\score.dat" For Input As #2
Input #2, Sname, score1, score2
Print Sname, score1, score2
Close #2
```

（2）Line Input #语句

格式：Line Input #<文件号>，<变量名>

功能：从文件中读取一行数据。

说明：

① <文件号>：含义同前。

② <变量名>：是一个字符串简单变量名，也可以是一个字符串数组元素名，用来接收从顺序文件中读出的字符行。

在文件操作中，Line Input #是十分有用的语句，它可以读取顺序文件中一行的全部字符，直到遇到回车换行符为止。此外，对于以 ASCII 码存放在磁盘上的各种语言源程序，都可以用 Line Input #语句一行一行读取。

Line Input#语句与 Input#语句功能类似。只是 Input #语句读取的是文件中的数据项，而 Line Input #语句读的是文件中的一行。Line Input #语句也可用于随机文件，Line Input#语句常用来复制文本文件。

如要用 Line Input #语句读出由例 8.2 中建立的 Score.dat 中的第一行字符的内容（包括引号、逗号等，但不包括回车换行符），可用如下语句：

```
Open "c:\date\score.dat" For Input As #2
Line Input #2, a
Print a
Close #2
```

（3）Input 函数

格式：<变量名>=Input（整数，[#]<文件号>）

功能：从指定文件的当前位置读取指定个数的字符，并赋给变量。

例如：要读取 c:\date\score.dat 文件中的前 4 个字符，并在 Text1 中显示出来。

```
Open "c:\date\score.dat" For Input As #2
Text1.Text = Input(4, #2)
Close #2
```

（4）InputB 函数

格式：<变量名>=InputB（字节数，[#]<文件号>）

功能：从指定文件的当前位置读取指定字节数的数据，并赋给变量。

注意   InputB 函数读出的是 ANSI 格式的字符，必须使用 StrConv 函数转换成 Unicode 字符才能被正确地显示出来。

例 8.3   创建一个名为 test.txtr 的文件，输入内容为"我爱学 Visual Basic"，然后用 InputB 函数把它从文件中读出并显示在文本框 Text1 中，程序执行后的结果如图 8.3 所示。

图 8.3   运行结果

程序代码：

```
Private Sub Command1_Click()
    Dim FileNumber
    FileNumber = FreeFile
    Open "c:\date\test.txt" For Output As #FileNumber
    Print #FileNumber, "我爱学Visual Basic"
    Close #FileNumber
    Open "c:\date\test.txt" For Input As #FileNumber
    Text1.Text=StrConv(InputB(LOF(FileNumber),#FileNumber),vbUnicode)
    Close #FileNumber
End Sub
```

8.3.2 随机文件

随机文件能通过指定记录号快速地访问相应的记录。为了能准确地读写数据，对随机文件进行操作前常常需要先定义一种数据结构用来存放写入或读出的数据，然后再打开文件进行读写操作，操作完后关闭文件。与顺序文件相比，随机文件有以下特点。

① 打开随机文件后，既可读也可写。

② 随机文件的记录是定长记录，只要给出记录号 n，就能通过（（n−1）×记录长度）计算出该记录在文件中的偏移量。用 Open 语句打开文件时必须指定记录长度。

③ 每条记录可划分为若干个字段，每条记录中相对应的字段的数据类型必须相同。

1. 随机文件的打开和关闭

随机文件的打开：

格式：Open <文件名> [For Random] As # <文件号> [Len = <记录长度>]

说明：

① For Random：表示打开的是随机文件，也可以省略。

② <记录长度>：各字段的长度总和。实用中通常是自定义数据类型的大小，可用 Len 函数获得。如果省略，则记录的默认长度为 128 个字节。

随机文件的关闭同样使用 Close 语句，如 Close #1 表示关闭文件号为 1 的文件。

2．随机文件的写操作

随机文件的写操作分为以下 4 步。

1）定义数据类型。随机文件由固定长度的记录组成，每个记录含有若干个字段。可以把记录中的各个字段放在一个记录类型中，记录类型用 Type…End Type 语句定义。

2）打开随机文件。与顺序文件不同，打开一个随机文件后，既可用于写操作也可用于读操作。

3）将变量中的数据写入随机文件。随机文件的写操作通过 Put 语句来实现。其格式为：

Put [#] <文件号>，[记录号]，<变量名>

功能：把一个变量的数据写入到由<文件号>指定的文件中。

说明：

① <文件号>：含义同前。

② <记录号>：取值范围为 $1\sim2^{31}-1$，即 $1\sim2\ 147\ 483\ 647$。若文件中已有此记录号，则该记录将被新数据覆盖；若文件中无此记录号，则在文件中添加一新记录；若省略<记录号>，则写入数据的记录号为上次读或写的记录的记录号加 1，省略"记录号"后，逗号不能省略。

③ <变量名>：通常使用一个自定义类型的变量，当然也可以使用其他类型的变量，实用中最好使用与 Open 语句中 Len 子句中指定记录长度相匹配的变量。

④ 关闭文件。

3．随机文件的读操作

从随机文件中读取数据的操作与写文件操作步骤类似，只是把第三步中的 Put 语句用 Get 语句来代替。其格式为：

Get [#] <文件号>，[记录号]，<变量名>

功能：把由<文件号>所指定的已打开的文件中的数据读到"变量"中。

其中，<记录号>的取值范围同前，它是要读的记录的编号。如果省略<记录号>，则读取上次读或写的记录的下一条记录，省略"记录号"后，逗号不能省略。

4．随机文件中记录的增加与删除

在随机文件中增加记录，实际上是在文件的末尾添加记录。其方法是，先找到文件最后一个记录的记录号，然后把要增加的记录写到它的后面。

在随机文件中删除一个记录时，并不是真正删除记录，而是把下一个记录重写到要删除的记录上，其后的所有记录依次前移。

例 8.4 建立一个如图的输入界面，输入学生的基本信息，并保存在一个随机文件中。

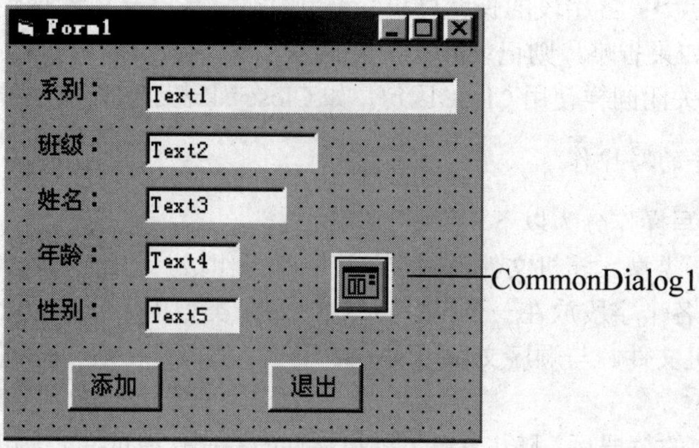

图 8.4 设计界面

程序代码：

```
Private Type StudInfo          '自定义记录类型
    Dept As String * 20
    Class As String * 12
    Name As String * 8
    Age As Integer
    Sex As String * 2
End Type
Dim stud As StudInfo

Private Sub Form_Load()
    CommonDialog1.ShowSave
    Open CommonDialog1.FileName For Random As #1 Len = Len(stud)
'打开随机文件
End Sub

Private Sub Command1_Click()
    stud.Dept = Text1.Text
    stud.Class = Text2.Text
    stud.Name = Text3.Text
    stud.Age = Val(Text4.Text)
    stud.Sex = Text5.Text
    Put #1, , stud              '把记录写入随机文件
    Text1.Text = ""
    Text2.Text = ""
    Text3.Text = ""
    Text4.Text = ""
    Text5.Text = ""
End Sub
```

```
Private Sub Command2_Click()
    Close #1
    End
End Sub
```

例 8.5 利用例 8.3 中建立的随机文件，按指定的记录号读取记录，并显示出来。

图 8.5 设计界面

程序代码：

```
Private Type StudInfo
    Dept As String * 20
    Class As String * 12
    Name As String * 8
    Age As Integer
    Sex As String * 2
End Type
Dim stud As StudInfo

Private Sub Form_Load()
    CommonDialog1.ShowOpen
    Open CommonDialog1.FileName For Random As #1 Len = Len(stud)
End Sub

Private Sub Text6_KeyUp(KeyCode As Integer, Shift As Integer)
    RecNo = Val(Text6.Text)
    If KeyCode = 13 Then
        If RecNo > LOF(1) / Len(stud) Or RecNo <= 0 Then
            MsgBox "记录号超出范围，请重新输入！"
            Text6.SetFocus
            Text6.SelStart = 0
            Text6.SelLength = Len(Text6.Text)
            Exit Sub
        End If
        Get #1, RecNo, stud
        Text1.Text = stud.Dept
        Text2.Text = stud.Class
```

```
        Text3.Text = stud.Name
        Text4.Text = Trim(Str(stud.Age))
        Text5.Text = stud.Sex
    End If
End Sub
Private Sub Form_Unload(Cancel As Integer)
    Close #1
End Sub
```

8.3.3 二进制文件

1. 二进制文件的打开

格式：Open <文件名> For Binary As # <文件号>

2. 二进制文件的存取

二进制文件与随机文件的存取操作类似，这主要表现在以下两个方面。

① 不需要在读和写之间切换，在执行 Open 语句打开文件后，对该文件既可以读，也可以写。

② 读写出随机文件的语句也可用于读写二进制文件，即

Get | Put # <文件号>，[<位置>]，<变量名>

其中，<变量名>可以是任何类型变量；<位置>指明下一个 Get 或 Put 操作在文件的什么地方进行。二进制文件中的"位置"相对于文件开头而言。即第一个字节的"位置"是 1，第二个字节的"位置"是 2，等等。如果省略"位置"则 Get 或 Put 操作将文件指针从第一个字节到最后一个字节顺序进行操作。

Get 语句从文件中读出的字节数等于"变量"的长度，同样，Put 语句向文件中写出入的字节数与"变量"的长度相同。例如，如果"变量"为整型，则 Get 语句就把读取的两个字节赋给"变量"；如果"变量"为单精度型，则 Get 就读取 4 个字节。因此，如果 Get 和 Put 语句中没有指定"位置"，则文件指针每次移动一个与"变量"长度相同的距离。

二进制文件与随机文件也有不同之处：二进制存取可以移到文件中的任何字节位置上，然后根据需要读、写任意个字节；而随机存取每次只能移到一个记录的边界上，读取固定个数的字节（一个记录的长度）。

3. 文件指针

在二进制文件中，可以把文件指针移到文件中任意的位置。文件指针的定位通过 Seek 语句来实现。其格式为：

Seek #<文件号>，<位置>

Seek 语句用来设置文件中下一个读或写的位置。<文件号>的含义同前，<位置>是一个数值表达式，用来指定下一个要读写位置，其值在 $1 \sim 2^{31}-1$ 的范围内。

说明：在 Get 或 Put 语句中的记录号优先于由 Seek 语句确定的位置。此外，当"位置"为 0 或负数时，将产生出错信息。当 Seek 语句确定的位置在文件尾之后时，对文

件的写操作将扩展该文件。

与 Seek 语句配合使用的是 Seek 函数。其格式为：

Seek（文件号）

该函数返回文件指针的当前位置。由 Seek 函数返回的值在 $1\sim2^{31}-1$ 的范围内。

在访问二进制文件时，Seek 函数与 Loc 函数给出相似的结果。所不同的是 Loc 函数返回的是最近一次读写过的字节的位置，而 Seek 函数返回的则是下一次要读或写的字节位置。

8.4　使用控件管理文件系统

Visual Basic 提供了三个文件系统控件，即驱动器列表框（DriveListBox）、目录列表框（DirListBox）和文件列表框（FileListBox）。这三个控件可以单独使用，也可以组合使用。组合使用时，应在各控件的事件过程中编写代码，使它们能互动相联。

8.4.1　驱动器列表框

驱动器列表框能通过下拉显示系统所拥有的有效驱动器名称。在一般情况下，只显示当前的磁盘驱动器名称。用户可通过单击列表框右端向下的箭头，从列出的驱动器列表中选择驱动器。

1.　常用属性

Drive 属性：用来设置或返回所选择的驱动器名。Drive 属性只能用程序代码设置，不能通过属性窗口设置。

例如：

```
Drv=Drive1.Drive        'Drive1为驱动器列表框控件的名称，读驱动器名
Drive1.Drive="C:\"      '设置驱动器
```

2.　常用事件

驱动器列表框的常用事件为 Change 事件，当选择一个新驱动器或重新设置驱动器列表框的 Drive 属性时，都将触发 Change 事件。

8.4.2　目录列表框

目录列表框用树形结构显示当前驱动器上的分层目录，刚建立时显示当前驱动器的顶层目录和当前目录，当用户用鼠标双击某一目录时，将打开该目录并显示其子目录。

1.　常用属性

Path 属性：返回或设置当前工作目录的完整路径（包括驱动器盘符）。

Path 属性只能在程序代码中设置，不能在设计阶段设置。它的功能类似于 DOS 下的 Chdir 命令，用来改变目录路径。对目录列表框来说，当 Path 属性值改变时，将引

发 Change 事件。

2. 常用事件

Change 事件：当双击一个目录项或 Path 属性值改变时，将触发 Change 事件。

在目录列表框中只能显示当前驱动器上的目录。如果要显示其他驱动器上的目录，必须改变路径，即重新设置目录列表框的 Path 属性。

8.4.3 文件列表框

用驱动器列表框和目录列表框可以指定当前驱动器和当前目录，而文件列表框可以用来显示当前目录下的文件。

1. 常用属性

（1）Pattern 属性：返回或设置要显示的文件类型

Pattern 属性用来设置在执行时要显示的某一种类型的文件，可以在设计阶段用属性窗口设置，也可以通过程序代码设置。在默认情况下，Pattern 属性为*.*。在设计阶段，建立了文件，查看属性窗口中的 Pattern 属性，可以发现其默认值为*.* 。如果把改为*.EXE，则在执行时文件列表框中显示的是以 EXE 为扩展名的文件。

在程序代码中设置 Pattern 的方法如下，例如：

File1.Pattern = "*.exe；*.com"

表示显示的是以 exe 或 com 为扩展名的文件。

（2）FileName 属性：设置或返回所选文件的路径或文件名

当在程序运行中设置 FileName 属性时，可以使用完整的文件名（可以带有路径），也可以使用不带路径的文件名；当读取该属性时，则返回当前从列表中选择的不带路径名的文件名或空值。改变该属性值会触发一个或多个事件（如 PathChange、PatternChange 或 DblClick 事件）。

（3）Path 属性：返回或设置当前目录的路径名

其值为一个表示路径名的字符串表达式，当 Path 属性被套设置后，文件列表框将显示当前目录下的文件。Path 属性只能在运行阶段设置。

2. 常用事件

当用户单击或双击文件列表框中的文件时，将触发 Click 或 DblClick 事件。

例 8.6 驱动器列表框、目录表框及文件列表框的同步操作。

在实际应用中，驱动器列表框、目录表框及文件列表框往往同步操作，这可以通过 Path 属性的改变引发 Change 事件，所以在 Dir1_Change 事件过程中，把 Dir1.Path 赋给 File.Path 就可以产生同步效果。

图 8.6 运行结果

程序代码：

```
Private Sub Dir1_Change()
    File1.Path = Dir1.Path
End Sub
Private Sub Drive1_Change()
    Dir1.Path = Drive1.Drive
End Sub
Private Sub File1_Click()
    If Right(Dir1.Path, 1) <> "\" Then
        Text1.Text = Dir1.Path & "\" & File1.FileName
    Else
        Text1.Text = Dir1.Path & File1.FileName
    End If
End Sub
Private Sub Form_Load()
    File1.Pattern = "*.exe;*.txt"
End Sub
```

8.5　使用文件系统对象处理文件

　　文件系统对象（FSO）模型是 Visual Basic 6.0 的新增功能，它提供了一种基于对象的工具来处理文件和文件夹。用户在编写程序时可以通过这种对象提供的丰富的属性和方法来处理计算机的文件系统。

　　FSO 对象模型使应用程序能够创建、删除、移动和改变文件夹，或检测是否存在指定的文件夹，也能获取文件、文件夹的信息，如名称、创建日期等等，但它不支持二进制文件和随机文件的创建和访问。

　　FSO 对象模型包含在一个称为 Scripting 的类型库中，此类型库位于 Scrrun.dll 文件中，因此，在使用 FSO 对象之前，应先把 Scripting 类型库引入系统。通过选择“工程”菜单的“引用”选项，打开“引用”对话框，选择“Microsoft Scripting Runtime”，单击“确定”。如图 8.7 所示。

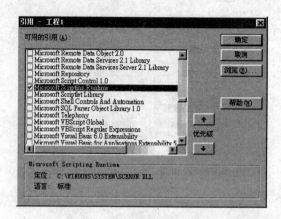

图 8.7　"引用"对话框

8.5.1　文件系统对象的编程方法

FSO 对象模型提供了一组对文件系统的驱动器、文件夹和文件进行管理的对象。主要对象如表 8.7 所示。

表 8.7　FSO 对象

对　象	描　述
FileSystemObject	FSO 模型的核心对象。它提供了用于收集相关信息，以及操纵驱动器、文件夹和文件的方法
Drive	用来收集系统中驱动器的信息
Folder	提供对一个文件夹属性的访问，也可以创建、删除或移动文件夹等
File	提供对一个文件属性的访问，也可以创建、删除或移动文件夹等
TextStream	允许用户读写文本文件

其中，FileSystemObject 对象处于核心地位。

使用 FSO 对象模型编程的主要步骤如下。

1）创建 FileSystemObject 对象。有两种方法：

方法一，将一个变量声明为 FileSystemObject 对象类型，例如：

```
Dim fso As New FileSystemObject
```

方法二，使用 CreateObject 方法来创建一个 FSO 对象，例如：

```
Set fso = CreateObject("Scripting.FileSystemObject")
```

2）根据需要，有两种选择：一是使用 FileSystemObject 对象的方法创建用于管理驱动器（Drive 对象）、文件夹（Folder 对象）和文件（File 对象）的对象，用新创建的对象进行文件和文件夹的复制、移动、删除等；二是直接使用 FileSystemObject 对象的方法，进行文件或文件夹的创建、复制、移动、删除等。再生成用于管理驱动器、文件夹和文件的对象来实现其他功能。

利用第 2）步生成的新对象的属性，获取文件系统的信息。

8.5.2 驱动器对象

Drive 对象主要用于管理驱动器。利用 Drive 对象的属性不仅能获取本地驱动器的信息，还能获取网络驱动器的信息。编程时，可通过对 FileSystemObject 对象使用 GetDrive 方法，建立一个 Drive 对象的实例，再调用 Drive 对象的属性即可获取驱动器的信息。Drive 对象的主要属性如表 8.8 所示。

表 8.8 Drive 对象的属性

属 性	描 述
AvailableSpace	返回驱动器或网络上的用户的可用磁盘空间，以字节为单位
DriveType	返回驱动器类型的值（0～5）。其中：0 表示 "Unknown"，1 表示 "Removable"，2 表示 "Fixed"，3 表示 "Network"，4 表示 "CD-ROM"，5 表示 "RAMDisk"
DriveLetter	返回本地驱动器或网络共享的驱动器符号
FileSystem	返回驱动器所使用的文件系统类型，如 FAT、NTFS 等
FreeSpace	返回驱动器或网络上的用户的可用磁盘剩余空间，以字节为单位
IsReady	如果指定的驱动器已准备好，返回 True；否则返回 False
Path	返回指定文件、文件夹或驱动器的路径
RootFolder	返回一个 Folder 对象，该对象表示一个指定驱动器的根文件夹
SerialNumber	返回用于惟一磁盘卷标的十进制序列号
ShareName	返回驱动器的网络共享名
TotalSize	返回驱动器或网络共享的总空间大小，以字节表示
VolumeName	设置或返回指定驱动器的卷标名

例 8.7 利用 FileSystemObject 的 GetDrive 方法创建一个 Drive 对象，并利用 Drive 对象的属性获取驱动器信息。

```
Private Sub Command1_Click()
    Dim fso As New FileSystemObject
    Dim drv As Drive
    Dim str As String
    Set drv = fso.GetDrive("C:")          '创建Drive对象
    str = "驱动器" & "C" & "的信息" & vbCrLf
    str = str & "容量: " & FormatNumber(drv.TotalSize / 1024, 0) & "KB" &
vbCrLf
    str = str & "可用空间: " & FormatNumber(drv.FreeSpace / 1024, 0) & "KB"
& vbCrLf
    Print str
End Sub
```

图 8.8　运行结果

8.5.3　文件夹（Folder）对象

使用 FSO 对象模型对文件夹（Folder）的管理包括文件夹的创建、复制、移动、删除及获取与文件夹有关的信息，具体方法如表 8.10 所示。FileSystemObject 对象和 Folder 对象都能完成对文件夹的管理工作，但使用 Folder 对象的属性还可以获取文件夹的信息，Folder 对象的属性如表 8.9 所示。

表 8.9　Folder 对象的属性

属　性	描　述
Attributes	设置或返回文件夹的属性（例如，1 表示只读、2 表示隐藏）
DateCreated	返回指定文件夹的创建日期和时间
DateLastModified	返回最后一次修改文件夹的日期和时间
DateLastAccessed	返回最后一次访问文件夹的日期和时间
Drive	返回指定文件夹所在的驱动器符号
Files	返回文件夹中包含的文件的集合
Name	设置或返回指定文件夹的名称
Size	返回以字节为单位的包含在文件夹中所有文件或子文件夹的大小
ParentFloder	返回父文件夹的名称
Path	返回文件夹的路径名
SubFolders	返回包含在文件夹中的子文件夹的集合

表 8.10　管理文件夹的部分方法

任　务	FileSystemObject 方法	Folder 方法
创建一个文件夹	CreatFolder	
删除一个文件夹	DeleteFolder	Delete
移动一个文件夹	MoveFolder	Mov
复制一个文件夹	CopyFolder	Copy
获得当前文件夹的完整路径名称	GetAbsolutePathName	
查找一个文件夹是否在驱动器上	FolderExists	
获得已有 Folder 对象的一个实例	GetFolder	

续表

任 务	FileSystemObject 方法	Folder 方法
找出一个文件夹的父文件夹的名称	GetParentFolderName	
找出系统文件夹的路径	GetSpecialFolder	
创建一个指定的文件并且返回一个用于该文件读写的 TextStream 对象	CreateTextFile	

1. 文件夹和文本文件的创建

使用 FileSystemObject 对象的 CreatFolder 方法可以创建文件夹。

例如，在 C 盘中创建一个文件夹 date，并在其中创建一个文本文件 test.txt。

```
Set fso = CreateObject("Scripting.FileSystemObject")
Set fd = fso.CreateFolder("c:\date")          '在C盘中创建一个文件夹date
Set a = fso.CreateTextFile("c:\date\test.txt", True)
'创建一个文件test.txt,如已存在则覆盖
a.WriteLine ("This is a test.")
a.Close
```

注意 如果要创建的文件夹已存在，则会出错，所在编程时应先判断要创建的文件夹是否已存在，然后再操作。

2. 文件夹的复制、移动、删除

文件夹的复制、移动、删除可以有两种方法：

方法一，使用 FileSystemObject 对象的 CopyFolder 方法、MoveFolder 方法、DeleteFolder 方法。

例如，利用 FileSystemObject 对象的 CopyFolder 方法把 C 盘中的文件夹 date 复制到 D 盘中。

```
Dim fso
Set fso = CreateObject("Scripting.FileSystemObject")
fso.CopyFolder "c:\date", "d:\"
```

方法二，使用 Folder 对象的 Delete 方法、Move 方法、Copy 方法。

例如，利用 Folder 对象的 Copy 方法把 C 盘中的文件夹 date 复制到 D 盘中。

```
Dim fso, fd
Set fso = CreateObject("Scripting.FileSystemObject")
Set fd = fso.GetFolder("c:\date")
fd.Copy  "d:\"
```

3. 获取与文件夹有关的信息

利用 FileSystemObject 对象和 Folder 对象配合使用可以获取关于文件夹的全部信息。编程时先用 FileSystemObject 对象的（GetFloder 方法、CreateFolder 方法）建立一个 Folder 对象的实例，再调用 Folder 对象的属性获取文件夹信息。

例 8.8 读取前面创建在 C 盘中的文件夹 date 的信息。

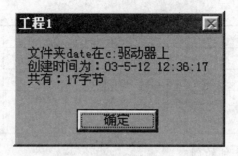

图 8.9　运行结果

程序代码：

```
Private Sub Command1_Click()
    Dim fso, fd, str As String
    Set fso = CreateObject("Scripting.FileSystemObject")
    Set fd = fso.GetFolder("c:\date")
    str = "文件夹" & fd.Name & "在" & fd.Drive & "驱动器上" & vbCrLf
    str = str & "创建时间为: " & fd.DateCreated & vbCrLf
    str = str & "共有: " & fd.Size & "字节"
    MsgBox str
End Sub
```

8.5.4　文件对象

与管理文件夹一样，使用 FSO 对象模型管理文件包括文件的创建、打开、复制、移动、删除及获取与文件有关的信息。FileSystemObject 对象和文件（File）对象都能完成对文件的管理工作，但侧重点有所不同。FileSystemObject 对象使用适当的方法可以完成文件的创建、复制、移动、删除；对文件对象使用适当的方法可以完成文件的复制、移动、删除，同时调用文件对象的属性可获取文件的信息。表 8.11、表 8.12 列出了管理文件可以使用的部分属性和方法。

表 8.11　文件对象的属性

属　性	描　述
Attributes	设置或返回文件的属性（例如，1 表示只读、2 表示隐藏）
DateCreated	返回指定文件的创建日期和时间
DateLastModified	返回最后一次修改文件的日期和时间
DateLastAccessed	返回最后一次访问文件的日期和时间
Drive	返回指定文件所在的驱动器符号
Name	设置或返回指定文件的名称
Size	返回以字节为单位的文件所占的磁盘空间大小
ParentFloder	返回所在的文件夹的名称
Path	返回文件所在的路径
Type	返回文件的类型描述

表 8.12　管理文件的部分方法

任　务	FileSystemObject 方法	File 方法
创建（打开）一个文件	CreateTextFile 或 OpenTextFile	OpenAsTextStream
删除一个文件	DeleteFile	Delete
移动一个文件	MoveFile	Mov
复制一个文件	CopyFile	Copy
获得当前文件的完整路径名称	GetAbsolutePathName	
查找一个文件是否在驱动器上	FileExists	
获得已有 File 对象的一个实例	GetFile	
从一个路径描述中获取文件名称	GetFileName	
返回随机产生的文件名字符串	GetTempName	

1. 文件的创建和打开

FSO 对象模型提供了三种创建和打开文件的方法。

（1）使用 FileSystemObject 对象的 CreateTextFile 方法创建文件

格式：<对象名>.CreateTextFile（<文件名> [，<覆盖否> [，Unicode]]）

功能：创建一个指定文件名的文件，并且返回一个用于对该文件进行读写的 TextStream 对象。

其中

<对象名>：必需的一个 FileSystemObject 对象的名字。

<文件名>：必需的字符串表达式，表示新创建的文件名。

<覆盖否>：当设置为 False 时，表示如果文件存在，新创建的文件不覆盖原文件，否则覆盖原文件。缺省值为 False。当此参数设为 False 时，如果创建的文件已存在，则发生错误，所以使用前要有 FileExists 方法判断文件是否存在。

Unicode：当设为 False 时，表示创建为 ASCII 文件；否则创建 Unicode 文件。缺省值为 False。

例如，下面的代码使用 CreateTextFile 方法创建和打开文本文件。

```
Sub CreateAfile
    Set fs = CreateObject("Scripting.FileSystemObject")
    Set a = fs.CreateTextFile("c:\testfile.txt", True)
'如果c:\testfile.txt已存在，则覆盖原文件
    a.WriteLine("This is a test.")
    a.Close
End Sub
```

（2）使用 FileSystemObject 对象的 OpenTextFile 方法

通常，OpenTextFile 方法是用来打开文件的，但将其参数"<创建否>"设为 True 时，可以创建一个新文件。

格式：<对象名>.OpenTextFile（<文件名> [，<方式> [，<创建否> [，<文件格式>]]]）

功能：打开一个指定文件名的文件，并且返回一个用于对该文件进行读写或追加操

作的 TextStream 对象。

其中

<对象名>：一个 FileSystemObject 对象的名字。

<文件名>：字符串表达式，表示新创建或打开的文件名。

<方式>：可选项，表示输入/输出方式，可选择 1 表示只读打开、2 表示允许写入打开或 8 表示允许追加打开。

<创建否>：当设置为 False 时，表示如果指定文件不存在将不创建文件，设为 True 时，创建一个新文件。缺省值为 False。

<文件格式>：可选项，用于指示文件打开的格式。如果省略，则文件以 ASCII 文件格式打开。

例如：

```
Dim fso, fTextStream
Set fso = CreateObject("Scripting.FileSystemObject")
Set  fTextStream = fso.OpenTextFile("c:\test.txt", 2,True)
'如果c:\test.txt不存在则创建它，并以允许写入的方式打开
fTextStream.Write "Hello world!"
fTextStream.Close
```

（3）使用 File 对象的 OpenAsTextStream 方法

使用 File 对象的 OpenAsTextStream 方法与使用 FileSystemObject 对象的 OpenTextFile 方法可实现相同的功能。

格式：<对象名>.OpenAsTextStream（[<方式> [，<文件格式>]]）

功能：打开一个指定的文件并返回一个 TextStream 对象，该当对象可用来对文件进行读、写、追加操作。

说明：

<对象名>：必需的一个 File 对象的名字。

<方式>：可选项，表示输入/输出方式，可选择 1 表示只读打开、2 表示允许写入打开或 8 表示允许追加打开。

<文件格式>：可选项，用于指示文件打开的格式。如果省略，则文件以 ASCII 文件格式打开。

例如：

```
Dim fso, f, ts
Set fso = CreateObject("Scripting.FileSystemObject")
fso.CreateTextFile "c:\test.txt"
Set f = fso.GetFile("c:\test.txt")
Set ts = f.OpenAsTextStream(2)
ts.Write "Hello World"
ts.Close
```

2. 文件的复制、移动、删除

编程时可选用二类方法完成对文件的复制、移动、删除。

（1）使用 FileSystemObject 对象的 CopyFile 方法、Movefile 方法、DeleteFile 方法

① CopyFile 方法。

功能：把一个或多个文件从一个地方复制到另一个地方。

格式：<对象名>.CopyFile <源文件位置>，<目标位置> [，<覆盖否>]

例如，把文件 c：\test.txt 复制到文件夹 c:\data 中，但前提是必须保证这两者都存在。

```
Dim fso
Set fso = CreateObject("Scripting.FileSystemObject")
fso.copyfile "c:\test.txt", "c:\data\"
```

② Movefile 方法。

功能：将一个或多个文件从一个地方移动到另一个地方。

格式：<对象名>.MoveFile <源文件位置>，<目标位置>

③ DeleteFile 方法。

功能：删除一个指定的文件。

格式：<对象名>.DeleteFile <文件名> [，force]

（2）用 File 对象的 Copy 方法、Move 方法、Delete 方法

① Copy 方法。

功能：将指定的文件或文件夹从某位置复制到另一位置。

格式：<对象名>.Copy <目标位置> [，<覆盖否>]

例如，把文件 c：\test.txt 复制到文件夹 c：\data 中。

```
Dim fso,fo
Set fso = CreateObject("Scripting.FileSystemObject")
Set fo=fso.GetFile("c:\test.txt")
fo.copy "c:\data\"
```

② Move 方法。

功能：将指定的文件或文件夹从某位置移动到另一位置。

格式：<对象名>.Move <目标位置>

③ Delete 方法。

功能：删除指定的文件或文件夹。

格式：<对象名>.Delete [force]

其中，force 可选的。如果要删除具有只读属性设置的文件或文件夹，其值要设为 True。当其值为 False 时（缺省），不能删除具有只读属性设置的文件或文件夹。

3. 文件的读/写

一个文件被打开或新建后，才能使用 TextStream 对象进行文件的读/写操作。TextStream 对象与读/写文件有关的方法如表 8.13 所示。

表 8.13　TextStream 对象与读/写文件有关的方法

方　法	描　述
Read（n）	从文件中读取 n 个字符并返回得到的字符串

续表

方　法	描　述
ReadLine	从文件中读一行（不包括换行符）并返回得到的字符串
ReadAll	读取整个的 TextStream 文件并返回得到的字符串
Write（string）	将字符串 string 写入到文件
WriteLine（string）	将字符串 string 写入到文件并在行尾加上换行符
WriteBlankLins（n）	将 n 个换行符写入到文件

4. 关闭文件

关闭文件由 TextStream 对象打开的文件用 Close 方法。

小　　结

本章首先介绍了文件的概念与分类，文件的操作命令和操作函数的语法格式与功能。重点介绍 Visual Basic 中文件的处理方法。

① 利用传统方法处理顺序文件、随机文件和二进制文件的一些命令与函数，包括文件的建立或打开、文件的读入与写操作及文件的关闭操作。

② 使用内部控件管理文件，包括驱动器列表框、目录列表框和文件列表框的属性和事件及应用举例。

③ 使用文件系统对象（FSO）处理文件，包括文件系统对象（FSO）、驱动器对象（Drive）、文件夹对象（Folder）和文件对象（File）的属性和编程方法。

习　　题

1. 在 C 盘中创建一个顺序文件 BookInfo.txt，并在文件中存入以下五行文本，每行由书名、出版社及单价三个数据项组成：

《汇编语言程序设计》，××出版社，34.80 元

《C++程序设计语言教程》，××大学出版社，25.00 元

《计算机组成原理》，科学出版社，28.00 元

《电路分析》，科学出版社，23.50 元

《微机原理及其应用》，××出版社，30.50 元

然后，打开文件 BookInfo.txt，读出每行中的书名和单价并显示在文本框中。

2. 在 C 盘中建立一个随机文件 BookRec.txt，并写入五条记录，每条记录由上题中每行的书名、出版社、单价三个数据项构成。然后，再打开这个文件，取出由科学出版社出版的书名和单价，并显示在文本框中。

3. 设计一个窗体，运行后的界面如图 8.10 所示。要求在文件列表框中只显示以 txt 为扩展名的文本文件名，要求当用鼠标选定某个文件名时将该文件名连同路径显示在左上角的文本框中，同时文件内容显示在右侧的文本框中（要求中英文文本都能显示）。

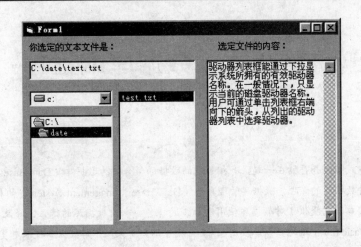

图 8.10 运行界面

4．利用 FSO 对象模型的 FileSystemObject 对象和 Drive 对象，获取 C 盘的总容量及可用磁盘空间大小（以 KB 为单位），显示在窗体上。

5．用 FSO 对象模型的 FileSystemObject 对象和 File 对象，获取习题 1 中所创建的文件 BookInfo.txt 的创建日期及文件大小，并显示在弹出的对话框框中。

第 9 章　数据库编程

本章要点

以一定的方式组织并存储在一起，有相关联的数据的集合称为数据库（Data Base）；由数据库管理系统来实现对数据库的管理；数据库管理系统（Data Base Management System，简称 DBMS）是用户与数据库的接口，它提供了对数据库使用和加工的操作，如对数据库的建立、修改、检索等。

在 Visual Basic 6.0 中编写数据库应用程序，虽然并不需要深入了解数据库技术中复杂的专业知识，但是，关于数据库的一些基础知识还是需要了解的。Visual Basic 可以处理许多外部数据库（由其他数据库软件建立的数据库），如 Access、Excel 等数据库。Visual Basic 6.0 处理的默认数据库是 Access 数据库。本章主要介绍数据库基础知识及 Visual Basic 访问数据库技术；可视化数据管理器在创建和管理数据库中的使用方法；通过数据（Data）控件和数据绑定控件访问数据库；ADO 数据访问技术及 Adodc 控件的使用。

本章难点

- 使用 SQL 语句查询数据库
- 数据控件与数据绑定控件属性、方法的使用
- 利用 ADO 技术访问数据

9.1　数据库基础知识

9.1.1　数据库理论基础知识

数据库的发展过程中诞生了层次型、网状型、关系型数据库。其中，关系型数据库具有更完善的内在机制，它建立在严密的关系代数基础上，可以通过 SQL 标准查询语句实现对数据的操作。自 20 世纪 80 年代以来，关系数据库得到了广泛的应用。包括大型数据库，如 Oracle，SQL Server 数据库都属于关系数据库，常用的 Access、Foxfro 也属于关系数据库。本节主要介绍关系数据库的一些理论知识。

在关系数据库中，将数据存储于一些二维表中，然后通过建立各表之间的关系来定义数据库的结构。

1. 表

表是由相关的数据按行和列的形式组织的二维表。每个表有一个表名。一个数据库中可以有一个或多个表，各表之间存在着某种关系。

例如，名为 test.mdb 的数据库中有以下三个表 student、subject 和 score。

其中，student 表用来存放学生的基本信息，表中每个学生的学号各不相同，表中信息如图 9.1 所示；subject 表用来存放课程号和课程名之间的对应及课程的学时、学分情况，每门课的课程号各不相同，表中信息如图 9.2 所示；score 表用来存放学生各门课程的成绩，每个成绩由学号和课程号惟一决定，表中信息如图 9.3 所示。本章我们将以这三个表作为数据源实例。

Student表

学号	姓名	系别	性别	年龄	籍贯
021001	陆月新	数学系	男	19	浙江
021002	刘豪	数学系	男	20	湖北
021101	何琴	外语	女	20	上海
021102	李敏	外语	女	18	广西
021201	汪国军	计算机系	男	18	湖南
021202	黄亚菲	计算机系	女	19	浙江

图 9.1　数据库 test.mdb 中的 student 表

subject表

课程号	课程名	学时数	学分
s01	听力	64	3
s02	英语	80	5
s03	数据结构	72	4
s04	C语言	72	4
s05	数学分析	90	8
s06	微分方程	64	3

图 9.2　数据库 test.mdb 中的 subject 表

score表

学号	课程号	考试成绩
021001	s05	75
021001	s06	58
021002	s05	90
021002	s06	84
021101	s01	88
021101	s02	92
021102	s01	62
021102	s02	76
021201	s03	68
021201	s04	71
021202	s03	73
021202	s04	80

图 9.3　数据库 test.mdb 中的 score 表

2. 表的结构

每个表由多行和多列构成，表中的每一行称为一个记录，同一个表中不应有完全相同的记录。表中的每一列称为一个字段，每个字段有一个字段名，如 student 表中的“学号”就是一个字段名。每个字段具有相同的数据类型。记录中的某个字段值称为数据项。

字段名称、字段类型、字段长度等要素构成了表的结构。

3. 主键

如果表中的某个字段或多个字段组合能惟一地确定一个记录，则称该字段或多个字段组合为候选关键字。一个数据表中可以有多个候选关键字，但只能有一个候选关键字作为主键。主键必须具有一个惟一的值，且不能为空值。可见，主键是表中记录惟一的标识，用于区分各条记录。如：subject 表中的"课程号"、score 表中的"学号"和"课程号"的组合可作为各自表中的主键。

4. 表间的关联

表与表之间的关系是按照某一个公共字段建立的一个表中记录同另一个表中记录之间的关系，这种关系为一对一（建立在两个表的主键之间）、一对多（或多对一）、多对多关系。常用的是一对多（可多对一）关系。如 student 表和 score 表可通过公共字段"学号"构成表和表间的一对多关联；subject 表和 score 表可通过公共字段"课程号"构成表和表间的一对多关联。

建立表之间的关联的作用主要是能够提供参照完整性约束，保证相关表中记录的完整性。

5. 索引

为了加快检索速度，可对某个字段或字段表达式建立索引。在一个表中可以建立多个索引，但只能有一个主索引，主索引的索引字段值在整个表中不允许出现重复。

通常，对一般字段不需建立索引，只有某个字段中的数据需经常被查询时，才需要对它创建索引。由于索引本身需占用磁盘空间，并且降低添加、删除和更新记录的速度。因此，对某个字段是否要建立索引，应根据需要而定。

9.1.2   VB 数据库访问技术的发展

1. 客户/服务器的概念

Visual Basic 是用来开发客户/服务器数据库应用程序的理想工具。使用客户机/服务器模式是当今数据库开发的主流。客户机/服务器模式是从模块化程序设计的基础上发展而来的，但是它把以往那种基于模块设计思想更推进了一步，它允许模块可以不在同一个存储空间中运行。在这种体系结构中，调用模块就成为客户（Client）的一个请求，而被调用的模块就为服务器（Server）提供服务。

客户机/服务器的逻辑扩展是让客户程序和服务器程序各自运行于相应的硬件和软件平台上，它们各负其责，相互协同地为同一个应用服务。在实际应用中，应把数据库的前端应用放在客户机上，而后端的数据库管理系统（DBMS）放在服务器上。处于前端的客户机通常用来管理整个系统的用户接口，检查用户输入数据的有效性并向后端的服务器发送请求，有时还执行一些逻辑上的运算。而位于后端的服务器则接受客户端的请求，执行数据库的查询和更新等操作，集中地管理数据，并对客户端的请求及时地作出响应。

2. 数据访问对象模型

在 Visual Basic 6.0 中，要对数据库进行访问，需要通过数据访问对象进行，Visual Basic 6.0 的数据访问对象有以下三种。

DAO（Data Access Object，数据访问对象）

RDO（Remote Data Object，远程数据对象）

ADO（ActiveX Data Object，ActiveX 数据对象）

其中，ADO 是最新的一种数据访问对象，它的使用更加简单、灵活。

DAO 是 VB 最初、最古老的数据访问方式，它能用于两类不同的数据库环境：第一类是单一索引序列数据库；第二类是客户机/服务器型的 ODBC（Open DataBase Connectivity，开放数据库互连）数据库。DAO 提供了两种类型来支持数据库。

① 通过 Microsoft 的 Jet 数据库引擎来操作本地的数据库，如 FoxPro、DBase 等。

② 通过使用 ODBCDirect 来访问 ODBC 数据库。如 Access、SQL Server、Oracle 等。

DAO 比较适用于单系统应用程序或小范围的本地分布系统。

RDO 提供了一个抽象的层面，直接与 ODBC API 相连接，也就是 ODBCDirect 接口，它可以通过 ODBC 底层存取功能来灵活机动地存取数据库中的数据，RDO 还提供了用来访问存储过程和复杂结果集的更多和更复杂的对象、属性和方法。由于 DAO 直接与数据库服务器联系，所以它比较适合于客户机/服务器方式。

ADO 是 DAO、RDO 的后继产物，它扩展了 DAO 的 RDO 所使用的对象模型。它对数据源的访问是通过 OLE DB 实现的，ADO 是一种面向对象、与语言无关的应用程序编程接口，有多种程序设计语言都支持 ADO，如 Visual Basic，Visual C++，Visual J++ 等。

3. 结构化查询语言（SQL）

建立数据库的目的是为了有效地利用数据，在众多的数据中提取人们最感兴趣的信息。而提取信息最有效的工具之一就是结构化查询语言 SQL（Structured Query Language）。人们利用 SQL 对数据库进行"提问"，而数据库则给予满足提问条件的"回答"。SQL 语法规定了"提问"的方法、条件的表述方法等，并指出数据库所给予的"回答"应放在何处。SQL 可实现对数据库的检索、排序、统计、修改等多种操作。例如下面的 SQL 语句：

```
Select student.姓名,subject.课程名,score.考试成绩 _
From score,student,subject _
Where (student.性别 = '男' ) And score.学号=student.学号 And score.课程号
=subject.课程号
```

本例用 SQL 实现了三表联合查询，查询条件是"student.性别='男'"，关系是"score.学号=student.学号 And score.课程号=subject.课程号"，查询内容是"student.姓名，subject.课程名，score.考试成绩"。运行结果如图 9.4 所示。

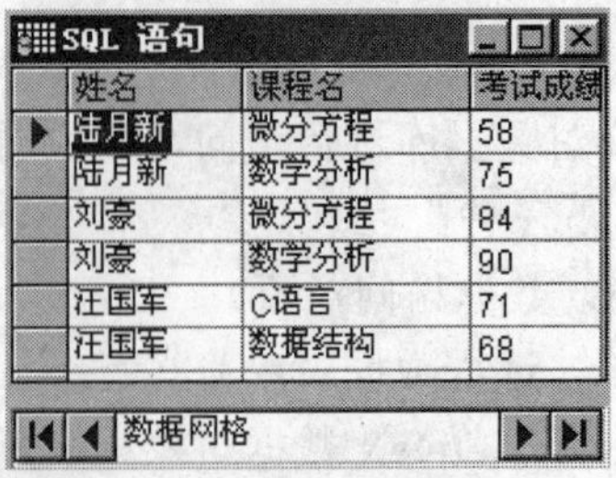

图 9.4 SQL 语句执行结果

9.2 可视化数据管理器

在 Visual Basic 中提供了一个非常方便的数据库操作工具，即可视化数据管理器（Visual Data Manager），使用可视化数据管理器可以方便地建立数据库、添加表，对表中记录进行修改、添加、删除、查询等操作。

9.2.1 新建数据库

在 Visual Basic 集成开发环境中单击"外接程序"菜单下的"可视化数据管理器"命令，可以启动可视化数据管理器"VisData"窗口。

首先，选择"文件"菜单中的"新建"菜单项，在下一级菜单中选择要建立的数据库类型，如选择"Microsoft Access"再从子菜单中选择"Version 7.0 MDB"，如图 9.5 所示。

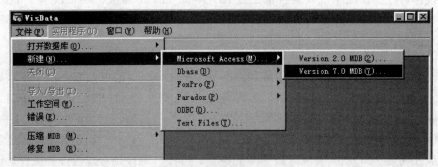

图 9.5 新建数据库

在打开的对话框中选择要建立的数据库所在的文件夹和数据库文件的名称，单击"保存"按钮保存数据库。

9.2.2 打开数据库

如果要打开一个已存在的数据库，可在可视化数据管理器窗口中的"文件"菜单的"打开数据库"子菜单中选择"Microsoft Access"，将显示"打开 Microsoft Access 数据库"对话框。在对话框中选择要打开的数据库（如选择 test.mdb 数据库），单击"打开"按钮即可打开 test.mdb 数据库，如图 9.6 所示。

其中，在已打开的数据库 test. mdb 中有三个表：score 表、student 表、subject 表。

student 表包含"学号"、"姓名"等六个字段。

9.2.3　添加表

通常在一个数据库中都应有一个或多个表，建好数据库后就可以向其中添加表，也可以在一个数据库中增加新表。一个新表的建立包括对表中各个字段的定义、表中索引的定义。

在"VisData"窗口的子窗口"数据库窗口"中单击鼠标右键，在弹出的快捷菜单中选择"新建表"选项，打开"表结构"对话框，如图 9.7 所示。可以使用这个对话框创建表或查看、修改表结构。

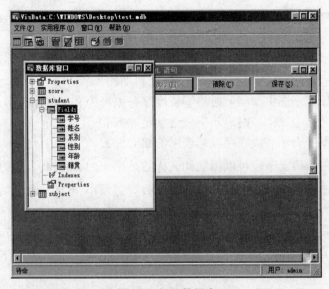

图 9.6　打开数据库

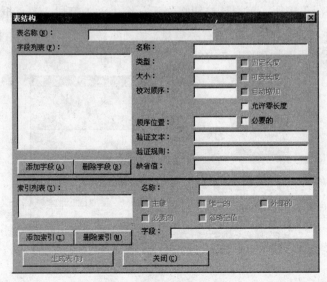

图 9.7　"表结构"对话框

图 9.7 所示对话框中各项含义简述如下。

① 表名称：为新建的表或当前表的名称。"表名称"一项必须输入，每个表应有一个名称。如输入"score"。

② 字段列表：显示当前表中已经包含的字段名。

③ 名称：显示或修改当前在字段列表中被选择的字段的名称。

④ 类型：显示当前在字段列表中被选择的字段的类型。

⑤ 大小：显示当前在字段列表中被选择的字段的最大长度。

⑥ 固定长度：选中（√）时表示当前的字段长度是固定的，本选项只对 Text 类型的字段起作用。

⑦ 可变长度：选中（√）时表示当前的字段长度是可变的，本选项只对 Text 类型的字段起作用。

⑧ 自动增加：对于类型为 Long 的字段，如果选择该选项（√），当向表中添加新记录时，本字段内容会在上一条记录的基础上自动加 1。

⑨ 允许零长度：选中（√）时将零长度字符串视为有效的字符串。

⑩ 必要的：选中（√）时表示字段必须是非 Null 值。

⑪ 顺序位置：表示字段在字段列表中的相对位置。

⑫ 验证规则：确定字段可以添加什么样的数据。如 student 表中的"年龄"字段的"验证规则"中输入"＜25"表示输入的"年龄"必须小于 25，而"＞18 And＜20"表示"年龄"必须在 18 到 20 之间。

⑬ 验证文本：用户输入的字段值无效时，应用程序将显示作为错误提示的消息文本。如在 student 表中的"年龄"字段的"验证文本"中输入"你输入的年龄超出规定值，请重新输入！"。

⑭ 缺省值：如果不输入该字段内容，则使用该缺省值作为默认的字段内容。

⑮ "添加字段"按钮：单击该按钮将显示一个"添加字段"对话框。如图 9.8 所示。在该对话框中输入新添加的字段的有关信息，如新字段的名称、类型、长度等。单击"确定"按钮后将新字段添加到图 9.7 中的"字段列表"中。

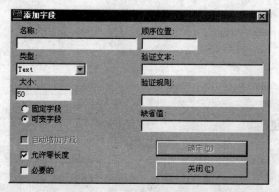

图 9.8　"添加字段"对话框

⑯ "删除字段"按钮：单击该按钮删除当前在字段列表中被选中的字段。

"表结构"对话框的下半部分用于设置或显示当前表的索引信息。各项含义如下。

① 索引列表：列出当前已经建立的索引。

② 名称：表示索引名，用于显示或修改索引名。

③ 主键：选中（√）时表示当前索引为表的主索引。一个表只能有一个主索引。主索引的字段值应是惟一的，且不能为空值。

④ 唯一的：选中（√）时表示当前索引字段应具有惟一的值，各条记录中该字段值不能有相同。

⑤ 外部的：选中（√）时表示当前索引字段是表的外部键。

⑥ 必要的：选中（√）时表示索引必须是非 Null 值。

⑦ 忽略空值：选中（√）时表示含有 Null 值的字段不包括在索引之中。

⑧ "添加索引"按钮：单击该按钮显示"添加索引"对话框，如图 9.9 所示。在该对话框中定义新索引的名称。从可用字段列表中选择索引字段名，对于主索引，应选择"主要的"和"唯一的"，单击"确定"按钮将新索引添加到图 9.7 中的索引列表中，而在该对话框中定义的索引信息也显示在图 9.7 中的索引列表的右侧。

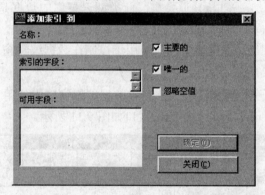

图 9.9　"添加索引"对话框

⑨ "删除索引"按钮：单击该按钮删除在索引列表中选中的索引。

⑩ 字段：显示当前索引字段。

完成各字段的定义并添加完索引之后，单击图 9.7 "表结构"对话框中的"生成表"按钮，就在数据库中添加了一个新的表。

如果要修改表的结构，可在"VisData"窗口的子窗口"数据库窗口"中要修改的表名上单击鼠标右键，从快捷菜单中选择"设计"命令，打开"表结构"对话框，在该对话框中可以进行修改表名称、修改字段名、添加与删除字段、修改索引等操作。

9.2.4　数据的增加、删除、修改

完成表结构的建立或修改后，就可以向表中添加数据了。在开始添加数据之前，应首先明确记录集（Recordset）的类型和数据的显示方式，通过 VisData 窗口的工具栏可以设置。VisData 窗口的工具栏如图 9.10 所示。

图 9.10　VisData 窗口的工具栏

1. 数据管理器窗口工具栏介绍

在 VisData 窗口中，工具栏分为三组：记录集类型按钮组、数据显示按钮组、事务方式按钮组。

① 记录集类型按钮组：VisData 使用记录集（Recordset）对象来访问数据库中的记录，记录集对象是指来自基本表或查询结果的记录集。VisData 允许访问三种类型的记录集：表类型（Table）、动态集类型（Dynaset）和快照类型（Snapshot）。数据管理器窗口的工具栏提供了三个按钮，用于设定访问的记录集的类型。

　：表类型（Table）记录集，以这种方式打开的记录集直接对应于表中的数据，对记录集所进行的增加、删除、修改等操作都将直接更新表中的数据，因此，具有较好的更新性能。

　：动态集类型（Dynaset）记录集，动态集总是由表或查询返回的数据组成的记录集，对动态集所进行的增加、删除、修改等操作都先在内存中进行，具有较大的操作灵活性。

　：快照类型（Snapshot）记录集，此类型记录集的数据是由表或查询返回的数据组成，且仅供读取，不能修改，具有较快的显示速度。

② 数据显示按钮组：数据显示按钮组用于控制在数据编辑窗口中显示数据的形式。各按钮功能如下：

　：在新窗体上使用 Data 控件。可在数据编辑窗口中使用 Data 控件来控制记录集的滚动。打开 student 表后的数据编辑窗口如图 9.11 所示。

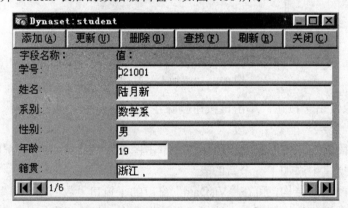

图 9.11   在新窗体上使用 Data 控件

　：在新窗体上不使用 Data 控件。在数据编辑窗口中不使用 Data 控件，但可使用滚动条来控制记录集的滚动。打开 student 表后的数据编辑窗口如图 9.12 所示。

　：在新窗体上使用 DBGrid 控件。在数据编辑窗口中使用 DBGrid 控件显示数据。打开 student 表后的数据编辑窗口如图 9.13 所示。

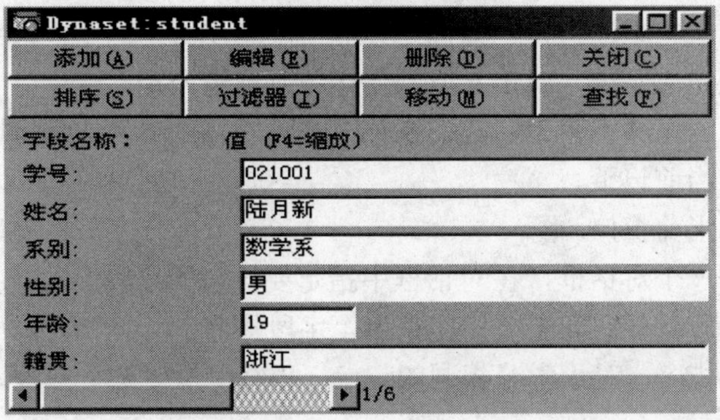

图 9.12 在新窗体上不使用 Data 控件

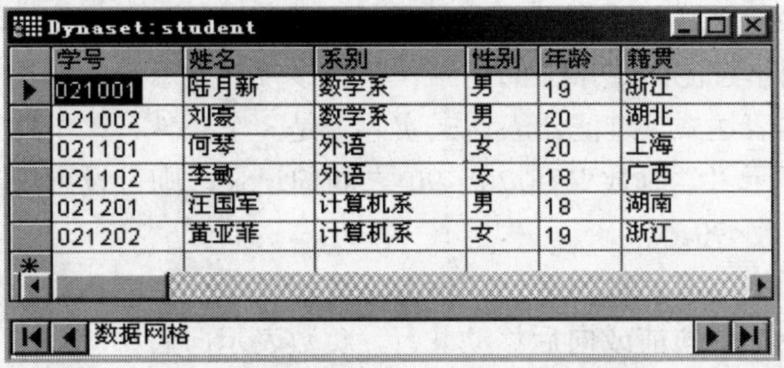

图 9.13 在新窗体上使用 DBGrid 控件

③ 事务方式按钮组：所谓事务是指对数据库的数据所做的一系列改变。

：开始事务。开始一个新的事务。

：回滚当前事务。撤消自开始事务以来所做的一切改变。

：提交当前事务。确认自开始事务以来对数据库所做的修改，原有数据将不能恢复。

2. 数据的增加、删除、修改

假设在工具栏选择"动态集类型记录集"按钮，并选择"在新窗体上不使用 Data控件"。在"数据库窗口"中用鼠标右键单击表名 subject，在快捷单中选择"打开"命令，打开 Dynaset（动态集）窗口，如图 9.14 所示。在该窗口中进行记录的添加、删除和编辑等操作。窗口中各按钮功能如下。

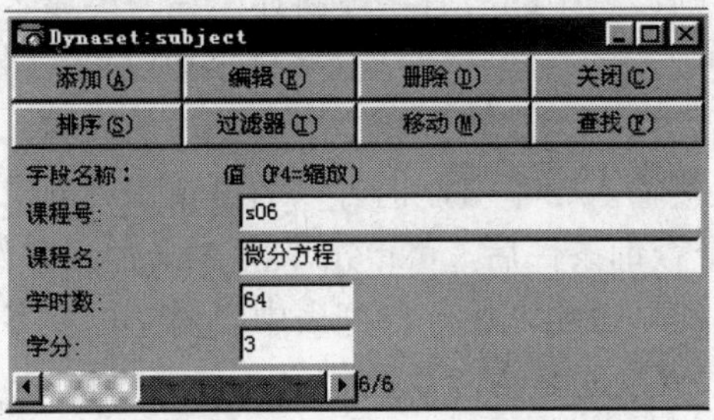

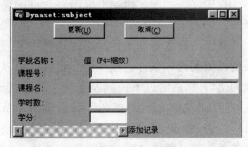

图 9.14 打开的新窗口　　　　图 9.15 单击"添加"按钮后弹出的窗口

"添加"：打开一个添加窗口，如图 9.15 所示。在该窗口中输入要添加的记录内容，单击"更新"按钮完成添加，单击"取消"按钮则取消添加。

"编辑"：打开一个编辑窗口，与图 9.15 类似。在窗口中可以编辑当前记录。

"删除"：删除当前记录。

"关闭"：关闭当前窗口。

"排序"：打开一个对话框，在对话框中指定要排序的字段名称，单击"确定"后，记录集按指定的字段排序。如果要指定按多个字段排序，可以指定一个字段表达式。例如，要按"学分"排序，对于学分相同的记录，再按"学时数"排序，则字段表达式可以写成：学分+学时数。

注意　用 "+" 连接的字段名通常要求具有相同的类型，排序只影响记录在当前窗口的显示次序，不影响原始表中的次序。

"过滤器"：用于过滤满足条件的记录。单击该按钮显示一个对话框，可给当前记录集设置一个过滤器表达式。过滤器表达式实际上是一个条件，该条件用来筛选要显示的记录。如：要求显示"学时数"在 70～90 之间的记录，则可设置过滤器表达式为：学时数>70 and 学时数<90。

"移动"：用于将当前记录的定位。单击该按钮显示一个"移动"对话框，在对话框中可以指定在记录集中向前或向后移动几行，负数表示向后移动。当记录集中的记录较多时，可以通过"移动"功能快速定位到某一记录。

"查找"：用于查找满足条件的记录。单击该按钮显示一个"查找记录"对话框，在该对话框可以设置查找条件，以便快速定位。

9.2.5　数据的查询

访问数据库时，一般都牵涉到数据的查询。在 VisData 窗口对数据库中数据的查询可以有两种方法：使用查询生成器和直接使用 SQL 语句。

1. 使用查询生成器

利用可视化数据管理器中的"查询生成器"可以很方便地建立查询、执行查询和保存 SQL 查询语句。建立查询的具体步骤如下：

打开 VisData 窗口的"实用程序"菜单，选择"查询生成器"命令，打开"查询生成器"对话框。如图 9.16 所示。

首先，在"表"列表中单击要查询的表，则该表中的所有字段将显示在"要显示的字段"列表中，从列表中单击要在查询结果中显示的字段，可选择多个字段。

其次，设置查询条件。通过选择"字段名称"、"运算符"和"值"三项的内容，构成所需要的查询条件。在"值"设置处可以直接输入一个值，也可以通过单击"列出可能的值"，然后通过下拉列表选择。设置完一个查询条件后，可单击"将 And 加入条件"或"将 Or 加入条件"按钮，将当前条件添加到下面的"条件"列表中。对于需要多个条件的查询，选择"将 And 加入条件"表示条件之间是"与"的关系，选择"将 Or 加入条件"表示条件之间是"或"的关系。在如图 9.16 所示的例子中，设置好的查询条件有两个：student.性别= '女' 及 student.系别= '计算机系'，它们的组合关系是 And。

　　如果要多表联合查询，首先在"表"列表中选择所需的多个表，则在"要显示的字段"列表中会列出所有被选中的表的所有字段；单击"设置表间联结"按钮，打开"联结表"对话框，在对话框中定义表间两两联结的字段。

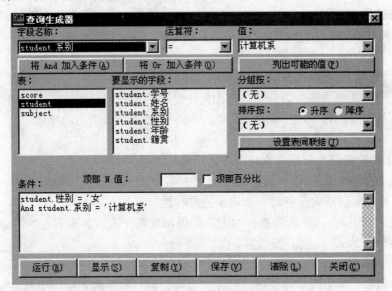

图 9.16　"查询生成器"对话框

　　"查询生成器"对话框底部各按钮的作用如下。

　　① "运行"：查看查询结果。单击该按钮会打开一个对话框，询问"这是 SQL 传递查询吗？"，回答"否"后显示查询结果。

　　② "显示"：显示所生成的 SQL 查询语句。如图 9.17 所示。

图 9.17　显示 SQL 查询语句

　　③ "复制"：将当前建立的查询复制到 SQL 窗口。

　　④ "保存"：把生成的 SQL 查询语句按指定的名称保存。

　　⑤ "清除"：清除所有设置，回到初始状态。

　　⑥ "关闭"：关闭"查询生成器"。

2. 直接使用 SQL 语句

　　使用"查询生成器"生成 SQL 语言不用手工书写，简捷、方便、可靠，但是其功能仅局限于自动生成 SQL 查询语句。实际上，查询功能只是 SQL 的一部分，利用 SQL 可以建立表、修改表结构以及对数据库数据进行增、删、改、排序、统计等操作。我们可以直接在"SQL 语句"窗口或代码中输入 SQL 语句来实现各种功能。这里仅介绍几种 SQL 语句的简单形式，详细内容可参阅相关资料。

（1）Select 语句

Select 语句是 SQL 的核心所在，它用来实现对表或视图中数据的查询，并以记录形式返回查询结果。

格式：Select [ALL | DISTINCT] <字段名列表> From <表名列表>
　　　　[Where <条件表达式>]
　　　　[Order By <排序字段> [ASC | DESC]，…]

上述格式仅列出其中一部分最简单、常用的语法格式。

功能：从指定的表中选出满足条件的记录，记录中包含指定的字段。

说明：

① ALL：缺省值，显示查询结果中的所有记录。

② DISTINCT：在显示查询结果中如果有多个相同的记录，只取其中一个。使用 DISTINCT 可以保证查询结果每一条记录的惟一性。

③ <表名列表>：指出所要查询的表，可以指定多个表，各表名之间用逗号隔开。

④ <条件表达式>：指出查询的条件。

⑤ <字段名列表>：指明要在查询结果中包含的字段名，各字段名之间用逗号隔开，如果是多表查询，则字段名前要指出所在的表名，表名和字段名间用小数点符号（.）连接。如果选择所有字段，则不用一一列出字段名，只需写成：<表名>.*。

⑥ <排序字段>：将查询结果按该字段排序。

⑦ ASC、DESC：ASC 指定按升序排序，DESC 指定按降序排序。缺省值为升序。

例如，在前述的 test.mdb 中，要求查询计算机系学生的姓名、性别、课程名及各科成绩，并按成绩升序排序，用 SQL 语句可写成：

```
Select student.姓名,student.性别,subject.课程名,score.考试成绩 _
From score,student,subject _
Where (student.系别 = '计算机系' ) And score.学号=student.学号 _
      And score.课程号=subject.课程号 _
Order By score.考试成绩
```

执行结果如图 9.18 所示。

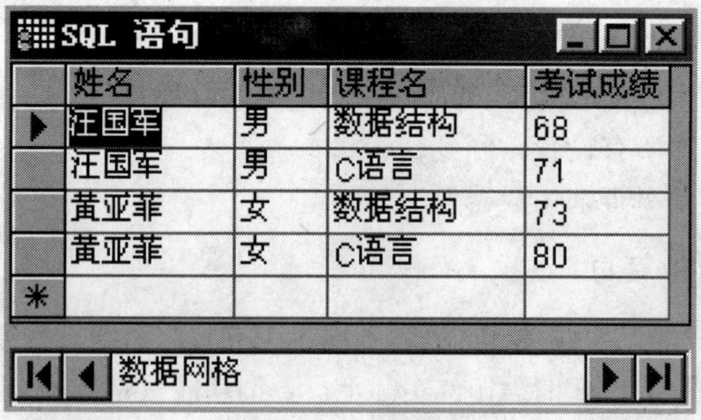

姓名	性别	课程名	考试成绩
汪国军	男	数据结构	68
汪国军	男	C语言	71
黄亚菲	女	数据结构	73
黄亚菲	女	C语言	80

图 9.18　SQL 语句执行结果

（2）Insert Into 语句

使用 Insert Into 语句可以向表中插入一条记录。

例如，向 score 表中插入一条记录：学号、课程号、考试成绩分别为'021202', 's02', 86，即黄亚菲，英语成绩 86。可用如下语句实现：

Insert Into score values（'021202', 's02', 86）

（3）Delete 语句

使用 Delete 语句从一个或多个表中删除指定的记录。

例如，删除由上例中插入的记录，可用如下语句实现：

`Delete From score Where学号='021202' And课程号='s02'`

（4）Update 语句

使用 Update 语句可以更改表中一个或多个记录的字段数据。

例如，为 student 表中每人的年龄加 1。可用如下语句实现：

`Update student Set年龄=年龄+1`

如果要把 student 表中的姓名"李敏"改为"李一敏"，则可用以下语句：

`Update student Set 姓名='李一敏'Where 姓名='李敏'`

9.2.6　数据窗体设计器

为了使数据库中的数据或查询结果显示在窗体上，我们必须设计输出界面。事实上，使用数据窗体设计器可以很容易地创建数据窗体作为输出界面，并把它们添加到当前的工程中，大大减化了界面设计的工作量。在可视化数据管理器中，选择"实用程序"菜单下的"数据窗体设计器"命令，打开"数据窗体设计器"对话框。如图 9.19 所示。

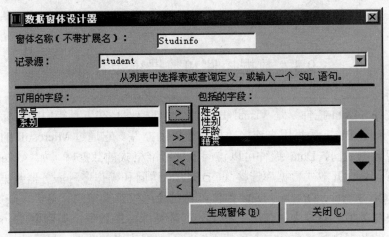

图 9.19　"数据窗体设计器"对话框

对话框中各选项作用如下。

① 窗体名称：设置要添加到当前工程中的窗体的名称。Visual Basic 在输入的窗体名称前自动加上"frm"作为实际生成的窗体名称。

② 记录源：选择用于创建窗体所需要的记录源。在下拉列表中列出了当前可用的所有表名和查询名，用户可以从该列表选择一个表或查询，也可以直接输入一个新的

SQL 查询语句作为记录源。

③ 可用的字段：列出指定的记录源上的所有可用的字段。

④ ">" 按钮：将选择的字段从 "可用的字段" 列表移到 "包括的字段" 列表。

⑤ ">>" 按钮：将 "可用的字段" 列表中的所有字段移到 "包括的字段" 列表。

⑥ "<<" 按钮：将 "包括的字段" 列表中的所有字段移到 "可用的字段" 列表。

⑦ "<" 按钮：将选择的字段从 "包括的字段" 列表移到 "可用的字段" 列表。

⑧ 包括的字段：列出要在窗体上包含的字段。通过单击列表右侧的黑色三角形按钮可以调整列表中字段的顺序，列表顺序决定了字段在输出的数据窗体上的显示次序。

例如，我们选择 student 表作为数据源，选择其中的姓名、性别、年龄、籍贯作为输出字段。

如图 9.19 所示，单击 "生成窗体" 按钮，则在当前工程中自动生成一个名为 frmStudinfo 的窗体，观察 frmStudinfo 窗体的代码模块，可以看出 Visual Basic 已经为该窗体模块自动编写了一些代码。如将 frmStudinfo 窗体设置为工程的启动对象，运行工程后输出界面如图 9.20 所示。

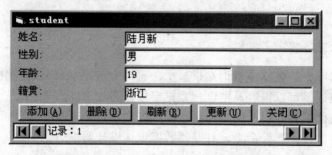

图 9.20　frmStudinfo 窗体的运行后的界面

9.3　数据控件和数据绑定控件

数据控件（Data 控件）是 Visual Basic 的内部控件，在工具箱中的图标为 "▣"。该控件是 Visual Basic 最早用来连接数据库数据的控件。它通过 Microsoft 的 Jet 数据库引擎来实现数据访问，Data 控件可以访问多种标准格式的数据库，如 Access、FoxPro 等，它还可以通过开放式数据库连接（ODBC），访问和操作多种服务器数据库，例如，Microsoft SQL Server、Oracle。Data 控件可通过使用三种类型的记录集（表类型、动态集类型和快照类型）对象中的任何一种来访问数据库中的数据。但利用 Data 控件虽能对数据库中的数据进行操作，它本身却不能显示数据库中的数据，显示数据的工作需要由数据绑定控件来实现。在 Visual Basic 中可有多种控件可以充当数据绑定控件，具体将在 9.3.3 节中介绍。数据绑定控件作为界面，数据控件作为访问接口，数据库作为提供数据的数据源。

9.3.1　数据控件

数据控件的常用属性、事件和方法。

1. 属性

① Connect 属性：返回或设置连接的数据库来源。如"Access"、"Excel 8.0"等。

② DatabaseName：返回或设置 Data 控件的数据源（通常是数据库）的名称及位置。

③ RecordSource 属性：返回或设置 Data 控件的记录的来源，可以是表名称、SQL 查询语句或是一个查询名。

④ BOFAction 属性：返回或设置一个值，指示当 BOF 属性为 True 时 Data 控件的行为。有两种选择：0-Move First 为缺省设置，将第一个记录作为当前记录；1-BOF 时将当前记录位置定位在第一个记录之前，即记录集的 BOF 为 True。

⑤ EOFAction 属性：返回或设置一个值，指示在 EOF 属性为 True 时 Data 控件的行为。有三种选择：0-Move Last 为缺省设置，最后一个记录为当前记录；1-EOF 时将当前记录位置定位在最后一个记录之后，即记录集的 EOF 为 True；2-AddNew 表示如果当前记录指针移过最后一个记录，则自动添加一个新记录。

⑥ ReadOnly 属性：返回或设置一个值，确定数据库数据是否为只读。如果设置为 True，则不允许对数据进行修改；如果设置为 False（缺省设置），则允许修改数据。

⑦ RecordsetType 属性：返回或设置一个值，指出由 Data 控件创建的 Recordset 对象的类型。有以下三种设置：

0-Table 表示一个表类型记录集；1-Dynaset 表示一个动态类型记录集，缺省设置；2-Snapshot 表示一个快照类型记录集。

2. 方法

① UpdateControls 方法：将被绑定控件的内容恢复为其原始值，等效于用户更改了数据之后决定取消更改。

② UpdateRecord 方法：将被绑定控件的当前值保存到数据库中。

3. 事件

① Error 事件：通常是在代码运行中出现错误时触发该事件，如果未对 Error 事件编写事件过程，Visual Basic 将显示与该错误相关的信息。

注意　出现在 Form_Load 事件之前的错误是不可捕获的，也不会触发 Error 事件。例如，在设计时如果将数据控件的属性设置为指向一个不知名的数据库表，就会发生一个不可捕获的错误。

② Reposition 事件：当一条记录成为当前记录之后触发该事件。Recordset 对象中的第一条记录成为当前记录，这时会触发 Reposition 事件，无论何时只要用户单击 Data 控件上的某个按钮，或进行记录间的移动，或使用了某个 Move 方法（如 MoveNext）、Find 方法（如 FindFist）或任何其他改变当前记录的属性或方法，均会触发 Reposition 事件。

③ Validate 事件：当一条记录成为当前记录之前触发。使用 Delete、Unload 或 Close 操作之前会触发该事件。

9.3.2 Recordset 对象的属性与方法

Data 控件的 Recordset 对象是一组与数据库相关的逻辑记录集合，它的数据来源既可以是数据表，也可以是来自 SQL 查询语句，Data 控件是通过 RecordSource 属性获得 Recordset 对象。Recordset 对象和其他对象一样，也有其属性和方法，使用这些属性和方法可以直接获取记录信息或记录进行操作。

1. 属性

① AbsolutePosition 属性：指定 Recordset 对象当前记录的序号位置。第一条记录的 AbsolutePosition 值为 0。

② Bookmark 属性：返回惟一标识 Recordset 对象中当前记录的书签，或者将 Recordset 对象的当前记录设置为由有效书签所标识的记录。

使用 Bookmark 属性可保存当前记录的位置并随时返回到该记录。书签只能在支持书签功能的 Recordset 对象中使用。

打开 Recordset 对象时，其每个记录都有惟一的书签。要保存当前记录的书签，请将 Bookmark 属性的值赋给一变量，移动到其他记录后要快速返回到该记录，再将该 Recordset 对象的 Bookmark 属性设置为该变量的值。

③ BOF、EOF 属性：如果当前记录位于 Recordset 对象的最后一个记录之后，则 EOF 值为 True，否则为 False。如果当前记录位于 Recordset 对象的第一个记录之前，则 BOF 值为 True，否则为 False。

使用 BOF 和 EOF 属性可确定 Recordset 对象是否包含记录，也可以判断 Recordset 对象所指定的记录集的边界。

④ RecordCount 属性：指示 Recordset 对象中记录的总数，返回类型为长整形。

⑤ NoMatch 属性：指示当使用 Seek 方法或 Find 方法进行查找时，是否找到匹配的记录。当找到指定的记录时，返回值为 True，否则返回值为 False。

⑥ Fields 属性：Recordset 对象的 Fields 属性是一个集合，该集合包含 Recordset 对象的所有 Field（字段）对象。每个 Field 对象对应于 Recordset 中的一列。使用 Field 对象的 Value 属性可设置或返回当前记录的数据。

例如：

Data1.Recordset.Fields（"学号"）.Value 表示当前记录中"学号"字段的内容。

Data1.Recordset.Fields（0）.Value 表示当前记录中第一个字段的内容。

Data1.Recordset.Fields（1）.Value 表示当前记录中第二个字段的内容。依次类推。

⑦ Index 属性：设置或返回表类型记录集中的当前索引名称，该索引名称必须是已经定义的一个索引。设置或返回的值为字符串类型。

2. 方法

MoveFirst、MoveLast、MoveNext、MovePrevious 方法：这些方法用于移动当前记录指针。

MoveFirst：将当前记录指针移到第一条记录。

MoveLast：将当前记录指针移到最后一条记录。

MoveNext：将当前记录指针移到后一条记录。

MovePrevious：将当前记录指针移到前一条记录。

注意 如果编辑了当前记录，要保证在移动到另一记录之前，先使用 Update 方法保存修改的内容；如果没有更新就移到另一记录。则所做的修改将丢失，并且没有警告。

如果第一条记录是当前记录，这时使用 MovePrevious，BOF 属性被设为 True，并且没有当前记录；如果再次使用 MovePrevious，则产生错误，EOF 仍为 True。

同样，如果最后一条记录是当前记录，这时使用 MoveNext，EOF 属性被设为 True，并且没有当前记录；如果再次使用 MoveNext，则产生错误，EOF 仍为 True。

① Move 方法：将当前记录向前或向后移动指定的条数。使用格式为：

Move N

N 为正数时表示向后移动，N 为负数时表示向前移动。

② Update 方法：保存对 Recordset 对象的当前记录所做的所有更改，即把更改结果存储到数据库文件中。

③ AddNew 方法：在记录集中添加一条新记录。在调用 AddNew 方法后，新记录将成为当前记录，通过 Update 方法可以将该记录存储到数据库文件中。

④ Delete 方法：删除当前记录。删除当前记录后，在移动到其他记录之前已删除的记录将保持为当前状态，记录指针不会自动移到下一条记录上。一旦离开已删除记录，则无法再次访问它。

⑤ Edit 方法：允许对当前记录进行修改。在对当前记录内容进行修改之前，需要使用该方法使记录处于编辑状态，修改后通过 Update 方法可将当前记录存储到数据库文件中。

⑥ FindFirst、FindLast、FindNext、FindPrevious 方法：使用 Find 方法可以在指定的 Dynaset 或 Snapshot 类型的 Recordset 对象中查找与指定条件相符的记录，使之成为当前记录。如果要在表类型记录集中查找，要使用 Seek 方法。

FindFirst〈条件字符串〉：在记录集中查找满足条件的第一条记录。

FindLast〈条件字符串〉：在记录集中查找满足条件的最后一条记录。

FindNext〈条件字符串〉：在记录集中从当前记录开始查找下一条满足条件的记录。

FindPrevious〈条件字符串〉：在记录集中从当前记录开始查找上一条满足条件的记录。

其中，〈条件字符串〉是指一个包含条件的字符串。当查找到满足条件的记录之后，找到的记录成为当前记录，且 NoMatch 属性值为 False；如果没找到，当前记录保持在使用该 Find 方法之前的那条记录上，且 NoMatch 属性值为 True。

⑦ Seek 方法：Seek 方法用于在表类型的记录集中查找满足条件的记录，使用 Seek 方法之前必须先打开表的索引，要查找的内容为索引字段的内容。使用格式为：

Recordset.seek〈比较字符〉为字符串类型，可以是<、<=、=、>=、>之一，可以有多个关键字，分别对应于当前索引字段。

注意 Seek 总是在当前记录集中找出满足条件的第一条记录，所以，如果在同一个记录集中多次使用同一个 Seek 方法，那么找到的总是同一条记录。

9.3.3　数据绑定控件

在 Visual Basic 中，数据控件本身不能直接显示记录集中的数据，必须通过能与它绑定的控件来实现，可以和数据控件绑定的有文本框（TextBox）、标签（Label）、图片框（PictureBox）、图像框（Image）、列表框（ListBox）、组合框（ComboBox）、复选框（CheckBox）等内部控件，以及表（MSFlexCrid）、数据列表（DataList）、数据网络（DataGrid）等 ActiveX 控件。一旦实现了和数据控件的绑定，则无需编写代码就能把数据控件获得的数据记录集显示出来，并加以编辑。

事实上，在 9.2.6 节中通过数据窗体设计器自动生成的窗体（图 9.20frmStudinfo 窗体）中就是使用了数据控件绑定控件——文本框（TextBox）。

数据绑定控件是通过设置 DataSource 属性和 DataField 属性实现绑定，所以，必须首先在设计或运行时设置控件的这两个属性。

① DataSource 属性：返回或设置一个数据源，通过该数据源，数据绑定控件被绑定到一个数据库。

② DataField 属性：返回或设置数据绑定控件将被绑定到的字段名。

例 9.1　如图 9.21 设计用户界面，主要控件的名称、属性及属性值如表 9.1 所示。利用 Data 控件访问 student 表，把 student 表中的字段"学号"、"姓名"、"性别"、"年龄"、"籍贯"和"系别"分别绑定在文本框控件 Text1～Text6，设置四个 Command 按钮"添加记录"、"删除记录"、"确认"、"取消"作为添加记录和删除当前记录的控件按钮。运行后的窗体如图 9.22 所示。

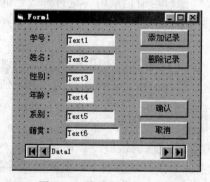

图 9.21　设计界面

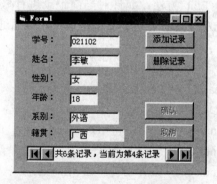

图 9.22　运行界面

表 9.1　主要控件名称、属性和属性值

控件名称	主要属性	属性值
Data1	Connect	Access
	DatabaseName	D：\Accessdb\test.mdb
	RecordSource	student
Text1	DataSource	Data1
	DataField	学号
Text2	DataSource	Data1
	DataField	姓名

续表

控件名称	主要属性	属性值
Text3	DataSource	Data1
	DataField	性别
Text4	DataSource	Data1
	DataField	年龄
Text5	DataSource	Data1
	DataField	系别
Text6	DataSource	Data1
	DataField	籍贯
Command1	Caption	添加记录
Command2	Caption	删除记录
Command3	Caption	确认
Command4	Caption	取消

代码如下：

```
Private Sub Form_Load()
    HideCmd
End Sub
Private Sub Command1_Click()
    ShowCmd
Data1.Recordset.AddNew   '添加一条记录，由"确认"或"取消"按钮决定是否存入数据库
End Sub
Private Sub Command2_Click()
    a = MsgBox("真的删除吗？", vbYesNo + vbExclamation, "警告")
    If a = vbYes Then
        Data1.Recordset.Delete
        Data1.Recordset.MoveNext        '记录指针下移一条
        If Data1.Recordset.EOF Then
            Data1.Recordset.MoveFirst    '记录指针移到第一条记录
        End If
    End If
End Sub
Private Sub Command3_Click()
    Data1.Recordset.Update               '调用Update方法将新添记录存入数据库
    Data1.Recordset.MoveLast
    HideCmd
End Sub
Private Sub Command4_Click()
    Data1.Recordset.CancelUpdate         '放弃新添记录
    HideCmd
End Sub
Private Sub Data1_Reposition()
    Data1.Caption = "共" & Data1.Recordset.RecordCount & "条记录"
    Data1.Caption = Data1.Caption & "，当前为第"
```

```
    Data1.Caption = Data1.Caption & Data1.Recordset.AbsolutePosition + 1 & "条
记录"
    End Sub
    Private Sub Form_Unload(Cancel As Integer)
        Set Form1 = Nothing
    End Sub
    Private Sub ShowCmd()
        Command1.Enabled = False
        Command2.Enabled = False
        Command3.Enabled = True
        Command4.Enabled = True
    End Sub
    Private Sub HideCmd()
        Command1.Enabled = True
        Command2.Enabled = True
        Command3.Enabled = False
        Command4.Enabled = False
    End Sub
```

9.3.4 ADO 数据访问技术

ActiveX Data Objects（ADO）是 Microsoft 新一代的数据访问技术。ADO 是一种面向对象、与语言无关的应用程序编程接口，有多种程序设计语言都支持 ADO，如 Visual Basic，Visual C++，Visual J++等。

1．ADO 对象模型

ADO 对象模型定义了一个可编程的分层对象集合。如图 9.23 所示。其中，核心对象是 Connection 对象、Recordset 对象和 Command 对象。使用 ADO 对象进行数据访问的基本方法是：首先用 Connection 对象与服务器建立连接，然后用 Command 对象执行操作命令，如查询、更新、删除等，再用 Recordset 对象来操作和查看查询结果。另外，ADO 对象模型中还包含一些集合对象，如 Fields 集合对象、Errors 集合对象、Parameters 集合对象。

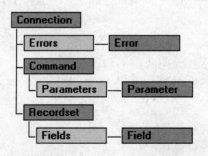

图 9.23　ADO 对象模型

要使用 ADO 对象，首先要向当前工程添加 ADO 的对象库。添加方法是：打开"工程"菜单，从下拉菜单中选择"引用"命令，打开"引用"对话框，在"可用的引用"列表中选择"Microsoft ActiveX Data Objects 2.0 Library"选项，单击"确定"按钮。

ADO 对象模型简介如下。

① Connection 对象：用于连接数据源，可以是本地数据源，也可以是远程数据源。在代码中使用 Connection 对象之前，首先要定义一个新的 Connection 对象，如果要连接数据库，则在连接数据库之前首先要明确数据库的类型。

例如，连接 d：\Accessdb\test.mdb。

```
Dim Mycon As New ADODB.Connection            '定义一个新的Connection对象Mycon
Mycon.ConnectionString = "provider=Microsoft jet OLEDB.3.51; " & _
    "data source=d:\Accessdb\test.mdb"        '定义连接方式
Mycon.Open                                    '按指定的连接打开数据库
```

如果要连接的是一个较新版本的 test.mdb（如 Access 2000 版），则数据库引擎的名称为："Microsoft jet OLEDB.4.0"。

② Recordset 对象：ADO 的 Recordset 对象与 9.3.2 节所介绍的 Recordset 对象的功能及作用一样，同样可以进行数据记录的移动、搜索、添加、删除、更新等，同样可以使用 BOF 和 EOF 来判断记录的位置。

例 9.2 在窗体上打印出 student 表中所有记录中的"姓名"和"系别"。

```
Private Sub Form_Load()
    Show
    Dim Mycon As New ADODB.Connection
    Dim MyRs As New ADODB.Recordset
    Mycon.ConnectionString = "provider=Microsoft.jet.OLEDB.3.51;" & _
        "data source=d:\Accessdb\test.mdb"
    Mycon.Open
    MyRs.Open "select * from student", Mycon      '打开一个由查询指定的记录集
    MyRs.MoveFirst
    Do While Not MyRs.EOF
        Print MyRs.Fields("姓名"), MyRs.Fields("系别")
        MyRs.MoveNext
    Loop
End Sub
```

③ Command 对象：用于定义将对数据源执行的 SQL 命令，并可通过 Command 对象的 Execute 获得一个记录集。

例 9.3 通过 Command 对象的 Execute 获得一个记录集，并在窗体上打印出每个学生的"姓名"、"课程名"及"考试成绩"，这里使用三个表联合查询。

```
Private Sub Form_Load()
    Show
    Dim Mycon As New ADODB.Connection
    Dim MyRs As New ADODB.Recordset
    Dim MyCmd As New ADODB.Command
    Mycon.ConnectionString = "provider=Microsoft.jet.OLEDB.3.51;" & _
        "data source=d:\Accessdb\test.mdb"
    Mycon.Open
    strSQL = "select * from student,score,subject where student.学号=score.
学号 " & _
```

```
                "and subject.课程号=score.课程号"        '定义对数据源执行的SQL命令
        Set MyCmd.ActiveConnection = Mycon            '指定Command对象属于的连接
        MyCmd.CommandText = strSQL
        Set MyRs = MyCmd.Execute                        '获得一个记录集
        MyRs.MoveFirst
        Do While Not MyRs.EOF
            Print MyRs.Fields("姓名"), MyRs.Fields("课程名"), MyRs.Fields("考试成
绩")
            MyRs.MoveNext
        Loop
    End Sub
```

执行结果如图 9.24 所示。

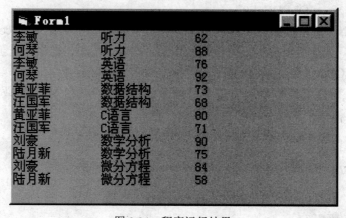

图 9.24　程序运行结果

④ Field 对象。Fields 集合包含 Recordset 对象的所有 Field 对象。每个 Field 对象对应于 Recordset 中的一列。使用 Field 对象的 Value 属性可以设置或返回当前记录的数据。使用 Name 属性可返回字段名。

例 9.4　利用 Field 对象也可以实现例 9.3 的要求，以下代码运行后结果和图 9.24 相同。

```
Private Sub Form_Load()
    Show
    Dim Mycon As New ADODB.Connection
    Dim MyRs As New ADODB.Recordset
    Dim MyCmd As New ADODB.Command
    Dim f As ADODB.Field                                '定义一个Field对象f
    Mycon.ConnectionString = "provider=Microsoft.jet.OLEDB.3.51;" & _
                        "data source=d:\Accessdb\test.mdb"
    Mycon.Open
    strSQL = "select student.姓名,subject.课程名,score.考试成绩 " & _
            "from student,score,subject where student.学号=score.学号 " & _
            "and subject.课程号=score.课程号"        '定义对数据源执行的SQL命令
    Set MyCmd.ActiveConnection = Mycon            '指定Command对象属于的连接
    MyCmd.CommandText = strSQL
    Set MyRs = MyCmd.Execute                        '获得一个记录集
    MyRs.MoveFirst
```

```
Do While Not MyRs.EOF
    For Each f In MyRs.Fields
        Print f.Value,
    Next f
    Print
    MyRs.MoveNext
Loop
End Sub
```

2. Adodc 控件

在前面几个实例中使用 ADO 访问数据库时需编写大量的代码，程序的流程也较复杂。事实上，可以利用 Visual Basic 提供的 Adodc 控件完全不用像前面那样编写许多代码，只要在可视的环境下就可以完成许多操作。Adodc 控件的用法与 Data 控件的用法非常相似，现对 Adodc 控件作一个简单的介绍。

① Adodc 控件的添加。使用 Adodc 控件之前，必须先把它添加到当前工程中，添加方法是：选择"工程"菜单下的"部件"命令，打开"部件"对话框，在"控件"选项卡中的控件列表中选择"Microsoft ADO Data Control 6.0（OLEDB）"选项，将 Adodc 控件添加到工具箱中，图标为"&"。在工具箱中添加了 Adodc 控件后，可以像添加 Data 控件一样将其添加到窗体上。

② Adodc 控件的属性。通过设置 Adodc 控件的相关属性可以快速地建立和数据库的连接。可以在属性窗口中直接设置其属性，也可以在其"属性页"对话框中进行设置。要打开"属性页"对话框既可以用鼠标右击窗体上的 Adodc 控件，在弹出的快捷菜单选择"ADODC 属性"选项，也可以单击属性窗口中的"自定义"右侧的按钮"…"按钮。Adodc 控件的"属性页"对话框如图 9.25 所示。

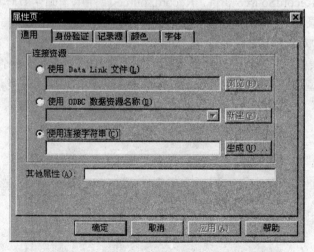

图 9.25　Adodc 控件的"属性页"对话框

要设置的属性主要有两个：ConnectionString 属性和 RecordSource 属性。这两个属性的设置都可通过"属性页"对话框完成。

ConnectionString 属性包含了用于与数据库连接的相关信息。选择"通用"选项卡，选择"使用连接字符串"单选按钮，单击"生成"按钮后将打开一个"数据链接属性"对话框，如图 9.26 所示。可在该对话框的"提供者"选项卡中选择"Microsoft Jet 3.51 OLE DB Provider"，然后单击"下一步"按钮，将打开该对话框的"连接"选项卡，如图 9.27 所示。用鼠标单击"选择或输入数据库名称"框右侧的按钮可选择所需要连接的数据库，我们选择"D：\Accessdb\test.mdb"，如要检查能不能成功连接，可单击"测试连接"按钮进行测试。通过测试后单击"确定"按钮返回"属性页"对话框。连接字符串设置完成。

图 9.26　"提供者"选项卡

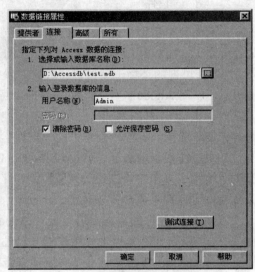

图 9.27　"连接"选项卡

接下来设置 RecordSource 属性。RecordSource 属性用于确定具体可访问的数据，这些数据构成了记录集。该属性可以是数据库中的一个表名、一个查询、一个查询字符串。可通过"属性页"对话框中的"记录源"选项卡设置，如图 9.28 所示。在该选项卡的"命令类型"下拉列表中，可以从中选择数据源的类型，如果选择表或一个已经建立的查询，可以从"命令类型"下拉列表中选择 2-adCmdTable，根据数据源类型再进一步在"表或存储过程名称"下拉列表中选择数据源，或在命令文本中直接输入 SQL 查询语句。

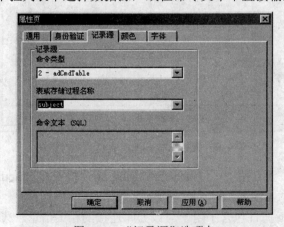

图 9.28　"记录源"选项卡

③ ADO 控件的事件和方法。ADO 控件的事件和方法与 Data 控件的事件和方法完全一样，对记录集的操作方法也一样。可参阅 9.3.1 节内容。

例 9.4 利用 ADO 控件连接数据库 d：\Accessdb\test.mdb，查询所有"考试成绩"合格的学号、姓名、系列、课程名及考试成绩，并以表格的形式显示出来。

本例中要求显示的字段名包含在三个表 student、subject、score 中，因此，要采用三表联合查询。首先，选择"工程"菜单下的"部件"命令，打开"部件"对话框，在"控件"选项卡中的控件列表中选择"Microsoft ADO Data Control 6.0（OLEDB）"选项和"Microsoft DataGrid Control 6.0（OLEDB）"选项，单击"确定"按钮。然后，在窗体中加入一个 Adodc 控件和 DataGrid 控件。

打开 Adodc1 的"属性页"对话框，选择"通用"选项卡，利用前面所介绍的方法把"使用连接字符串"中的内容设置成"Provider = Microsoft.Jet.OLEDB.3.51；Persist Security Info=False；Data Source = D：\Accessdb\test.mdb"。

再选择"记录源"选项卡，在"命令类型"的下拉列表中选择"1-adCmdText"，在"命令文本（SQL）"的文本框中输入 SQL 查询语句如下：

select student.学号，student.姓名，student.系别，subject.课程名，score.考试成绩 from student，score，subject where score.考试成绩> = 60 and student.学号 = score.学号 and subject.课程号 = score.课程号

确定后再来设置 DataGrid1 的 DataSource 属性：单击 DataGrid1 控件，在属性窗口设置 DataSource 属性值为 Adodc1。

程序运行后，查询结果如图 9.29 所示。

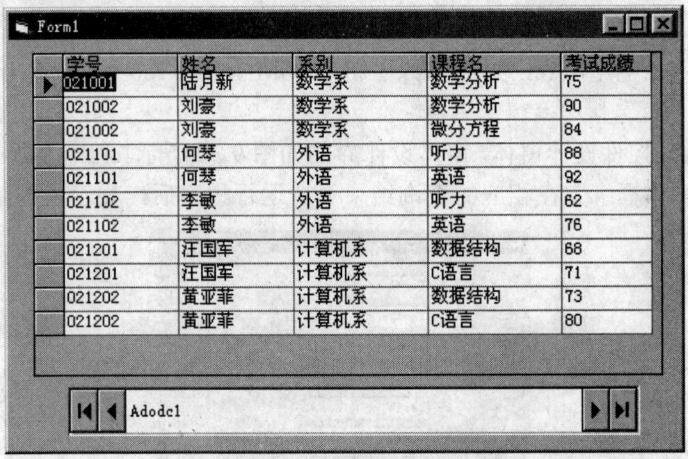

图 9.29 程序运行结果

小 结

本章简单介绍了数据库的一些基础理论和 Visual Basic 中数据库访问技术的发展概况。重点介绍了 Visual Basic 中利用可视化数据管理器（Visual Data Manager）建立数据

库、添加表及对表中记录进行修改、添加、删除、查询等操作和利用数据控件和数据绑定控件来对数据库的访问。最后简单介绍了利用 Microsoft 新一代的数据访问技术 ActiveX Data Objects（ADO）对象模型来访问数据库的技术。

习　　题

1．利用可视化数据管理器创建一个 Access 数据库"Telephone.mdb"，在该数据库中建立两个表"Info"表和"Tel"表。表结构如表 9.2 和表 9.3 所示。

表 9.2　Info 表

字段名	类　　型	长　度	字段名	类　　型	长　度
姓名	Text	8	地址	Text	30
性别	Text	2	邮编	Text	6

表 9.3　Tel 表

字段名	类　　型	长　度	字段名	类　　型	长　度
姓名	Text	8	办电	Text	13
宅电	Text	13	手机	Text	12

对 Info 表和 Tel 表按"姓名"字段建立索引，索引名为 NAME。并在 Info 表和 Tel 表中分别输入若干条记录。

2．利用可视化数据管理器中的"实用程序"菜单中的"查询生成器"创建一个名为"CX"的查询。其 SQL 语句为"SELECT Info.姓名，Info.性别，Info.地址，Info.邮编，Tel.姓名，Tel.宅电，Tel.办电，Tel.手机 FROM Info，Tel WHERE Info.姓名 = Tel.姓名"。

3．使用 Data 控件设计窗体，窗体设计界面如图 9.30 所示。利用上题中的查询"CX"使窗体中的各文本框绑定在相应的查询结果上。运行程序后，显示查询结果。

图 9.30　设计界面

4．把 Data 控件替换成 Adodc 控件，并利用 DataGrid 控件以表格的形式显示习题 2 中所建的查询的内容。

5．参照例 9.1 对 Info 表和 Tel 表分别设计一个能够添加记录、删除记录的表来维护窗体，并实现其功能。

第 10 章 ActiveX 控件

本章要点

Visual Basic 6.0 中的控件分为两种,即内部控件(标准控件)和 ActiveX 控件。

标准控件是随着 Visual Basic 6.0 启动时就能在工具箱中使用的那一部分控件,如文本框控件(Textbox)、命令按钮控件(Commandbutton)、组合框组合(ComboBox)等。但是在程序设计过程中这些常用控件并不能满足设计的需要,这就要求引用 ActiveX 控件。ActiveX 控件没有加载到工具箱以前并不能直接使用,如 RichTextBox,Toolbar,CommonDialog,ImageList 等控件。

本章介绍如何使用 Visual Basic6.0 中 ActiveX 控件,并能通过 ActiveX 控件向导制作自己需要的 ActiveX 控件。

本章难点

用户自己创建 ActiveX 控件的操作过程及其设置。

10.1 ActiveX 控件概述

ActiveX 控件是 Visual Basic 6.0 工具箱中常用控件的扩充部分,在 Visual Basic 的早期版本中称为 OLE 控件,使用 ActiveX 控件的方法与使用其他标准内装控件是完全一样的。在程序中加载 ActiveX 控件后,它将成为开发和运行环境的一部分,并为应用程序提供新的功能。

ActiveX 控件保留了一些熟悉的属性、事件和方法,它们的作用同以前一样,这样就保留了 Visual Basic 程序员编程的基本内容。而且,ActiveX 控件特有的方法和属性大大地增强了 Visual Basic 程序员编程的灵活性。

10.1.1 在工程中加载 ActiveX 控件

ActiveX 控件的使用办法与其他标准控件(如文本框)相似,不同的是 ActiveX 控件使用之前必须添加到工程工具箱中,否则无法在工程中使用。将 ActiveX 控件添加到工具箱后,它将成为开发和运行环境的一部分。

以下是将 ActiveX 控件添加到工具箱的办法。

1)选择"工程/部件"命令,同样也可以把鼠标放在工具箱区域,点击右键弹出"部件"快捷菜单,弹出对话框(如图 10.1 所示)中列出了所有已经注册的 ActiveX 控件、可插入对象和设计器。

2)在对话框中选择"控件"选项卡,显示 ActiveX 控件的列表。选择要添加到工具箱中的 ActiveX 控件，即选中所在部件名左侧的复选框（框内出现"√"），图 10.1 所示的是向工具箱中加载通用对话框控件（CommanDialog）。

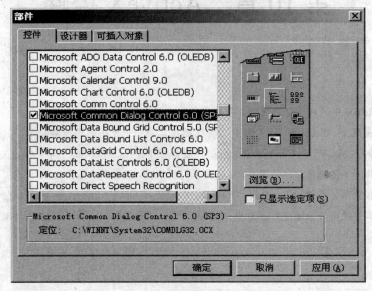

图 10.1 "部件"对话框

3）单击"确定"按钮，关闭"部件"对话框，这时选择的 ActiveX 控件将出现在工具箱中，随后就可以像标准控件那样使用该控件了。

要删除工具箱中某个 ActiveX 控件的操作步骤与上面所讲的类似，只要再次单击复选框，去掉框中的"√"。

如果"部件"对话框中找不到控件所在的部件名，请单击"浏览"按钮，从"从添加 ActiveX 控件"对话框（如图 10.2 所示）中找到该控件所有的扩展名为.ocx 的文件，然后；单击"打开"按钮，这样该控件所在的部件被添加到"部件"对话框的可用部件列表中并自动被选中。

图 10.2 "添加 ActiveX 控件"对话框

10.1.2　ActiveX 控件及所需文件（.Ocx）

Visual Basic 提供大量的 ActiveX 控件如表 10.1 所示。

表 10.1　Visual basic6.0 中常用 ActiveX 控件

控 件	含 义
Ado Data	OLE DB 数据源控件，其功能与内部 Data 和 Remote Data 控件十分相似，都允许用户以最少的代码来创建数据库应用程序
Animation	显示 AVI（音频视频）无声动曲。AVI 动曲类似于电影，由若干帧位图组成
Communications	提供一系列标准通讯命令的使用界面，可以建立与串行端口的连接，通过串行端口连接到其他
CommonDialog	通讯设备（如调制解调器）、发出命令、交换数据以及监视和响应串行连接中发生的事件和错误
Coolbar	可以创建类似 Internet Explorer 所具有的工具栏并可自行配置该工具栏。CoolBar 控件是容器控件，可以驻宿子控件。该控件包含一个由一个或多个称为带区的可调整区域组成的集合，每个带区宿驻一个子控件
DataGrid	DataGrid 控件是类似于电子表格的绑定控件，它是 DBGid 的 OLE DB 版本，可以快速生成一个数据库应用程序来查看和编辑记录集，支持新的 ADO Data 控件
DataList DataCombo	DataList 和 DataCombo 控件是 DBList 和 DBCombo 控件的 OLE DB 版，支持新的 ADO Dam 控件这两个控件与标准列表框和组合框类似，但主要用在数据库应用程序中
DataRepeater	该控件的功能相当于用户创建的任意控件的数据绑定容器。类似于 Access 的窗体，将 Lhereonml 插入到 DataRepeater 中即可创建数据库的一个自定义视图。UserCOIlml 可以包含文本框、复选框或其他绑定到数据字段的控件
DateTimePicker	创建下拉式的日历以便快速输入日期和时间
FlatScrollBar	与标准 Windows 滚动条功能相似，但界面有所增强。FlatScrollBar 控件能以三种形式之一显示：标准形式，三维（斜角）滚动条，二维（平面）滚动条，带有可变箭头的平面滚动条，当鼠标指针悬停在其上时，箭头会变为斜角
ImageCombo	类似于组合框，但有重要区别，即在组合框的列表部分可以为每一项加入图像。通过加入图像，可以更容易地在可能的选择中标识并选中选项
ImageList	包含一个图像集合，其中的图像可供其他控件使用
Internet Transfer Control	实现了两个广泛使用的 Internet 协议，超文本传输协议（HTTP, HyperText Transfer Protocol）和文件传输协议（FTP, File Transfer protocol）。通过 OpenURL 或 Execute 方法可以连接到任何使用 HTTP 和 FTP 协议的站点并检索文件
ListView	以 ListItem 对象的形式显示数据。每个 Lisatem 对象有一个可选的图标与其标签相关联。该控件擅长于表示数据的子集（如数据库成员）或分布式对象（如文档模板）
Mapi	MAPI（消息处理应用程序接口）控件可用于创建具有电子邮件功能的应用程序。MAPI 可以将任何用于电子邮件或工作组的应用程序和适应 MAPI 的消息服务天衣无缝地连接起来
MaskedEdit	用掩码模板来提示输入数据或日期、货币和时间，或者将输入的数据转换为全是大写或小写形式的字符串。如果不使用掩码模板，那么该控件与标准文本框类似

续表

控 件	含 义
Month View	使用户能够通过日历一样的界面轻松地查看和设置日期，可以选择一个单独的日期或一个日期范围
MSChart	按一定的规范将数据以图表的形式绘制出来。可以通过在控件的属性页中设置数据来创建图表，也可以从其他数据源（如 Microsoft Excel 的电子表格）中检索出要绘制的数据
MSHFLexGrid	以网格形式显示记录集中的数据，数据可以来自单个表或多个表。MSHElexGrid 是 MSFlexGrid 的升级版本，除了具 MSFlexGrtd 的所有功能之外，还能够显示 ADO 记录集的层次结构
Multimedia	用于管理媒体控制接口（MCI）设备，包括声卡、MEI 发生器、CD-ROM 驱动器、音频播放器、视盘播放器和视频磁带录像器
PictureClip	保存了可用于其他控件的多个图像，所有图像包含在一个位图中，可以用于图片框以创建动曲或用于多个图片框以创建工具框
ProgressBar	以图形显示事务的进程，它在事务进行过程中逐渐被充满，其 Value 属性决定被填充多少，Min 和 Max 属性设置界限
RichTextBox	用于输入和编辑文本，同时提供了比文本框更高级的格式特性。例如，将控件任何部分的文本变为粗体或斜体，改变文本的颜色，创建上标或下标，调整段落的左右缩进值，产生悬挂效果等
Slider	由刻度和滑块两部分构成。运行时，可以动态设置 Min 和 Max 属性来反映新的取值范围。Value 属性返回滑块的当前位置
StatusBar	是由若干个面板构成的框架，使用它可以显示出应用程序的运行状态。该控件最多含 16 个面板，可以放置在应用程序的顶部、底部或侧面，还可以随意地漂浮在应用程序的客户区中
SysInfo	用于检测系统事件，如桌面的大小改变、分辨率改变、时间改变，或者用于提供操作系统平台和版本信息。也可以用于管理交流电（AC）和电池电源之间的切换，以及硬件配置的改变
Tabled Dialog	提供了在一个窗体中显示多个对话框或屏幕的简单方法。该控件含有一组选项卡，这些选项卡担当了其他控件的容器。每次只有一个选项卡被激活，激活选项卡中的控件被显示，而其他选项卡中的控件则被隐藏
TabStrip	功能与笔记本的分页签或文件夹上的标签差不多。使用该控件可以将应用程序中的窗口或对话框的同一区域定义为多页
Toolbar	包含用来创建工具栏的 Button 对象的集合
TreeView	用来显示具有层次结构的数据，如组织树、索引项、磁盘中的文件和目录等
UPDown	一对箭头按钮，通过单击这些按钮可以递增或递减数值，或在伙伴控件中显示的数字。伙伴控件可以是其他任何类型的控件，只要具有可被 UPDown 控件更新的属性
WinSock	利用 Winsock 控件，可以与远程计算机建立连接，并通过用户数据报协议（UDP）或传输控制协议（TCP）进行数据交换。与 Timer 控件类似，WinSock 控件在运行时是不可见的
WebBrowser	不但提供了 HTTP 通信协议功能，而且提供了 HTML 文档解释功能。使用该控件可以正确解释收到的 HIML 文档，并按一定的界面格式显示

　　Visual Basic 的中 ActiveX 控件（表 10.1）已经自动安装在 Windows\System 或 winnt\system32 文件夹中。表 10.2 列出了 ActiveX 控件的类名及其所需要的文件。

表 10.2　ActiveX 控件的类名及所需文件

控件名称	类　名	所需要的文件
3D Check Box	SSCheck	TREED32.OCX
3D Command Button	SSCommand	TREED32.OCX
3D Frame	SSFrame	TREED32.OCX
3D Ggroup Push Button	SSRibbon	TREED32.OCX
3D Option Button	SSOption	TREED32.OCX
3D Panel	SSPanel	IREED32.OCX
Animated Buuton	AniPushButton	ANIBTN32.OCX
Communications	MSCOInm	MSCOMM32.OCX
Gauge	Gauge	GAUGE32.ocx
Grap	Graph	GRAPH32.OCX,GSW32.EXE GSWDLLDLL
Grid	Grid	GRID32.OCX
ImageList	ImageList	COMCTL32.ocx
Key status	MhState	KEYSTA32.OCX
ListView	ListView	COMCTL.OCX
MAPI	Mapisesmon, MapiMessages	MSAPI32.OCX
Masked Edit	MaskEdBox	MSMASK32.OCX
Multimedia MCI	MMControl	MCI32.OCX
Outline	Outline	MSOUTL32.OCX
Picture Clip	PictureClip	PICCLP32.OCX
PEogressBar	ProgressBar	COMCTL.OCX
RichTextBox	RichTextBox	RICHTX32.OCX
Slider	Slider	COMCTL.OCX
Spin Button	SpinButton	SPIN32.OCX
SSTab	SSTab	TABCTL32.OCX
StatusBar	StatusBar	COMCTL.OCX
TabStrip	TabStrip	COMCTL.OCX
ToolBar	ToolBar	COMCTL.OCX
TreeVew	TreeView	COMCTL.OCX

10.2　自己创建控件——用户 ActiveX 控件

10.2.1　基本概念

1. 控件类与控件实例

Visual Basic 中开发的 ActiveX 控件实际上是一个控件类，它是控件创建的依据。当把一个控件放在窗体上的时候，就创建了该控件类的一个实例。为了避免混淆，需要注意设计的控件类与放在窗体上的控件实例是有区别的。

2. 控件与控件部件

控件是由控件部件（.ocx 文件）提供的对象，一个控件部件可以提供多种类型的控件。每个 ActiveX 控件工程可以包括一个或多个.ctl 文件，每个文件定义一个控件类。在创建这个工程时，Visual Basic 把控件部件的扩展名设为.ocx。

3. 容器与定位

控件实例不能单独存在，它必须放在一个容器上（如窗体）。把控件实例挂接到容器上的过程叫做定位，即赋予控件在容器上的一个位置。当控件实例被定位之后，它的事件将以事件过程的形式出现在容器的代码窗口中。控件能够访问容器提供的其他服务。

4. 接口与外观

一个控件由三部分组成，其中两个是公有的，一个是私有的。控件的外观是公有的，因为用户能看到并能同它进行交互。控件的接口，包括控件的所有属性、方法和事件，也是公有的，因为任何包含该控件实例的程序都要用到它。控件的私有部分是它的实现，即控件工作的代码。控件实现的效果是可见的，但代码本身是不可见的。

5. 制作者与开发者

为了避免控件的开发者与在应用程序中使用控件的开发者之间引起混淆，通常将前者称为控件的制作者。

6. 设计时实例与运行时实例

设计时实例，如果工程进入运行模式，那么一旦窗体被加载，就生成了控件的运行时实例。当窗体被卸载时，这个运行时实例就销毁了；当窗体再次出现在设计模式时，将生成一个新的设计时实例。

10.2.2　创建 ActiveX 控件

ActiveX 控件总是包括一个 UserControl 对象，此外还包括其他被称为子控件的控件，子控件就是制作者放在 UserControl 对象上的控件。类似于窗体，UserControl 对象也有代码模块和可视化的设计器，在 UserControl 设计器上放置子控件就如同往窗体上放置控件一样。

ActiveX 控件的建造方式有两种。第一种方式是从零开始制作，必须通过代码来进行所有的绘制工作。第二种方式是改进现有的控件或将几个现有的控件组装成一个新的控件。

本节将制作一个简单的 ActiveX 控件，该控件用于定期显示日期和时间。

1. 建 DnowTime 控件工程

1）选择"文件\新建工程"命令，打开"新建工程"对话框（如图 10.3 所示），选"ActiveX 控件"，然后"确定"按钮。

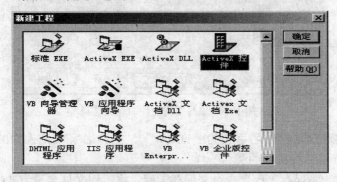

图 10.3　新建 ActiveX 控件

2）Visual Basic 自动添加一个 UserControl 设计器到工程中（如图 10.4 所示）。

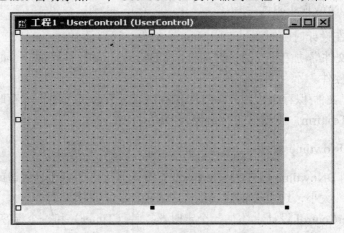

图 10.4　添加 UserControl 设计器到工程中

3）选择"工程\工程 1 属性"命令，打开"工程属性"对话框。

4）从"通用"选项卡（如图 10.5 所示）填写以下信息：

从"工程类型"框选择"ActiveX 控件"，表示该工程将作为.ocx 来连编；从"工程名称"框输入工程名"DNowtime"工程名是编译后的类型库名称；从"工程描述"框输入"显示当前日期和时间的 ActiveX 控件"。这里输入的工程描述会显示在"部件"对话框中。

5）单击"确定"按钮关闭"工程属性"对话框。

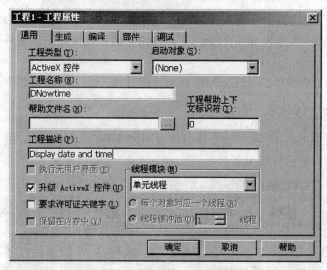

图 10.5　填写工程控件的有关信息

6）从属性窗口将控件名字设为"DNow"。控件名字就是控件的类型名，就像
CommandButton 是命令按钮的类名一样。

7）选择"文件\保存工程"命令来保存工程，将工程文件名设为 DNowTime.vbp，
控件名设为 DNow.ctl。

2. 添加 DNowTest 测试工程

为了能够在设计时随时测试 DNowteime 控件，可以添加一个测试工程。

1）选择"文件/添加工程"命令对话框，为 DNowTime 控件添加一个标准工程. EXE，
以备动态测试控件。

2）选择"文件/保存工程组"命令来保存测试工程和工程组。保存时，将窗体文件
名设为 DNowTest.frm，将测试工程名设为 DNowTest.Vbp。

3. 绘制 DNowtime 控件

1）切换到 DNowtime 控件的 UserControl 设计器，拖动右边、底边或右下角的尺寸
句柄来调整控件大小，这里设置的大小将成为控件的默认大小。

2）在 UserControl 设计上添加一个定时器控件（Timer）和一个标签控件（Label）。
其中 Timer 控件的 Interval 属性设为 1000。设计结果如图 10.6 所示。

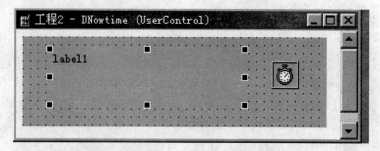

图 10.6　绘制 DNow 控件

3）编写 Timer1_Timer 事件过程，以便按一定间隔在标签框中显示当前日期和时间：

```
Private Sub Timer1_Timer()
    Label1.Caption = Now
End Sub
```

4）编写 UserControl_Resize 事件过程，以便控件实例重新创建或大小调整时，变换标签框的大小来填充控件的可视区域：

```
Private Sub UserControl_Resize()
    Label1.Move 0, 0, ScaleWidth, ScaleHeight
End Sub
```

5）关闭 UserControl 控件设计器，使 DNowTime 控件进入运行模式，一旦进入运行模式，DNowTime 控件图标就会出现在工具箱中（如图 10.7 所示）。

图 10.7　工具箱中的 DNowTime 控件

6）单击测试窗体 Form1 使其置前，从工具箱中双击 DNowTime，这时 Form1 窗体上将显示一个缺省大小的 DNowtime 控件实例（如图 10.8 所示），从图中可以看出 DNowTime 控件的作用就是显示当前日期和时间。

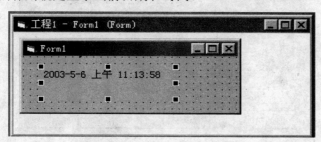

图 10.8　测试 DNowTime 控件

4. NowTime 控件添加新的属性

我们可以通过"ActiveX 控件接口向导"来为用户添加 Interval 属性，调整显示时间的间隔。

1）打开"外接程序/外接程序管理器（A）"将"ActiveX 控件接口向导"菜单加载到"外接程序"菜单中（如图 10.9 所示）。

2）打开"外接程序/ActiveX 控件接口向导"菜单打开"ActiveX 控件接口向导"对话框如图 10.10 所示。

3）单击"下一步"铵钮，直到出现创建自定义接口成员（如图 10.11 所示）。

4）单击"新建"按钮弹出"添加自定义成员"对话框，然后在名称中填写 Interval，类型为属性，然后单击确定。（如图 10.12 所示）。

5）单击下一步弹出"设置映射"对话框，按图 10.13 的方式填写，单击下一步，直到完成。

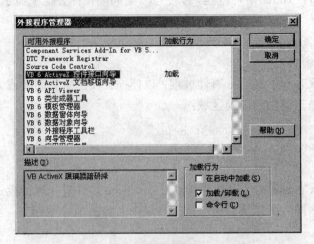

图 10.9　"外接程序管理器"对话框

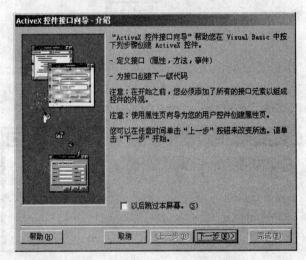

图 10.10　"ActiveX 控件接口向导-介绍"对话框

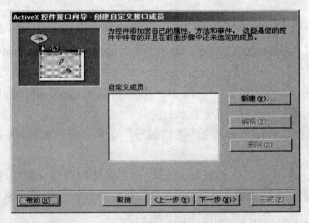

图 10.11　"ActiveX 控件接口向导-创建自定义接口成员"对话框

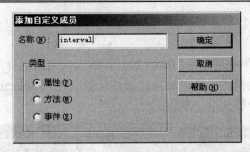

图 10.12　"添加自定义成员"对话框

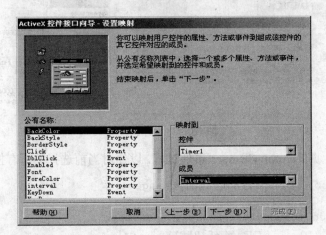

图 10.13　"设置映射"对话框

5. 为 DNowTime 控件添加一个属性页

使用属性过程所创建的简单属性将自动显示在属性窗口中。但是，当一组属性以较为复杂的方式相互作用时，属性页就十分有用。例如，用 Toolbar 控件创建工具栏时，就要通过"属性页"对话框的"按钮"选项卡来创建 Button 对象。此外，有些开发工具没有属性窗口，这时只能通过属性页来设置属性。

属性页用于设置控件的各种属性。与控件连接的每一个属性页都成为"属性页"对话框上的一个选项卡，Visual Basic 处理每个选项卡的所有细节并管理"确定"、"取消"和"应用"等按钮。编程人员要做的全部事情就是设计用于设置属性值的控件。

下面谈谈如何为本例的 DNowTime 控件添加一个属性页。

1）切换到 DNowTime 控件工程。

2）选择"工程\添加属性页"命令，打开添加"属性页"对话框。

3）双击"属性页"图标，往控件工程中添加一个属性页。

4）从属性窗口将属性页的 Name 属性设为"DNGen"，Caption 属性设为"通用"。

5）在属性页中画一个标签框和一个文本框，将标签框的 Capon 属性设置为"显示时间间隔："，将文本框的 Name 属性设为"TxtInterval"，Text 属性设为空串结果，如图 10.14 所示。

6）编写属性页的 Selection_Changed 事件过程：

```
Private Sub propertyPage_SelectionChanged()
```

```
    TxtInterVal.Text=SelectedControls(0).Interval
End Sub
```

SelectionChanged 事件用于从 DNow 控件，或者当前所选择的某个或某些 DNow 控件中取得已存在的属性值。无论何时打开属性页都会收到 SelectionChanged 事件。选择控件列表改变时也会接收到这个事件。

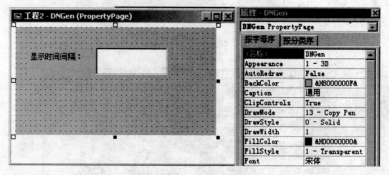

图 10.14   设计属性页

7）编写属性页的 ApplyChanges 事件过程，以便对当前选择的所有控件设置属性值：

```
Private Sub  PropertyPage-ApplyChanges()
    Dim objControl As vartant
    For Each objControl  In SelectedControls
    ObjControl.Interval=txtInterval.Text
    Next
End Sub
```

单击"属性页"对话框的"应用"或"确定"按钮，或者切换到其他选项卡时，属性页将接收到 ApplyChanges 事件。

8）编写文本框的 Change 事件过程，以便在 Interval 属性改变时使"属性页"对话框的"应用"按钮有效：

```
Private Sub txtInterval_Change()
    Changed =True
End Sub
```

9）切换到 DNowtime 设计器，从属性窗口双击 PropertyPages 属，打开"连接属性页"对话框，该对话框用于将多个属性页与一个控件相连接，并可为控件安排各属性页的显示顺序。

10）选中"DNGen"复选框（如图 10.15 所示），然后单击"确定"按钮。

11）切换到 DNow 设计器，然后按 CM+F4 键关闭设计器，使 DNow 控件进入运行模式。

12）右击 Form1 窗体上的某一 DNowTime 控件，然后从快捷菜单选择"属性"命令，打开属性页"对话框"如图 10.16 所示。

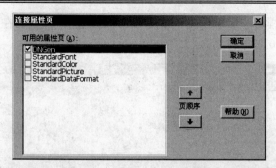

图 10.15 将 DNowTime 控件与属性机相关联

13）从"通用"选项卡的"显示间隔:"框中设置新的值,然后单击"应用"按钮,这时选中控件的显示间隔将设为新的值。

14）按住 Ctrl 键再单击窗体上的第二个 DNow 控件,这样将同时选择两个控件。从"显示间隔:"框中设置新的值,再单击"应用"按钮,这时两个控件的显示间隔将设为相同的值。

15）测试完后单击"确定"按钮,关闭"属性页"对话框。

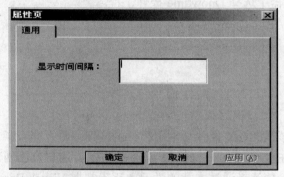

图 10.16 "属性页"对话框

6. 为 DNowtime 控件添加 Click 事件

可以按以下步骤为 DNow 控件添加一个 Click 事件。

1）切换到 DNowtime 控件设计器。

2）打开代码窗口,然后从代码窗口中添加以下声明:

```
Option Explicit      '声明一个不带参数的公共Click事件Public Event Click()
```

3）标签框的 Click 事件过程:

```
Private Sub Label1_Click()
'无论何时单击标签子控件都引发DNow控件的Click事件RaiseEventClick
End Sub
```

4）打开 Form1 窗体的代码窗口,从对象框选择 DNow1,然后从过程框选择 Click。

5）编写 DNowTime1 的 Click 事件过程:

```
Private Sub DNowtime1--Click()
    Print"当前日期和时间"是 & Now
End Sub
```

6）运行测试工程。随后每单击一次 DNowtime1 控件，就会在窗体上显示一次当前日期和时间（如图 10.17 所示）。

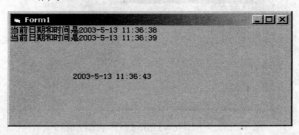

图 10.17　测试控件的 Clickgk 事件

7.　生成 DNowTime 控件的 Ocx 文件

一旦创建好包含一个或多个 UserControl 对象的 ActiveX 控件工程，就可以将其编译成.ocx 文件，并像使用 Visual Basic 提供的 ActiveX 控件那样在其他应用程序或另一个 Visual Basic 应用程序使用的控件。

1）从工程管理器中选择 Dnowtime 控件工程。

2）选择"文件/生成 Dnowtime.ocx 文件"。

3）单击"确定"来创建.ocx。

小　　结

本章首先介绍了 ActiveX 控件与常用控件的区别。重点介绍了 Visual Basic 中提供的 ActiveX 控件及在工程中加载 ActiveX 控件的方法；用户自己创建 ActiveX 控件的操作过程及其设置。希望读者通过本章的学习，逐步掌握 Visual Basic 中提供的或第三方厂商提供的各种 ActiveX 控件使用和用户自己开发 ActiveX 控件。

习　　题

1. 什么是 ActiveX 控件?它与常用控件的区别是什么？

2. 简述怎么样将 ActiveX 控件加载到 Visual Basic6.0 的工具箱中？

3. 试用 ImageList 控件与 ToolBar 控件为文本编辑器产生如图 10.18 的工具栏。

图 10.18　文本编辑器中的工具栏

4. 利用 StatusBar 为文本编辑器产生状态栏。

5. 如何利用向导为制作的 ActiveX 控件添加新的属性？

6. 如何利用向导为制作的 ActiveX 控件添加新的事件？

7. 如何为新的 ActiveX 控件添加属性页？

8. ActiveX 控件的 Ocx 文件是如何生成的？

第 11 章 应用程序窗体设计

本章要点

在前面各章的程序举例中，我们已设计了不少 Visual Basic 应用程序。这些程序有的较简单，有的较复杂，但它们都有一个共同的特点，即只包括一个窗体。在实际应用中，特别是对于较复杂的应用程序，单一窗体往往不能满足需要，必须有通过多窗体（MultiForm）来实现。多窗体程序中的每个窗体可以在自己的界面和程序代码，完成不同的操作。

多文档界面（MDI，Multiple Document Interface）是 Windows 应用程序的典型结构。利用 MDI，可以在一个包容式窗体中包含多个窗体，而且可以同时显示多个文件（文档），每个文件都在自己的窗口内显示。用 MDI 可以在一个单一的包容器窗体内建立和维护多个窗体的应用程序。Microsoft Excel 和 Microsoft Word For Windows 就是这种具有多文档界面的应用程序。

注意，MDI 与多窗体不是一个概念。多窗体程序中的各个窗体是彼此独立的。MDI 虽然也可以含有多个窗体，但它有一个父窗体，其他窗体（子窗体）都在父窗体内。

在这一章中，将介绍怎样用 Visual Basic 建立多窗体应用程序和 MDI 应用程序，并讨论如何为 MDI 应用程序建立菜单。

本章难点

- 多窗体设计中常用方法的使用
- 多文档界面的特性、属性和方法的使用及设计
- 多文档应用程序中菜单的使用

11.1 多窗体程序设计

在多窗体程序中，要建立的界面由多个窗体组成。每个窗体的界面设计与以前讲的完全一样，只是在设计之前应先建立窗体。这可以通过"工程"菜单中的"添加窗体"命令实现，每执行一次该命令建立一个窗体。多窗体的程序代码是针对每个窗体编写的，因此，也与单一窗体程序设计中的代码编写类似，但应注意各个窗体之间的相互关系。

多窗体实际上是单一窗体的集合，掌握了单一窗体程序设计，多窗体的程序设计是很容易掌握的。

11.1.1 多窗体程序设计常用的方法

在单窗体程序设计中，所有操作都在一个窗体中完成，不需要在多个窗体间切换。而在多重窗体程序中，需要打开、关闭、隐藏或显示指定的窗体，这可以通过相应语句

和方法来实现。下面对它们作简单介绍。

1. Load 语句

格式：Load 窗体名称

Load 语句把一个窗体装入内存。执行 Load 语句后，可以引用窗体中的控件及各种属性，但此时窗体没有显示出来。"窗体名称"是窗体的 Name 属性。

2. Unload 语句

格式：Unload 窗体名称

该语句与 Load 语句的功能相反，它清除内存中指定的窗体。

3. Show 方法

格式：[窗体名称.] Show [模式]

Show 方法用来显示一个窗体。如果省略"窗体名称"，则显示当前窗体。参数"模式"用来确定窗体的状态，可以取两种值，即 0 和 1（不是 False 和 True）。当"模式"值为 1（或常量 vbModal）时，表示窗体是"模态型"窗体。在这种情况下，鼠标只在此窗体内起作用，不能到其他窗口内操作，只有在关闭该窗口后才能对其他窗口进行操作。当"模式"值为 0（或省略"模式"值）时，表示窗体为"非模态型"窗口，不用关闭该窗体就可以对其他窗口进行操作。

Show 方法兼有装入和显示窗体两种功能。也就是说，在执行 Show 时，如果窗体不在内存中，则 Show 方法自动把窗体装入内存，然后再显示出来。

4. Hide 方法

格式：[窗体名称.] Hide

Hide 方法使窗体隐藏，即不在屏幕上显示，但仍在内存中，因此，它与 Unload 语句的作用是不一样的。

在多窗体程序中，经常要用到关键字 Me，它代表的是程序代码所在的窗体。例如，假定建立了一个窗体 Form1，则可通过下面的代码使该窗体隐藏。

Form1.Hide

它与下面的代码等价：

Me.Hide

注意   "Me.Hide"必须是 Form1 窗体或其控件的事件过程中的代码。

11.1.2　多窗体程序设计示例

下面我们通过一个例子来具体介绍如何进行窗体程序设计。

例 11.1　设计一个"孙子兵法"程序。要求能通过某一窗体选择其中一"篇"显示其内容。

《孙子兵法》是春秋战国时期孙武所著的一部兵书，书中列举了 13 种战法，共 13 篇。我们通过对该书内容的查询来介绍多窗体程序设计。和单一窗体程序设计一样，多窗体程序设计也基本上分为三步，即建立界面、编写代码和运行程序。

1. 建立界面

《孙子兵法》中有 13 篇，为了节省篇幅，我们列出多个目录，但只显示前四"篇"的内容，每"篇"用一个窗体显示。

该例要用到多个窗体，其名称和标题属性如表 11.1 所示。

表 11.1　窗体及其名称和标题

窗　体	名称（Name）	标题（Caption）
封面窗体	FormCover	"多窗体程序示例"
列表窗体	ListForm	"孙子兵法"
第一"篇"	p1	"始计篇"
第二"篇"	p2	"作战篇"
第三"篇"	p3	"谋攻篇"
第四"篇"	p4	"军形篇"

下面分别建立各个窗体并设置其属性。

① 封面窗体。为了增加艺术性，可以使用背景图（用窗体的 Picture 属性装载）。封面窗体的属性设置如表 11.2 所示。

表 11.2　封面窗体的属性设置

属　性	设置值	说　明
MaxButton	True	可以放大窗体
MinButton	True	可以缩小窗体
ControlBox	True	有左上角控制框
BorderStyle	2-Sizable	可以改变窗体大小
Caption	"多窗体程序示例"	此标题显示在窗体顶部
Name	FormCover	窗体名称，在程序代码中使用
Icon	默认	

当窗体最小化时，用 Icon 属性显示最小化后的图标，可根据需要设置。如果不设置 Icon 属性，则 Visual Basic 将使用默认图标。

封面窗体上有两个命令按钮和一个标签，其属性设置如表 11.3 所示。

表 11.3　命令按钮和标签的属性设置

控　件	名称（Name）	标题（Caption）
左命令按钮	Command1	"继续"
右命令按钮	Command2	"结束"
标签	Label1	"孙子兵法"

标签的 FontSize 属性为 72，FontName 属性为"华文行楷"，BackStyle 属性设置为"0-transparent"。命令按钮的 FontSize 属性为 24，FontName 属性为"华文新魏"。

完成后的封面窗体如图 11.1 所示。

② 列表窗体。用来显示应用程序的内容，实际上是一个对话框窗体。在该窗体中，将列出要显示的各"篇"的目录供用户选择。

执行"工程"菜单中的"添加窗体"命令，增加一个窗体，然后在该窗体上建立三个控件：一个标签、一个列表框、一个命令按钮，其属性设置如表 11.4 所示。另外，对于列表框的内容，也可以在 List 属性中进行设置。方法是：选中列表框属性窗口的 List 属性，点击出现在右边的倒三角 `List`　　　　　`(List)`　　　　　▼，在下拉框中进行文本录入即可，输入完一行按回车结束，再点击倒三角，重复录入操作，直至文本输入完毕。当然，内容的录入还可以用 AddItem 方法来实现。

在一般情况下，对话框窗体主要供用户阅读信息或输入信息，没有必要提供改变大小、缩成图标及放大等功能。该窗体属性设置如表 11.5 所示。

完成后的列表窗体如图 11.2 所示。

图 11.1　封面窗体

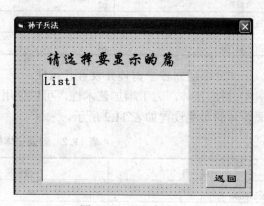

图 11.2　列表窗体

表 11.4　列表窗体命令按钮和标签的属性设置

控　件	属　性	设置值
标签	Name	Label1
	Caption	"请选择要显示的篇"
	FontSize	二号
	FontName	"华文行楷"
	FontBold	True
列表框	Name	List1
	FontSize	三号
	FontName	"宋体"
	FontBold	True
命令按钮	Name	Command1
	FontSize	"返回"
	FontName	三号
	FontBold	"隶书"

表 11.5 列表窗体的属性设置

属 性	设置值	说 明
MaxButton	False	右上角没有放大符号
MinButton	False	右上角没有缩小符号
ControlBox	True	保留左上角控制框
BorderStyle	3-Fixed Dialog	不能改变窗体大小
Caption	"孙子兵法"	此标题显示在窗体顶部
Name	ListForm	窗体名称：在程序代码中使用

③ "始计篇"。执行"工程"菜单中的"添加窗体"命令，增加一个窗体。在该窗体上建立一个标签、一个文本框和一个命令按钮，如图 11.3 所示。

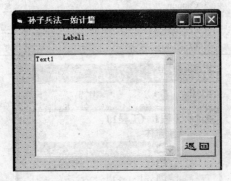

图 11.3 "始计篇"窗体

窗体及各控件的属性设置如表 10.6 所示。另外，将文本框的 text 属性设置为"始计篇"的内容。

孙子曰：兵者，国之大事，死生之地，存亡之道，不可不察也。

故经之以五事，校之以计而索其情：一曰道，二曰天，三曰地，四曰将，五曰法。道者，令民与上同意也，故可以与之死，可以与之生，而不畏危。天者，阴阳、寒暑、时制也。地者，远近、险易、广狭、死生也。将者，智、信、仁、勇、严也。法者，曲制、官者胜，不知者不胜。故校之以计而索其情，曰：主孰有道？将孰有能？天地孰练？法令孰行？兵众孰强？士卒孰练？赏罚孰明？吾以此知胜负矣。

除窗体的标题（Caption）属性和名称（Name）外，另外三个窗体的结构与第一"篇"的窗体基本相同，不再重复。请读者仿照第一"篇"的窗体的属性设置建立其他三个窗体。

建立完上面 6 个后，在"工程资源管理器"窗口中会列出已建立的窗体文件名称，如图 11.4 所示。

表 11.6 "始计篇"窗体及各控件的属性设置

对 象	属 性	设置值
窗体	Caption	"孙子兵法—始计篇"
	Name	p1

续表

对　象	属　性	设置值
标签	Name	Label1
	BackStyle	0-Transparent
	BorderStyle	0-None
文本框	Name	Text1
	MultiLine	True
	ScrollBars	2-Vertical
	Text	" "
命令按钮	Name	Command1
	Caption	"返回"
	FontSize	三号
	FontName	"隶书"

图 11.4　界面建立完成后的工程资源管理器窗口

　　利用工程资源管理器窗口，可以对任一个窗体及其代码进行修改。其方法是：单击要修改的窗体文件名，然后单击窗口上部的"查看对象"按钮，即可显示相应的窗体；而如果单击"查看对象"按钮，则可显示相应的程序代码窗口。对每个窗体及其代码的输入、编辑等操作，与单一窗体完全相同。

　　2. 编写程序代码

　　程序代码是针对每个窗体编写的，其编写方法与单一窗体相同。只要在工程资源管理器窗口中选择所需要的窗体文件，然后单击"查看代码"按钮，就以进入相应的程序代码窗口。

　　该程序的执行顺序如下。

　　1）显示封面窗体。

　　2）单击"继续"命令按钮，封面窗体消失，显示列表窗体；此时如果单击"结束"命令按钮，则结束程序。

3）列表窗体在列表框中列出目录，双击某个"篇"的目录后，列表窗体消失，显示相应窗体。

4）显示某个"篇"的窗体后，如果单击"返回"按钮，则该窗体消失，回到列表窗体。

5）在列表窗体中，如果单击"返回"按钮，则列表窗体消失，回到封面窗体。

下面根据以上执行顺序分别编写各窗体的程序代码。

① 封面窗体程序。

```
Private Sub Command1_Click()
  ListForm.Show                '显示列表窗体
  FormCover.Hide               '封面窗体消失
End Sub

Private Sub Command2_Click()
  End                          '结束程序
End Sub
```

② 列表窗体程序。

列表窗体（ListForm）用来显示目录列表。它包括两个事件过程，一个用来装入列表框的内容，另一个用来响应双击列表框中某一项时的操作。

```
Private Sub Form_Load()                '装入列表框的内容
  List1.AddItem "始计篇"
  List1.AddItem "作战篇"
  List1.AddItem "谋攻篇"
  List1.AddItem "军形篇"
  List1.AddItem "兵势篇"
  List1.AddItem "虚实篇"
  List1.AddItem "军争篇"
  List1.AddItem "九变篇"
  List1.AddItem "行军篇"
  List1.AddItem "地形篇"
  List1.AddItem "九地篇"
  List1.AddItem "火攻篇"
  List1.AddItem "用间篇"
End Sub

Private Sub List1_DblClick()           '响应双击操作
  ListForm.Hide                        '隐藏列表框
  Select Case List1.ListIndex
    Case 0
      p1.Show                          '选中列表框第1项，显示窗体p1
    Case 1
      p2.Show                          '选中列表框第1项，显示窗体p2
    Case 2
      p3.Show                          '选中列表框第1项，显示窗体p3
    Case 3
      p4.Show                          '选中列表框第1项，显示窗体p4
    Case Else
```

```
    ListForm.Show              '若一项都没选,显示列表框,让用户重新选择
    MsgBox "请选择前4项"
  End Select
End Sub
```

③ "孙子兵法·始计篇"窗体程序。

```
Private Sub Form_Load()
  Label1.FontName = "华文新魏"
  Label1.FontSize = 24
  Label1.Caption = "始计篇"
  Text1.FontName = "华文行楷"
End Sub
Private Sub Command1_Click()
  p1.Hide
  ListForm.Show
End Sub
```

"孙子兵法·作战篇"、"孙子兵法·谋攻篇"、"孙子兵法·军形篇"窗体程序与代码与上述"始计篇"类似,只是设计代码前将各窗体文本框的内容输入。请读者自行设计,这里不再赘述。

3. 运行程序

至此,多窗体程序的建立工作全部结束。执行过程如下。

1)单击工具栏中的"运行"按钮,开始执行程序,显示封面窗体,如图 11.5 所示。

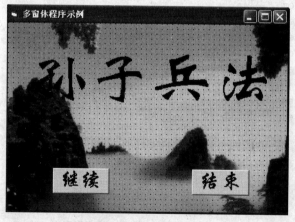

图 11.5　封面窗体

2)单击"继续"按钮,封面窗体消失,显示列表窗体,如图 11.6 所示。

3)双击列表框中的"始计篇",显示该篇内容,如图 11.7 所示。

4)单击"返回"按钮,回到列表窗体。如图 11.6 所示。

5)双击列表框中的其他项,显示与图 11.7 类似的窗体,限于篇幅,请读者自行完成。

6)单击"返回"按钮,回到列表窗体。如图 11.6 所示。

7)在列表窗体中单击"返回"按钮,回到封面窗体。如图 11.5 所示。

8）单击"结束"按钮，结束程序。

4. 多窗体程序的执行与保存

前面设计的程序包括 6 个窗体，程序运行后，首先显示的是封面窗体，即从该窗体开始执行程序。细心的读者可能会想到，Visual Basic 怎么知道是从哪个窗体开始执行呢？

（1）指定启动窗体

Visual Basic 规定，对于多窗体程序，必须指定其中一个窗体作为启动窗体；如果未指定，就把设计时的第一个窗体作为启动窗体。在上面的例子中，我们没有指定启动窗体，但由于首先设计的是封面窗体，因此自动把该窗体作为启动窗体。

只有启动窗体才能在运行程序时自动显示出来，其他窗体必须通过 Show 方法才能看到。

启动窗体通过"工程"菜单中的"工程属性"命令来指定。执行该命令后，将打开"工程属性"对话框，单击该对话框中的"通用"选项卡，将显示如图 11.8 所示的对话框。

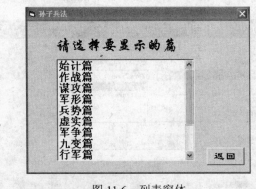

图 11.6　列表窗体

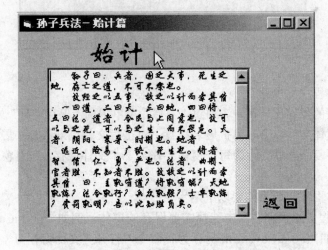

图 11.7　"孙子兵法·始计篇"窗体

单击"窗体对象"栏右端的箭头，将下拉显示当前工程中所有窗体的列表，如图 11.9

所示。此时条形光标位于当前窗体上。如果需要改变，则单击作为启动窗体的名字，然后单击"确定"按钮，即把所选择的窗体设置为启动窗体。

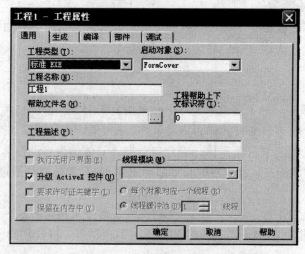

图 11.8   "工程属性"对话框

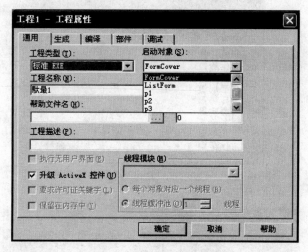

图 11.9   指定启动窗体

（2）多窗体程序的保存

单窗体程序的保存比较简单，通过"文件"菜单中的"保存工程"或"工程另存为"命令，可以对窗体文件以.frm 为扩展名存盘，对工程文件以.vbp 为扩展名存盘。而多窗体程序的保存要复杂一些，因为每个窗体要作为一个文件保存，所有窗体作为一个工程文件保存。

保存多窗体程序，通常需要以下两步。

1）在"工程资源管理器"中选择需要保存的窗体，例如"FormCover"，然后执行"文件"菜单中的"FormCover.frm 另存为"命令，打开"文件另存为"对话框。用该对话框把窗体保存到磁盘文件中。在工程资源管理器窗口中列出的每个窗体或标准模块，都必须分别存入磁盘。窗体文件的扩展名为.frm，标准模块文件的扩展名为.bas。在上面的例子中，需要保存 6 个.frm 文件。如前所述，每个窗体通常用该窗体的 Name 属性值作为文件名存盘。当然，也可以用其他文件名存盘。

2）执行"文件"菜单中的"工程另存为"命令，打开"工程另存为"对话框，把整个工程以".vbp"为扩展名存入磁盘（假定为 multiform.vbp）。

执行上面两个命令时，都要显示一个对话框，在对话框中输入要存盘的文件名及其路径。如果不指定文件名和路径，工程文件将以"工程 1.vbp"作为默认文件名存入当前目录。此外，窗体文件或工程文件存盘后，如果经过修改后再存盘，则可以执行"文件"菜单中的"保存工程"命令。执行该命令后，不显示对话框，窗体文件和工程文件直接以原来命名的文件名存盘。如果是第一次保存窗体文件或工程文件，则当执行"保存窗体"或"保存工程"命令时将分别打开"文件另存为"或"工程另存为"对话框。

如果窗体文件和工程文件都是第一次保存，则可直接执行"文件"菜单中的"保存工程"命令，它首先打开"文件另存为"对话框，分别把各个窗体文件存盘，最后打开"工程另存为"对话框，将工程文件存盘。

4. 几点说明

① 多窗体程序是单一窗体程序的集合，是在单一窗体程序的基础上建立起来的。利用多窗体，可以把一个复杂的问题分解为若干个简单的问题，每个简单的问题使用一个窗体。并且可以根据需要增加窗体。例如在上面的程序中，可以增加要阅读的战法目录以及战法内容，这只要修改列表窗体的程序代码并增加相应的窗体即可实现。

② 如前所述，在单一窗体程序中，工程资源管理器窗口的作用显得不十分重要，因为只有一个窗体文件。而在多重窗体程序中，工程资源管理器窗口是十分有用的。每个窗体作为一个文件保存，为了对某个窗体（包括界面和程序代码）进行修改，必须在工程资源管理器窗口中找到该窗体文件，然后调出界面或代码。

③ 在一般情况下，屏幕上某个时刻显示一个窗体，其他窗体隐藏或从内存中删除。为了提高执行速度，暂不显示的窗体通常用 Hide 方法隐藏。窗体隐藏后，只是不在屏幕上显示，仍在内存中，它要占用一部分内存空间。因此，当窗体较多时，有可能造成内存紧张。如果出现这种情况，则应当用 Unload 方法删除一部分窗体，需要时再用 Show 方法显示，因为 Show 方法具有双重功能，即先装入后显示。这样可能会对执行速度有一定影响。

④ 利用窗体可以建立较为复杂的对话框。但是，在某些情况下，如果用 InputBox 或 MsgBox 函数能满足需要，则不必用窗体作为对话框。

⑤ 窗体显示时，其 Visible 属性为 True，隐藏时 Visible 属性为 False。因此，可以通过 Visible 属性检查一个窗体是否隐藏。例如：

```
If FormCover.Visible Then
  FormCover.Hide
End If
```

11.2 多文档界面的程序设计

11.2.1 多文档界面的特性

熟悉 Windows 应用程序的用户一定知道，并不是所有的用户界面都是统一风格的，有两种主要的用户界面风格：单文档界面（SDI）和多文档界面（MDI）。单文档界面风格的应用程序有写字板、记事本等，每次只有一个文档是打开的，如果要处理另一个文档，必须先关闭当前文档，而多文档界面风格的应用程序，例如 Microsoft Word、Excel 等，允许同时打开几个不同的文档，通过菜单"窗口"的子菜单或鼠标在不同窗口之间切换。本节主要讨论 MDI 的一些特性，并结合实例介绍如何编写 MDI 应用程序，以及如何建立 MDI 应用程序的菜单。

MDI 窗体是所有单个子窗体的容器。多窗体用户界面的应用程序只能有一个 MDI 父窗体，它管理所有的 MDI 子窗体。MDI 窗体的属性清单比标准窗体的属性清单短，它也不一定是过程的启动窗体。

1. 特性

和其他窗体相比，MDI 窗体有其特别之处如下。

① MDI 窗体是子窗体的容器，任何时候，子窗体都在 MDI 窗体中，它的存在随着 MDI 窗体而定。

② MDI 窗体可以有自己的菜单，但是，如果具有输入焦点的子窗体有菜单时，子窗体的菜单会出现在 MDI 窗体上，在子窗体中看不到菜单，菜单被迁移到父 MDI 窗体。

③ 设计阶段可以给 MDI 窗体添加控件，但只能添加那些带有 Align 属性的控件，当该控件放在 MDI 窗体上时，子窗体不能与控件的任何一部分重叠。

④ 当最大化 MDI 子窗体时，子窗体的标题显示在 MDI 窗体的标题上。

2. 属性、方法

MDI 应用程序所使用的属性、事件和方法与单一窗体没有区别，但增加了专门用于 MDI 的属性、事件和方法，包括 MdiChild 属性、Arrange 方法等。

① MdiChild 属性。若一个窗体的属性值为 True，则该窗体将作为父窗体的子窗体；值为 False，不作为子窗体。该属性只能通过属性窗口设置，不能在程序代码中设置。在设置该属性之前，必须先定义 MDI 父窗体，具体方法见后面的示例。

② Arrange 方法。Arrange 方法用来以不同的方式排列 MDI 中的窗口或图标。其格式为：

MDI 窗体.Arrange 方式

其中，"MDI 窗体"是需要重新排列的 MDI 窗体的名字，在该窗体内含有子窗体或图标。"方式"是一个整数值，用来指定 MDI 窗体中子窗体或图标的排列方式，其值为 0，1，2，3，其含义如表 11.7 所示。

表 11.7　Array "方式" 的取值

值	功　能
0	使各窗体 "层叠式" 排列
1	使各子窗体呈 "水平平铺式" 排列
2	使各子窗体呈 "垂直平铺式" 排列
3	当子窗体被最小化为图标后，该方式将使图标在父窗体的底部重新排列

11.2.2　多文档界面应用程序设计示例

我们通过一个例子来介绍如何建立 MDI 应用程序。

例 11.2　建立一个 MDI 父窗体，在父窗体上建立 3 个子窗体，并对 3 个子窗体按不同方式排列。

1. 建立父窗体和子窗体

1）启动 Visual Basic，执行 "工程" 菜单中的 "添加 MDI 窗体" 命令，即可建立一个名为 MDIForm1 的父窗体。

2）双击工程资源管理器窗口中的 Form1，屏幕上出现 Form1 窗体。在属性窗口中找到 MdiChild 属性，把它的值设置为 True，Form1 就成为 MDI 父窗体的一个子窗体。

3）执行 "工程" 菜单中的 "工程 1 属性" 命令，出现工程 1 属性对话框，在 "通用" 选项卡中单击 "启动对象"，选中 MDIForm1。即将 MDIForm1 设置为启动窗体。

4）执行 "工程" 菜单中的 "添加窗体" 命令，建立一个窗体 Form2，把该窗体的 MdiChild 属性设置为 True，使它变成 MDI 子窗体。

5）用同样的方法建立子窗体 Form3。此时工程资源管理器窗口中有四个窗体名，如图 11.10 所示。

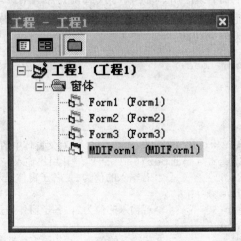

图 11.10　工程资源管理器窗口的四个窗体

6）双击工程资源管理器窗口中的 MDIForm1，屏幕上显示 MDI 父窗体。在父窗体中画一个图片框，适当调整其大小。

注意　只有在父窗体中画一个图片框，才能在父窗体中建立控件。无论在父窗体的什么位置画图片框，它都显示在 MDI 父窗体的上部，而且与窗体的宽度相同。

7）在图片框中画两个命令按钮 Command1 和 Command2，如图 11.11 所示。

图 11.11　在父窗体的图片框中建立命令按钮

8）双击工程资源管理器窗口中的 Form1，屏幕上显示 Form1 窗体，在该窗体内建立一个命令按钮 Command1。

9）用同样的操作在其他两个子窗体内各画一个命令，图 11.10 建立父窗体和子按钮 Command1。窗体后的工程资源管理器窗口

至此，MDI 父窗体和子窗体已建立完毕。但是，子窗体没有在父窗体上显示出来，必须编写适当的程序代码才能建立完整的 MDI 应用程序。

2. 编写程序代码

程序代码是针对每个窗体编写的。在编写代码前，应先在工程资源管理器窗口中双击相应的窗体，然后才能通过双击窗体进入相应窗体的程序代码窗口进行代码编写。

1）编写 MDI 父窗体程序代码。

```
Private Sub MDIForm_Load()              '用show方法显示各子窗体
  Form1.Show
  Form2.Show
  Form3.Show
End Sub
Private Sub Command1_Click()            '对父窗体中的3个子窗体进行排列
  p = InputBox("Enter a number(0-3):")  '让用户输入0－3之间的整数
  If p = 1 Then                '若输入的值为1，各子窗体呈水平平铺式排列
    MDIForm1.Arrange 1
  ElseIf p = 2 Then            '若输入的值为2，各子窗体呈垂直平铺式排列
    MDIForm1.Arrange 2
  ElseIf p = 3 Then            '若输入的值为3，各子窗体被最小化为图标后将重新排列
    MDIForm1.Arrange 3
  Else                         '若输入的值为0，各子窗体呈层叠式排列
    MDIForm1.Arrange 0
  End If
End Sub
```

```
Private Sub Command2_Click()        'Command2用来结束程序的运行
  End
End Sub
```

2）编写子窗体程序代码：

Form1 子窗体：

```
Private Sub Command1_Click()
  FontSize = 18
  FontName = "隶书"
  Print "这是第一个窗体"
End Sub
```

Form2 子窗体：

```
Private Sub Command1_Click()
  FontSize = 18
  FontName = "隶书"
  Print "这是第二个窗体"
End Sub
```

Form3 子窗体：

```
Private Sub Command1_Click()
  FontSize = 18
  FontName = "隶书"
  Print "这是第三个窗体"
End Sub
```

上述程序运行后，显示 MDI 父窗体。在父窗体的上方有两个命令按钮，下方有 3 个呈层叠式排列的子窗体，如图 11.12 所示。

图 11.12　显示子窗体（1）

单击 Command1，显示输入对话框，输入 0—3 之间的数字，可观察子窗体的排列情况。输入 2 并单击"确定"按钮后，子窗体呈垂直平铺式排列。然后单击每个子窗体中的命令按钮，在每个子窗体内显示相应的信息，如图 11.13 所示。

单击每个子窗体右上角的"最小化"按钮，可以使子窗体最小化显示，出现在父窗体的底部，如图 11.14 所示。

子窗体最小化显示以后，其右上角的三个按钮仍然保留，只是原来的最小化按钮变为恢复按钮。如果单击该按钮，则可使相应的子窗体恢复显示；而如果单击"最大化"按钮，则可使该子窗体扩大到整个工作区（不是整个屏幕，也不是整个 MDI 窗体），子窗体的标题也移到 MDI 父窗体的标题栏。例如，单击第一个子窗体的"最大化"按钮，可使该窗体扩大到 MDI 窗体的工作区，其标题合并到 MDI 窗体的标题上。

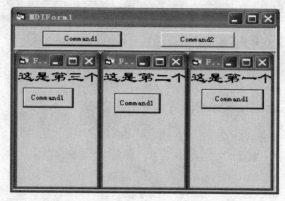

图 11.13   显示子窗体（2）

图 11.14   显示子窗体（3）

如果单击父窗体控制区中的右命令按钮，则结束 MDI 应用程序。

11.2.3   多文档应用程序中的菜单

在 MDI 应用程序中，菜单可以建立在父窗体上，也可以建立在子窗体上。每个窗体的菜单在 MDI 父窗体上显示，而不是在子窗体本身显示。当一个子窗体为活动窗体（即有焦点）窗体时，该子窗体的菜单（如果有的话）将取代 MDI 窗体菜单条上的菜单。如果没有可见的子窗体，或者有焦点的子窗体没有菜单，则显示 MDI 父窗体的菜单。

在不同的状态下，MDI 应用程序可以使用不同的菜单设置。当用户打开一个子窗体时，应用程序显示与该子窗体有关的菜单。当没有可见的子窗体时，显示 MDI 父窗体的菜单。例如，在 Microsoft Word 应用程序中，当没有打开文档时，只显示两个菜单项，即"文件"和"帮助"菜单；而打开一个文档后，显示其他菜单（文件、编辑、视图等）。

为了对 MDI 应用程序建立菜单，可以分别建立 MDI 窗体和子窗体的菜单。在 MDI 应用程序中处理菜单的一般方式是，把始终显示的菜单控件（即使在没有可见的子窗体时）放在 MDI 窗体上，而把用于子窗体的菜单控件放在子窗体上。程序运行后，当没有可见的子窗体时，自动显示 MDI 窗体的菜单，而只要有一个子窗体可见，就在 MDI 窗体的菜单条上显示这些菜单的标题。

大多数 MDI 应用程序（例如 Microsoft Excel 和 Word）都包括一个 Window（窗口）菜单。这是一个显示所有打开的子窗体的菜单（如 Word 中的"窗口"菜单）。此外，也可以把对子窗口操作的命令放在这个菜单上。

通过把某个菜单的 WindowList 属性设置为 True，可以用 MDI 窗体或子窗体上的任何菜单显示已打开的子窗体的列表。在运行期间，Visual Basic 自动管理和显示子窗体标题的列表，并在当前在焦点的标题的左侧显示检查标记，同时自动在子窗体列表的上面加上一个分隔条。

设置 WindowList 属性的步骤如下。

1）选择要显示菜单的窗体（父窗体或子窗体），执行"工具"菜单中的"菜单编辑器"命令，打开"菜单编辑器"窗口。

2）在菜单项显示区中，选择要打开的子窗体以显示列表的菜单。

3）选择 WindowList 复选框。

在运行期间，这个菜单显示打开的子窗体的列表，同时，这个菜单的 WindowList 属性作为 True 返回。

注意 WindowList 属性只适用于 MDI 窗体和 MDI 子窗体，对于标准（非 MDI）窗体，该属性无效。

我们通过一个例子来说明如何在 MDI 应用程序中使用菜单。

例 11.3 在 MDI 父窗体上建立菜单，通过菜单命令实现子窗体的建立及排列操作。

首先建立父窗体，把它设置为启动窗体，把 Form1 窗体的 MDIChild 属性设置为 True；然后对父窗体建立如图 11.15 所示的菜单。

注意 在菜单编辑器窗口中，"窗口"菜单项的 WindowList 属性（"显示窗口列表"）已被设置为 On（即框中有√）。

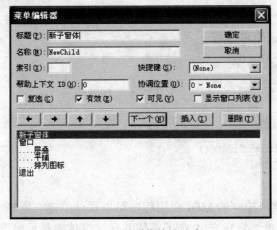

图 11.15　例题菜单设计窗口

该菜单含有三个主菜单项，其中"新子窗体！"和"退出！"是立即执行的菜单命令，不带有子菜单项，而"窗口"带有三个子菜单项，如图 11.16 所示。

在窗体层定义如下变量：

```
Dim counter
```

各菜单项的事件过程如下。

（1）NewChild 事件过程

```
Private Sub NewChild_Click()
  Dim NewChild As New Form1
  NewChild.Show
  couter = Count + 1
End Sub
```

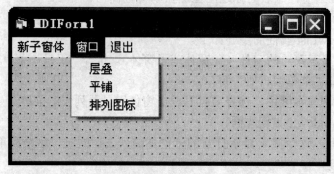

图 11.16　MDI 父窗体菜单

（2）Cascade 事件过程

```
Private Sub cascade_Click()
  MDIForm1.Arrange 0
End Sub
```

（3）Tile 事件过程

```
Private Sub tile_Click()
  MDIForm1.Arrange 1
End Sub
```

（4）ArrangeIcon 事件过程

```
Private Sub ArrangeIcon_Click()
  MDIForm1.Arrange 3
End Sub
```

（5）Exit 事件过程

```
Private Sub Exit_Click()
  Unload MDIForm1
End Sub
```

至此，这个由菜单控制的 MDI 应用程序可以说已经建立完毕。程序运行后，单击 4 次"新子窗体！"菜单，将建立 4 个子窗体并在父窗体内显示出来。单击"窗口"菜单中的某个菜单项，可以使子窗体相应的方式排列。例如单击"窗口"菜单中的"平铺"命令，其结果如图 11.17 所示。如果单击 Exit 菜单项，则退出程序。

图 11.17　例题执行结果

小　结

本章介绍了多窗体程序设计和多文档界面程序设计的基本概念和常用方法，多窗体程序与单窗体程序的区别，多文档界面（MDI）与多重窗体的区别，MDI 子窗体和普通窗体的区分。通过实例重点介绍了多窗体程序设计中常用方法的使用；多文档界面的特性、属性和方法的使用及设计；多文档应用程序中菜单的使用。

习　题

1．多窗体程序与单窗体程序有何区别？
2．为什么说在多窗体程序设计中，工程资源管理器有重要作用？
3．怎样保存和装入多窗体程序？
4．依照例 11.1 建立多窗体程序：

设计一个"古诗选读"程序，该程序由 6 个窗体构成，其中一个窗体为封面窗体，一个窗体为列表窗体，其余 4 个窗体分别用来显示 4 首诗的内容。程序运行后，先显示封面窗体，接着显示列表窗体。在该窗体中列出所要阅读的古诗目录（4 个）。双击某个目录后，在另一个窗体的文本框中显示相应的诗文内容，每首诗用一个窗体显示。

要显示的 4 首诗为：

（1）望天门山　　　　　　　　　　　（2）黄鹤楼送孟浩然之广陵

天门中断楚江开，　　　　　　　　　故人西辞黄鹤楼，

碧水东流至此还。　　　　　　　　　烟花三月下扬州。

两岸青山相对出，　　　　　　　　　孤帆远影碧空尽，

孤帆一片日边来。　　　　　　　　　惟见长江天际流。

（3）黄鹤楼

昔人已乘黄鹤去，

此地空余黄鹤楼。

黄鹤一去不复返，

白云千载空悠悠。

晴川历历汉阳树，

芳草萋萋鹦鹉洲。

日暮乡关何处是，

烟波江上使人愁。

（4）蜀相

丞相祠堂何处寻？

锦宫城外柏森森。

映阶碧草自春色，

隔叶黄鹂空好音。

三顾频烦天下计，

两朝开济老臣心。

出师未捷身先死，

长使英雄泪满襟。

多文档界面（MDI）与多重窗体有什么区别？

怎样建立 MDI 窗体和 MDI 子窗体？如何区分 MDI 窗体和 MDI 子窗体？如何区分 MDI 子窗体和普通窗体？

建立 MDI 应用程序的一般过程是什么？

用 MDI 实现第 11.4 题的操作。不使用封面窗体和列表窗体，在 MDI 窗体中用 4 个命令按钮显示 4 首诗的目录，单击命令按钮后，在 MDI 子窗体中显示相应的诗文内容。

第 12 章 多媒体编程基础

本章要点

本章主要学习如何运用多媒体控件、API 函数及 OLE 控件编写多媒体程序。
- 利用多媒体控件（MMControl）编写多功能的媒体播放器
- 运用 Windows API 制作多媒体应用程序
- 使用 OLE 控件实现多媒体应用

本章难点

- 多媒体控件的常用属性、事件的含义与使用
- 使用 API 函数和 OLE 进行多媒体编程

12.1 多媒体控件

12.1.1 多媒体控件简介

随着多媒体技术的发展，多媒体的应用也越来越广泛，它将文字、图像、声音、视频和动画等信息和传统的视听相结合，改变了人们传统的学习和娱乐方式，使整个信息产业从 20 世纪 90 年代开始得到飞速地发展。

Visual Basic 提供了多种控件用于多媒体的编程，通过媒体控制接口（Media Control Interface，简称 MCI）部分控件只需加入几行简单的代码或不加代码就可以实现多媒体文件的播放。MCI 设备包括声卡、MIDI 序列发生器、CD-ROM 驱动器、光盘播放器和视频磁带录放器，应用程序通过特定的 MCI 驱动程序发送 MCI 命令，就可以实现对多媒体设备的控制。

MCI 控件是 Visual Basic 提供的一个 ActiveX 控件，在使用前必须将它放入工具箱中，按以下步骤添加。

1）单击"工程"菜单中的"部件"，在部件对话框中选择"控件"选项卡。

2）在控件列表框中选择"Microsoft Multimedia Control 6.0"，按确定。

在工具箱中就添加了一个名为"MMControl"的控件。将该控件添加到窗体中，外观如图 12.1 所示。各按钮的名称从左至右依次为：

Previous、Next、Play、Pause、Back、Step、Stop、Record、Eject。

各按钮的功能如表 12.1 所示。

图 12.1 MMControl 控件外观

表 12.1　各播放键的功能

按钮名称	功　能
Previous	回到当前曲目的起始处
Next	到下一个曲目的起始处
Play	播放
Pause	暂停
Back	前进一步
Step	后退一步
Stop	停止
Record	录制
Eject	弹出光盘

在使用该控件上的这些按钮前，应用程序必须先通过将相应的 MCI 设备打开，然后打开播放的文件，最后用 open 命令打开设备，并将部分不需要的按钮设置为不可见。需要部分按钮的操作在属性页中完成，在 MMControl 控件上单击右键，选择"属性"，出现属性页，如图 12.2 所示。

通用选项卡中常用选项及功能："设备类型"设置要打开的 MCI 设备类型；"文件名"设置需要打开的媒体文件；"更新间隔"设置 StatusUpdate 事件间的间隔时间，单位为毫秒；"帧数"设置前进和后退一步的帧数变化值。

在控件选项卡（如图 12.3 所示）中显示所有的按钮是否有效和可见。有效为按钮的 Enable 属性，可见为按钮的 Visiable 属性。

例如，一个简单的 Wave 音乐播放器。

在窗体上添加一个 MMControl 控件，打开属性页，在通用选项卡的设备类型中输入：Waveaudio，在文件名中输入：C：\WINDOWS\MEDIA\The Microsoft Sound.wav。在控件选项卡中选择播放有效和停止有效，其余按钮的可视全部去除，按确定键。在窗体的 Click 事件中添加如下代码：

```
Private Sub Form_Click()
  MMControl1.Command = "Open"
End Sub
```

运行程序，先在窗体上单击鼠标键，按钮可见后按播放键，就可以听见启动进入 Windows 的声音。

图 12.2　通用选项卡的属性页

图 12.3　控件选项卡的属性页

12.1.2　多媒体控件常用的属性和事件

多媒体控件提供许多的属性，通过对这些属性的综合使用，可以制作出功能强大的多媒体程序。下面将介绍部分常用的一些属性和事件以及它们的一些应用，有兴趣的读者可以参考相关资料学习未介绍的属性。

1. 常用属性

（1）AutoEnable 属性

根据设备的性能自动启动或关闭控件按钮。有两个值：True 和 False。为 True 时，有效的按钮以黑色显示，无效的以灰色显示；为 False 时，所有的按钮均以灰色显示。

格式：[form.] MMControl.AutoEnable [= {True | False }]

（2）ButtonEnable 属性

设置 MCI 控件上的按钮是否有效。使用该属性相应的 MCI 设备必须打开，并且控件的 AutoEnable 属性应为 False。

格式：[form .] MMControl.ButtonEnabled [= { True | False }]

其中 Button 代表控件上的按钮，格式中的 Button 用以下值替代：Back、Eject、Next、Pause、Play、Prev、Record、Step 或 Stop。

例如，MMControl1.RecordEnabled = False

该语句可将录制按钮设为无效（灰色显示）。

（3）ButtonVisible 属性

设置 MCI 控件上的按钮是否可见。

格式：[form.] MMControl.ButtonVisible [= { True | False }]

Button 取值与 ButtonEnable 属性取值相同。

（4）Command 属性

向媒体设备发出命令，共有 14 个值（如表 12.2 所示）对于设备支持的多媒体格式一般默认按钮的命令（不需写事件），除非要重定义按钮的功能。

格式：[form.]MMControl.Command [= 命令字符串]

例如，MMControl1.Command=“play”

表 12.2　播放设定的多媒体文件

命令字符串	功　能
Back	后退一步，后退多少帧由 Frames 属性决定
Close	关闭已打开的设备
Eject	弹出光盘
Next	到下一曲目开始处
Open	打开一个设备
Pause	暂停播放或暂停后继续播放
Play	播放
Prev	到当前曲目的起始处，三秒内重按，到上一个曲目起始处
Record	录制

命令字符串	功　能
Save	存储打开的文件
Seek	查找位置，位置值由 To 属性决定
Sound	播放声音
Step	前进一步，前进多少帧由 Frames 属性决定
Stop	停止播放

（5）DeviceType 属性

设置打开的 MCI 设备的类型（如表 12.3 所示）。

格式：[form.] MMControl.DeviceType [= 设备类型]

例如，MMControl1.DeviceType = "mpegvideo"

指定播放 VCD 设备。

表 12.3　常用 MCI 设备

设备类型	功　能
animation	动画设备
cdaudio	CD 音频设备
avivideo	Avi 动画设备
mpegvideo	VCD 设备
sequencer	MIDI 序列
waveaudio	波形音频设备

（6）FileName 属性

指定要播放的文件名。

格式：[form.] MMControl.FileName [=文件名]

（7）Frames 属性

设置前进或后退的帧数（帧就是画面）。

格式：[form.]MMControl. Frames=帧数

例如，MMControl1. Frames = 100

每按一下前进或后退键，前进或后退 100 帧（画面）。

（8）From 属性

设置 Play 或 Record 命令的起始点。位置值单位由 TimeFormat 属性决定。该属性只对下一条 MCI 命令有效。

格式：[form.] MMControl.From [=位置]

（9）HwndDisplay 属性

对于利用窗口显示输出结果的设备（如，mpegvideo），利用该属性设置多媒体设备显示的窗口。该属性是 MCI 设备输出窗口的句柄，输出位置的句柄通过使用窗体或控件的 HWnd 属性。缺省时通过一个新窗体显示。

格式：[form.] MMControl.hWndDispla y[=输出位置的句柄]

例如，MMControl1.hWndDisplay = Picture1.HWnd

指定图片框为显示窗口。

（10）Length 属性

根据当前的时间格式，返回文件的长度。

格式：[form.] MMControl.Length

例如，在播放时，利用滑块进行定位时，滑块的起始和终止的取值。

```
Slider1.Min = 0
Slider1.Max =MMControl1.Length
```

（11）Position 属性

返回当前多媒体文件播放到的位置。

格式：[form.] MMControl.Position

（12）Start 属性

返回当前播放媒体的起始位置。

格式：[form.] MMControl.Start

（13）TimeFormat 属性

设置多媒体设备使用的时间格式。

格式：[form.] MMControl.TimeFormat [= value]

每种格式都有相应的多媒体设备，若多媒体设备不支持设定的格式，系统将使用预设的时间格式。

例如，MMControl1.TimeFormat = 1

以时分秒的格式显示。

value 的取值如表 12.4 所示。

表 12.4 value 的取值

value	设置值	时间格式
0	mciFormatMilliseconds	用四字节整数变量保存毫秒数
1	MciFormatHms	四字节整数保存小时、分和秒数，最高字节未用
2	MciFormatMsf	四字节整数保存分、秒和帧数，最高字节未用
3	MciFormatFrames	用四字节整数变量保存帧数
4	mciFormatSmpte24	24-帧 SMPTE[①]将小时、分、秒和帧数存储到一个四字节的整数中
5	mciFormatSmpte25	25-帧 SMPTE 将小时、分、秒和帧数存储到一个四字节的整数中
6	mciFormatSmpte30	30-帧 SMPTE 将小时、分、秒和帧数存储到一个四字节的整数中
7	mciFormatSmpte30Drop	30-放下-帧 SMPTE 将小时、分、秒和帧数存储到一个四字节的整数中
8	MciFormatBytes	用四字节整数变量保存字节数
9	MciFormatSamples	用四字节整数变量保存示例
10	MciFormatTmsf	曲目、分钟数、秒数和帧用一个四字节整数保存曲目、分钟数、秒数和帧

① SMPTE 为动画和电视工程师协会，SMPTE 时间采用绝对时间，按时、分、秒和帧格式显示。

（14）To 属性

设置 Play 或 Record 命令的终止点。位置值单位由 TimeFormat 属性决定。该属性只对下一条 MCI 命令有效。

格式：[form.] MMControl.To [= value]

例如：

```
MMControl1.To = Slider1.Value
MMControl1.Command="seek"
```

使用滑块时，拖动滑块定位播放的位置。

（15）Track 属性

播放 CD 时，指定曲目，供 TrackLength 和 TrackPosition 属性返回信息。

格式：[form.] MMControl.Track [= value]

（16）TrackLength 属性

以当前的时间格式，返回曲目的长度。

格式：[form.] MMControl.TrackLength

（17）TrackPosition 属性

以当前的时间格式，返回曲目的起始位置。

格式：[form.] MMControl.TrackPosition

（18）Tracks 属性

返回当前设备中的曲目个数。

格式：[form.] MMControl.Tracks

（19）UpdateInterval 属性

设置两次连续的 StatusUpdate 事件之间的毫秒数。

格式：[form.] MMControl.UpdateInterval [= value]

该属性与 timer 控件 Interval 属性相似。

（20）Wait 属性

设置 Multimedia MCI 控件是否要等到 MCI 命令完成后，才将控件的控制权返回给应用程序。

格式：[form.] MMControl.Wait [= { True | False }]

例如：

```
MMControl1.Wait=True
MMControl1.Command="play"
MMControl1.Command="close"
```

虽然两个 Command 命令在一起，但在播放时，控件的控制权不在应用程序，必须等 Play 命令执行完毕后，应用程序才得到控制权执行 Close 命令。效果是播放完才关闭设备。若 Wait 的值为 False，效果是还没有播放就停止。

2. 常用事件

（1）ButtonClick 事件

用户在控件的按钮上单击后产生。

格式：Private Sub MMControl1_ButtonClick（Cancel As Integer）

Button 用以下值替代：Back、Eject、Next、Pause、Play、Prev、Record、Step 或 Stop。

其中 Cancel 取值为 True 或 False。为 True 时，缺省的 MCI 命令不执行；为 False 时，执行缺省的 MCI 命令。

各按钮对应的 MCI 命令如表 12.5 所示。

例如：

```
Private Sub MMControl1_BackClick(Cancel As Integer)
      Cancel = True
End Sub
```

程序运行后单击 Back 按钮，不会产生后退一步。

表 12.5 各按钮对应的 MCI 命令

Button 值	MCI 命令
Back	MCI_STEP
Step	MCI_STEP
Play	MCI_PLAY
Pause	MCI_PAUSE
Prev	MCI_SEEK
Next	MCI_SEEK
Stop	MCI_STOP
Record	MCI_RECORD
Eject	MCI_SET

（2）ButtonCompleted 事件

当 MCI 控件激活的 MCI 命令结束时产生该事件。

格式：Private Sub MMControl1_ButtonCompleted（Errorcode As Long）

Button 用以下值替代：Back、Eject、Next、Pause、Play、Prev、Record、Step 或 Stop。其中，Errorcode 的取值为 0 或其他值。0 表示命令执行成功，其他值表示命令没有成功完成。

（3）StatusUpdate 事件

在 UpdateInterval 属性设定的时间间隔自动触发事件。

格式：Private Sub MMControl1_StatusUpdate（）

12.1.3 MCI 控件编程举例

例 12.1 编写一个简单的用于播放 AVI 的程序。

在窗体中加入一个 MMControl 控件、一个公共对话框控件、一个图片框两个按钮，如图 12.4 所示。各控件的属性设置如表 12.6 所示。

打开 MMControl 控件的属性页，将 Record 和 Eject 设置成不可见，帧数为 100。

表 12.6   各控件的属性设置

控　件	属　性	设置值
窗体	Caption	我的媒体播放器
	MaxButton	False
图片框	ScaleMode	3-Pixel
	ScaleHeight	235
	ScaleWidth	350
命令按钮 1	Caption	打开
命令按钮 2	Caption	关闭
公共对话框	DialogTitle	打开 AVI 文件

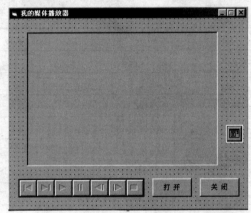

图 12.4   媒体播放器

编写以下代码:

```
Private Sub Command1_Click()
    On Error GoTo dealerror                          '该行以后代码运行中出错, 执行出错
处理
    CommonDialog1.Filter = " windows视频|*.avi"      '设置打开文件的扩展名
    CommonDialog1.ShowOpen                           '打开公共对话框
    MMControl1.FileName = CommonDialog1.FileName     '打开AVI文件
    MMControl1.DeviceType = "avivideo"               '设置播放设备
    MMControl1.Command = "open"                      '打开设备
    MMControl1.hWndDisplay = Picture1.hWnd           '用图片框播放文件
    Exit Sub
dealerror:                                           '若未选择文件, 不执行
End Sub
Private Sub Command2_Click()
    MMControl1.Command = "close"                     '关闭设备
    Unload Me                                        '卸载窗体
End Sub
```

例 12.2   制作一个简单的 CD 播放器。

在窗体中加入一个 **MMControl** 控件、一个公共对话框控件、两个标签和一个按钮。

如图 12.5 所示。

打开 MMControl 控件的属性页，将 Record、Back 和 Step 设置成不可见。各控件属性设置如表 12.7 所示。

表 12.7　各控件的属性设置

控　件	属　性	设置值
窗体	Caption	CD 播放机
	MaxButton	False
标签 1	Caption	（删除原有内容）
	BorderStyle	1
标签 2	Caption	当前播放的曲目
命令按钮	Caption	导入曲目

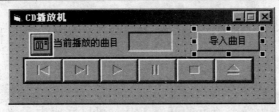

图 12.5　CD 播放器

编写以下的代码：

```
Private Sub Command1_Click()
  On Error GoTo dealerror
  Me.CommonDialog1.DialogTitle = "打开CD曲目"
  Me.CommonDialog1.Filter = "CD(*.cda)|*.cda"
  Me.CommonDialog1.ShowOpen
  Me.MMControl1.To = Val(Mid(Me.CommonDialog1.FileName, 9, 2))
  Me.MMControl1.Track = Me.MMControl1.To
  Me.MMControl1.Command = "seek"
  Exit Sub
  dealerror:
End Sub
```

该段代码中，CD 的文件扩展名为 ".cda"，任何 CD 音乐其文件名都有一个统一的规格，即文件名组成为 5 个字母+2 个数字+扩展名，如 track01.cda。从中可以取出数字（曲目位置），通过公共对话框得到的文件名前有 3 个驱动器位置信息，如 "d:\track01.cda"，将其中的第九、十两位数字取出就可以得到曲目。程序中的 Mid 函数用于取中间的字符串，从第九个字符开始取两个字符。因为得到的是字符串，所以前面再加 Val 函数转化为数值型。通过 To 属性和 Seek 属性确定当前曲目的音轨位置。程序代码如下：

```
Private Sub Form_Load()
  Me.MMControl1.Command = "close"
  Me.MMControl1.DeviceType = "CDAudio"
```

```
  Me.MMControl1.Command = "open"
End Sub
```

该段代码用于指定播放设备，第一行代码是若已打开了设备就关闭设备。

```
Private Sub Form_Unload(Cancel As Integer)
  Me.MMControl1.Command = "stop"
  Me.MMControl1.Command = "close"
End Sub
```

该段代码用于关闭窗体时，停止播放 CD 并关闭设备。

```
Private Sub MMControl1_StatusUpdate()
  Me.Label1.Caption = "第" & Me.MMControl1.Track & "曲"
End Sub
```

该段代码用于显示当前播放的为第几首曲目。

12.2 调用 API 函数设计多媒体应用程序

12.2.1 Windows API 函数简介

Visual Basic 作为当今流行的开发工具，可以完成大多数的编程任务，如一般 Windows 应用程序、数据库应用和网络应用等。但有些操作比如访问操作系统、管理内存等仅仅依靠 Visual Basic 语言本身是无法实现或实现起来有困难。对于这类较为复杂的任务，可在 Visual Basic 中调用 Windows API 函数来实现，而且实现起来往往很方便、快捷。

Windows API（Application Programming Interface）是 Windows 应用程序编程接口的简称，是一个由操作系统所支持的函数声明、参数定义和信息格式的集合，其中包含了许许多多的函数、例程、类型和常数定义。它们可在创建在 Microsoft Windows 下运行的应用程序中使用，而其中使用最多的部分是从 Windows 中调用 API 函数的代码元素，即通常所说的 Windows API 函数。

Windows API 函数的实质是一组由 C 语言编写而成的函数，但可以被任何位于适当平台上的语言所调用。Windows API 函数按功能分，主要有图形管理函数、图形设备函数、系统服务函数和多媒体应用函数这几类。Windows API 函数是作为动态链接库的形式提供给用户的，通常存在于 Windows 目录或 Windows\system 目录下的以*.DLL 为扩展名的库文件中。用户要在 Visual Basic 中调用这些函数，需要作好这些函数与 Visual Basic 应用程序之间的接口工作，很重要的是在应用程序中事先完成对 API 函数的声明。

12.2.2 API 函数的声明

API 函数包含在 Windows 自带的动态链接库（DLL）文件中。如此，由于 DLL 过程存在于 Visual Basic 应用程序之外的文件中，欲使用它必须指定过程的所在位置和调用时所用的参数。通过在 Visual Basic 应用程序中声明外部过程，能够访问 Windows API（以及其他的外部 DLL 过程）。在声明了过程之后，调用它的方法与 Visual Basic 自己的过程相同。

在 Visual Basic 中，可以在代码窗口的"声明"部分写入一个 Declare 语句来提供上述有关 API 函数的信息。分以下两种情况。

① 过程如果返回一个值，则可将其声明为 Function 类型，形式如下。

Declare Function name Lib "libname" [Alias Aliasname] [（[[ByVal] variable [As type] [，ByVal] variable [As type]…]）] as Type

② 过程如果没有返回值，则可将其声明成 Sub 类型，形式如下。

Declare Sub name Lib "libname" [Alias Aliasname] [（[[ByVal] variable [As type] [，ByVal] variable [As type]…]）]

参数说明如下。

name：必需的。在 API 函数调用时用于识别过程的名称。

Lib：必需的，关键字。其后包含所声明过程的动态链接库或代码资源。

libname：必需的。为有效字符串，指出所声明过程的动态链接库名或代码资源名。

Alias：可选的，关键字。所声明过程在动态链接库或代码资源中的别名。

Aliasname ：可选的。动态链接库或代码资源中的过程名。

variable ：可选的。调用过程所需要的参数。

12.2.3　使用 API 浏览器

12.2.2 节介绍了在 Visual Basic 中声明 API 函数的方法，可以看出声明语句是比较复杂的。不但声明语句冗长，而且其中的参数更是繁杂，要记住这些参数非常困难。不过这些都可以参考 API 手册。而要在 Visual Basic 中声明 API 函数，可以借助 Visual Basic 提供的专门工具，这就是 API Viewer 应用程序 APILOAD.EXE——API 浏览器。有了 API 浏览器，用户只需知道要调用的 API 函数名，而不需要识记函数中的关键字和参数等。

API 浏览器可以用来浏览包含在文本文件或者 Microsoft Jet 数据库中的过程声明语句、常数、类型。找到自己需要的过程之后，可将代码复制到剪贴板上，然后将其粘贴到 Visual Basic 应用程序中。您可以在您的应用程序中添加任意个过程。比如，Win32api.txt 文件中包含 Visual Basic 中经常使用的许多 Windows API 的过程声明，该文件位于 Visual Basic 主目录下的\Winapi 子目录中。要使用该文件中的函数、类型等定义时，只需将其从该文件复制到 Visual Basic 模块中即可。要查看并复制 Win32api.txt 中的过程，可以使用 API Viewer 应用程序，也可以使用其他的文本编辑器。

要查看一个 API 文件，请按照以下步骤执行。

1）"外接程序"菜单中，打开"外接程序管理器"并选择加载"VB 6 APIViwer"，然后在"加载行为"选项中选择"加载 / 卸载"，点击"确定"按钮。

2）再次从"外接程序"菜单中单击"API 浏览器"。

3）启动 API 浏览器打开您想查看的文本或数据库文件。

4）要将一个文本文件加载到浏览器中，请单击"文件\加载文本文件"并选择您想查看的文件。

5）要加载一个数据库文件，请单击"文件\加载数据库文件"。

从"API 类型"列表中选择您想查看的项目类型。

注意 您可以使 API 浏览器自动显示您上一次在其中查看的文件,方法是在它打开时,选择"视图\加载上一个文件"。

要将过程添加到 Visual Basic 代码,请按照以下步骤执行。

1)单击想在"可用项"列表中复制的过程。

2)单击"添加"按钮,该项目会出现在"选定项"列表中。

3)通过单击"声明范围"组中的"公有"或"私有的"指出项目的范围。

4)要从"选定项"列表框中删除一个条目,请单击该项并单击"移除"。

5)要从"选定项"列表框中删除所有条目,请单击"清除"。

要将选定的项目复制到剪贴板,请按照以下步骤执行。

1)单击"复制"按钮,则"选定项"列表中的所有项目都被复制。

2)打开 Visual Basic 工程,进入需要加入 API 信息的模块。

3)先设置粘贴声明语句、常数、和/或类型的插入点,然后从"编辑"菜单中选择"粘贴"。

12.2.4 使用 API 函数进行多媒体编程

声明的函数可以在 VB 中直接使用,例如 StartSound() 开始播放声音。使用 API 函数的困难在于:声明复杂、数据类型不匹配、更少的系统保护和提示。

与多媒体有关的常用 API 函数声明:

```
Public Declare Function mciSendString Lib "winmm.dll" Alias
"mciSendStringA" (ByVal lpstrCommand As String, ByVal lpstrReturnString As
String, ByVal uReturnLength As Long, ByVal hwndCallback As Long) As Long
```

lpstrcommand MCI:命令字符串。

lpstrReturnstring:返回的一个定长字符串。

uReturnLength:该字符串的长度。

HwndCallback:回调函数句柄(handle)VB 中为 0。

```
Public Declare Function mciGetErrorString Lib "winmm.dll" Alias
"mciGetErrorStringA" (ByVal dwError As Long, ByVal lpstrBuffer As String, ByVal
uLength As Long) As Long
```

函数中 dwError 是 Mcisendstring 的返回值,Mcierrorstring 是函数将返回信息的字符串,最后一个参数是该字符串的长度。

首先可以在程序的标准模块中添加函数:mciSendString 用于播放 CD 和 AVI,sndPlaySound 用于播放 WAV;auxGetNaumDevs 用于检测声卡。

所用到的全局变量声明:

```
Global Const SND_SYNC=&H0000        '播放WAV用到的全局变量
Global Const SND_ASYNC=&-H0001      '播放WAV用到的全局变量
Global Const SND_NODEFAULT=&H0002   '播放WAV用到的全局变量
Global Const SND_LOOP=&H0008        '播放WAV用到的全局变量
Global Const SND_NOSTOP=&-H0010     '播放WAV用到的全局变量
```

接下来是调用这些声明:

```
Private Sub Form_Load()
  Dim ErNum As Integer
  ErNum = auxGetNumDevs()
  If ErNum > 0 Then
    Msgbox "错误，计算机没有配置声卡或声卡工作不正常，程序无法运行！"
    End                                                    '退出程序
  End If
End Sub
```

播放 CD 的源代码:

```
Sub PlayCD(b As Integer)                                   'b为所播的音轨号
  a=mciSendString("open cdaudio alias cd wait",0&,0,0)     '初始化驱动
  a=mciSendString("set cd time format tmsf",0&,0,0)
  a=mciSendString("play cd from"& Str(b),0&,00)            '播放音轨
End Sub
```

播放 AVI 的源代码为:

```
Sub playAVI(AVIFile As String)
  Dim RVal as Long
  AVIFile="play"＋AVIFile＋"fullscreen"                    '全屏幕播放AVI文件
  RVal=mciSendString(AVIFile,0&,0,0&)
End Sub
```

播放 WAV 的源代码:

```
Sub playWAV(WAVFile As String)
  Dim wFlag ,a as Integer
  wFlag=SND_ASYNC or SND_NODEFAULT
  a=sndPlaySound(WAVFile,Flag)
End Sub
```

　　以上是播放各种媒体格式的函数，可以在程序中调用这些过程，读者朋友自己可以添加按钮试着来实现每个过程的调用。

12.3　用 OLE 开发多媒体应用程序

12.3.1　OLE 简介

　　在编写应用程序时，有时需要在一个程序里面既要包括文本、数字、图形、表格等数据，也要包括声音、视频等复杂的数据信息。对于前者，使用一些常用的控件即可处理，而对于后者，通常需要 Visual Basic 提供的一种技术——OLE 技术来实现。

　　OLE 是对象的链接和嵌入（Object Linking and Embedding）的英文简称。其含义简单的讲，为了达到共享数据的目的，而在一个 Visual Basic 程序链接或嵌入由 Windows 其他应用程序创建的数据对象。如 Microsoft Word 文档、Microsoft Excel 电子表格等。

　　在这种技术中，有两种应用程序：那些能提供可访问对象的应用程序称作对象应用程序。一般指的是非 Visual Basic 程序；而那些用于容纳 OLE 对象的应用程序被称为控制应用程序，也称为容器应用程序。一般指的是 Visual Basic 程序。

12.3.2 简单的 OLE 多媒体编程

利用 OLE 技术的主要目的是不同种类的应用程序一起工作并共享数据。共享数据的方法有两种，即链接和嵌入。限于篇幅，以下简单的介绍一个以嵌入方式来完成 OLE 多媒体编程。

假如要将 Windows 自带的一个 CD 播放工具 Cdplayer.exe 作为嵌入对象，可按照以下步骤操作。

1）从控件工具箱中拖拉 OLE 控件到窗体上。

此时，开发环境会自动的弹出一个"插入对象"对话框。该对话框也可以在任何时候用鼠标右键单击 OLE 控件，然后在菜单中选择"插入对象"命令项来显示。

2）在"插入对象"对话框中选择"从文件中创建"选项按钮，然后点击"浏览"按钮。

3）在弹出的"浏览"对话框中选择"c：\windows\Cdplayer.exe"，点击"插入"即可。

4）此外，在属性窗口中需保证 OLE 控件的 AutoActivate 属性为"2-DoubleClick"值。

作好以上操作后，运行程序，然后双击 OLE 控件，则可以看到 Windows 自带的 CD 播放器运行，用它就可以来播放 CD 了。

有关 OLE 以及 OLE 多媒体的更多更深的知识，可参考相关的书籍资料。

小　结

本章简单介绍了 Visual Basic 中多媒体控件的基本概况、Windows API 函数、OLE 技术。重点介绍了多媒体控件的常用属性、事件的含义与使用；使用 API 函数和 OLE 进行多媒体编程。

习　题

1. 模仿例 12.1 制作一个 VCD 播放器和 MIDI 播放器。
2. 修改例 12.2 的 CD 播放器，能显示当前播放曲目的即时时间。
3. 制作一个有菜单的能播放 WAVE、VCD、AVI、MIDI 的多功能播放器。
4. 参考教材中提供的源代码，利用 API 函数来编写一个多媒体应用程序。
5. 用 OLE 控件来编写一个 VCD 播放程序。

附　　录

附录1　VB 中的属性名及其含义

属性名	含　义
ActiveControl	活动控件
ActiveForm	活动窗体
Alignment	文本对齐类型
Align	指定图形在图片框中的位置
Archive	文本列表框是否含有文档属性
AutoRedraw	控制对象自动重画
AutoSize	控制对象自动调整大小
BackColor	背景颜色
BackStyle	指定线型与背景的结合方式
BorderColor	边框颜色
BorderStyle	边框类型
BorderWidth	边框宽度
Cancel	命令按钮是否为 Cancel
Caption	标题
Checked	菜单项加标记
ClipControls	设置 Paint 事件是否重画整个控件
Columns	指定列表框水平方向显示的列数
ControlBox	窗体是否有控制框
Count	对象的数量
CurrentX	当前 X 坐标
CurrentY	当前 Y 坐标
Default	指定缺省按钮
DragIcon	控件拖动过程中作为图标显示
DragMode	拖动方式
DrawMode	绘图方式
DrawStyle	设置线型
DrawWidth	设置线宽
Drive	指定驱动器（驱动器列表框）
Enabled	对象是否可用
EXEName	活动文件名称
FileName	文件名
FileNumber	文件号

续表

属性名	含　义
FillColor	填充颜色
FillStyle	填充方式
FontBold	字体加粗
FontCount	字体种类计数
FontItalic	字体斜体
FontName	字体名称
Fonts	按序号返回可用字体名称
FontSize	字体大小
FontStrikethru	加中划线（删除线）
FontTransparent	字体与背景叠加
FontUnderline	加下划线
ForeColor	前景颜色
Height	设置或返回对象的高度
HelpContextID	对象与 Help 文件连接的 ID 号
HelpFile	在应用程序中调用 Help 文件
Hidden	指定文件列表框内文件是否是隐含文件
Icon	窗体最小化后显示的图标
Image	窗体或图片框的图形句柄
Index	设置或返回控件数组中控件的下标
Interval	设置或返回计时器时间间隔的毫秒数
ItemData	用于列表框或组合框，与 List 属性相同
KeyPreview	窗体先收到键盘事件还是控件先收到键盘事件
LargeChange	滚动框在滚动条内变化的最大值
Left	控件与窗体左边界的距离
ListCount	列表框计数
List	字符串数组
ListIndex	指定控件当前选择项的序号
Max,Min	指定滚动条的最大和最小值
MaxButton	最大化按钮
MaxLength	指定文本框的文本所接收的最大字符数
MDIChild	指定一个窗体为 MDI 子窗体
MinButton	最小化按钮
MousePointer	鼠标形状
MultiLine	设置多行文本框
MultiSelect	指定文本框或列表框为多项选择
Name	对象名称
NewIndex	列表框或组合框最近一次加入的项目的下标
Normal	指定文件列表框内文件的属性
Page	指定打印机当前页号

属性名	含　义
Parent	返回控件所在的窗体
PasswordChar	口令字符
Path	设置或返回当前路径
Pattern	在程序运行时文件列表框中显示的文件类型
Picture	图片属性
ReadOnly	文件属性为只读
ScaleHeight	用户定义的坐标系的高度
ScaleLeft	用户定义的坐标系起点的横坐标
ScaleMode	用户定义的坐标系的单位
ScaleTop	用户定义的坐标系起点的纵坐标
ScaleWidth	用户定义的坐标系的横坐标轴
ScrollBars	决定一个文本框是否有水平或垂直滚动条
Selected	返回文件列表框或列表框内项目的选择状态
SelLength	所选择的文本的长度
SelStart	所选文本的起点
SelText	所选文本的字符串
Shape	形状控件的显示类型
Shortcut	设置菜单项热键
SmallChange	滚动条最小变化值
Sorted	检查列表框或组合框中的项目是否按字母顺序排列
Stretch	图形装入图片框的方式
Style	指定组合框的类型
System	设置或返回列表框内的文件是否是系统文件
TabIndex	设置或返回控件的选取顺序
TabStop	用 Tab 键移动光标时是否在某个控件停留
Tag	控件的别名
Text	文本内容
Title	标题属性
Top	控件中窗体上边界的距离
TopIndex	设置列表框或文件列表框显示的第一个项目
TwipsPerPixelX	屏幕或打印机水平方向的点数
TwipsPerPixelY	屏幕或打印机垂直方向的点数
Value	滚动条移动后的值
Visible	控件是否可见
Width	对象宽度
WindowList	指定菜单项是否含有 MDI 窗体的窗口列表
WindowState	窗口状态
WordWrap	标签显示文本的方式
X1	设置或返回线型控件起点的横坐标

属性名	含　义
X2	设置或返回线型控件终点的横坐标
Y1	设置或返回线型控件起点的纵坐标
Y2	设置或返回线型控件终点的纵坐标

附录 2　VB 中的事件名及其含义

事件名	含　义
Activate	控件激活
Change	改变
Click	单击
DblClick	双击
Deactivate	窗体非激活，在激活另一个窗体时发生
DragDrop	拖放
DropOver	拖动
DropDown	拖动后放下
KeyDown	按下键盘
KeyPress	键盘按键
KeyUp	键盘放开
MouseDown	鼠标按下
MouseMove	鼠标移动
MouseUp	鼠标松开
Load	装入
LostFocus	失去焦点
Paint	控件重画
PathChange	路径改变
PatternChange	属性改变
QueryUnload	窗体队列关闭
Resize	改变尺寸
Scroll	滚动条滚动
Timer	计时器
Unload	删除
Updated	更新

附录3　VB 中对象的属性

属性＼对象	窗体	标签	文本框	命令按钮	单选按钮	框架	滚动条	列表框	组合框	驱动器列表框	目录列表框	文件列表框	直线	形状	计时器	图片框	图像框	通用对话框	菜单	打印机	屏幕
Action																		#			
ActiveControl	#																				*
ActiveForm																					*
Align																*					
Alignment		*	*		*																
Archive												*									
Hidden												*									
Normal												*									
System												*									
AutoRedraw	*															*					
Autosize		*														*					
BackColor	*	*	*	*	*	*	*	*	*	*	*	*		*		*	*				
BackStyle		*																			
BorderColor													*	*							
BorderStyle		*																			
BorderWidth		*											*	*							
Cancel				*																	
CancelError																		*			
Caption	*	*		*	*	*													*		
Checked																			*		
ClipControls	*					*										*					
Color																		*			
Columns								*													
ControlBox	*																				
Copies																		*			
CurrentX	#															#				*	
CurrentY	#															#				*	
DataChanged																					
DataField		*	*													*	*				

续表

对象 / 属性	窗体	标签	文本框	命令按钮	单选按钮	框架	滚动条	列表框	组合框	驱动器列表框	目录列表框	文件列表框	直线	形状	计时器	图片框	图像框	通用对话框	菜单	打印机	屏幕
DataSource		*	*													*	*				
Default				*																	
DefaultExt																		*			
DialogTitle																		*			
DragIcon		*	*	*	*	*	*	*	*	*	*	*				*	*				
DragMode		*	*	*	*	*	*	*	*	*	*	*				*	*			*	
DrawMode	*												*	*		*				*	
DrawStyle	*															*				*	
Drive										#											
Enabled	*	*	*	*	*	*	*	*	*	*	*	*			*	*	*		*		
FileName												#						*			
FileTitle																		#			
FillColor	*													*		*				*	
FillStyle	*													*		*				*	
Filter																		*			
FilterIndex																		*			
Flags																		*			
FontBold	*	*	*	*	*	*	*	*	*	*	*	*				*		*		*	
FontItalic	*	*	*	*	*	*	*	*	*	*	*	*				*		*		*	
FontName	*	*	*	*	*	*	*	*	*	*	*	*				*		*		*	
FontSize	*	*	*	*	*	*	*	*	*	*	*	*				*		*		*	
FontStrikethru u	*	*	*	*	*	*	*	*	*	*	*	*				*		*		*	
FontTransparent ent	*	*	*	*	*	*	*	*	*	*	*	*				*		*		*	
FontUndrline	*	*	*	*	*	*	*	*	*	*	*	*				*		*		*	
FontCount																				*	*
ForeColor	*	*	*	*	*	*	*	*	*	*	*	*				*		*		*	
FromPage																		*			
ToPage																		*			
HDC	#															#		#			
Height,Width	*		*	*	*	*	*	*	*	*	*	*	*	*		*	*			*	*

续表

属性 ＼ 对象	窗体	标签	文本框	命令按钮	单选按钮	框架	滚动条	列表框	组合框	驱动器列表框	目录列表框	文件列表框	直线	形状	计时器	图片框	图像框	通用对话框	菜单	打印机	屏幕
HelpCommand		*																*			
HelpContext																		*			
HelpContextID	*		*	*	*	*	*	*	*	*	*	*				*			*		
HelpFile																		*			
HelpKey																		*			
HideSelection			*																		
Hwnd	#		#	#	#	#	#	#	#	#	#	#				#					
Icon	*																				
Image	#															#					
Index		*	*	*	*	*	*	*	*	*	*	*			*	*	*	*	*		
InitDir																		*			
Interval															*						
ItemData								#	#												
KeyPreview	*																				
LargeChange							*														
SmallChange							*														
Left,Top	*	*	*	*	*	*	*	*	*	*	*	*				*	*	*			
LinkItem		*	*													*					
LinkMode	*	*	*													*					
LinkTimeout		*	*													*					
LinkTopic	*	*	*													*					
List								#	#	#	#	#									
ListCount								#	#	#	#	#									
ListIndex								#	#	#	#	#									
Max,Min																		*			
MaxButton	*																				
MinButton	*																				
MaxFileSize																		*			
MaxLength			*																		
MDIChild	*																				
MousePointer	*	*	*	*	*	*	*	*	*	*	*	*				*	*				*

续表

属性＼对象	窗体	标签	文本框	命令按钮	单选按钮	框架	滚动条	列表框	组合框	驱动器列表框	目录列表框	文件列表框	直线	形状	计时器	图片框	图像框	通用对话框	菜单	打印机	屏幕
MultiLine			*																		
MultiSelect								*				*									
Name	*	*	*	*	*	*	*	*	*	*	*	*	*	*	*	*	*	*			
NewIndex								#	#												
Page																				*	
Parent		#	#	#	#	#	#	#	#	#	#	#	#	#	#	#	#	#			
PasswordChar			*																		
Path											#	#									
Pattern												*									
Picture	*															*	*				
PrinterDefault																		*			
ReadOnly												*									
ScaleHeight	*															*				*	
ScaleWidth	*															*				*	
ScaleLeft	*															*				*	
ScaleTop	*															*				*	
ScaleMode	*															*				*	
ScrollBars			*																		
Selected								#				*									
SelLength			#						#												
SelStart			#						#												
SelText			#						#												
Shape														*							
ShortCut																			*		
Stretch																	*				
Style									*												
TabIndex		*	*	*	*	*	*	*	*	*	*	*				*					
TabStop			*	*	*		*	*	*	*	*	*				*					
Tag	*	*	*	*	*	*	*	*	*	*	*	*	*	*	*	*	*	*	*		
Text			*					#	*												
TopIndex								#				#									
TwipsPerPixelX																				*	*

续表

对象 属性	窗体	标签	文本框	命令按钮	单选按钮	框架	滚动条	列表框	组合框	驱动器列表框	目录列表框	文件列表框	直线	形状	计时器	图片框	图像框	通用对话框	菜单	打印机	屏幕
TwipsPerPixelY																				*	*
Value				#	*		*														
Visible	*	*	*	*	*	*	*	*	*	*	*	*	*	*	*	*	*	*	*		
WindowList																			*		
WindowState	*																				
WordWrap																					
X1,Y1													*								
X2,Y2													*								

　*　表示在属性窗口中具有的属性，可直接在设计阶段设置。

　#　表示在属性窗口中没有的属性，只能通过程序代码设置、修改或读取。

附录4　VB中对象的事件

本附录列出了 Visual Basic 中部分对象所能响应的部分事件。

对象 事件	窗体	标签	文本框	命令按钮	单选按钮	框架	滚动条	列表框	组合框	驱动器列表框	目录列表框	文件列表框	计时器	图片框	图像框	菜单
Active	*															
Deactivate	*															
Change		*	*				*		*	*	*	*		*		
Click	*	*	*	*	*	*		*	*			*		*		*
DblClick	*	*	*		*	*		*	*			*		*	*	
DragDrop	*	*	*	*	*	*	*	*	*			*		*		
DragOver	*	*	*	*	*	*	*	*	*			*		*		
DropDown									*							
GotFocus	*		*	*	*	*	*	*	*	*	*	*		*		
KeyPress	*		*	*	*	*	*	*	*	*	*	*		*		
KeyDown	*		*	*	*	*	*	*	*	*	*	*		*		

续表

事件 ＼ 对象	窗体	标签	文本框	命令按钮	单选按钮	框架	滚动条	列表框	组合框	驱动器列表框	目录列表框	文件列表框	计时器	图片框	图像框	菜单
KeyUp	*		*	*	*		*	*	*	*	*	*		*		
LinkClose	*	*	*											*		
LinkError	*	*	*											*		
LinkExcute	*															
LinkNotify		*	*													
LinkOpen	*	*	*											*		
Load	*															
LostFoucs	*		*	*	*			*	*			*	*		*	
MouseDown	*	*	*	*	*	*		*				*		*	*	
MouseUp	*	*	*	*	*	*					*	*		*	*	
MouseMove	*	*	*	*	*	*					*	*		*	*	
Paint	*													*		
PathChange												*				
PatternChange												*				
QueryUnload	*															
Resize	*													*		
Scroll								*								
Timer													*			
Unload	*													*		

附录 5　VB 中对象的方法

本附录列出了 Visual Basic 中部分所使用的方法。

方法 ＼ 对象	窗体	标签	文本框	命令按钮	单选按钮	框架	滚动条	列表框	组合框	驱动器列表框	目录列表框	文件列表框	直线	形状	图片框	图像框	打印机
AddItem								*	*								
Circle	*														*		
Clear								*	*								*
Cls	*														*		

续表

对象／方法	窗体	标签	文本框	命令按钮	单选按钮	框架	滚动条	列表框	组合框	驱动器列表框	目录列表框	文件列表框	直线	形状	图片框	图像框	打印机
Drag		*	*	*	*	*	*	*	*	*	*	*			*	*	
EndDoc																	*
Hide	*																
Line	*														*		*
LinkExecute		*	*												*		*
LinkPoke		*	*												*		
LinkRequest		*	*												*		
LinkSend															*		
Move	*	*	*	*	*	*	*	*	*	*	*	*	*	*	*	*	*
NewPage																*	
Point	*														*		
Print	*														*		*
PrintForm	*																
Pset	*														*		
Refresh	*	*	*	*	*	*		*	*	*	*	*	*	*	*	*	
RemoveItem								*	*								
Scale	*														*		
SetFocus	*	*	*	*	*		*	*		*	*	*			*		
Show	*																
TextHeight	*														*		*
TextWidth	*														*		*

附录6　高校计算机等级考试大纲

（二级——Visual Basic 语言程序设计大纲）（2002）

一、基本要求

1. 熟悉 Visual Basic（VB）集成开发环境，掌握在 VB 环境中开发应用程序的基本步骤、方法；建立面向对象程序设计的基本概念。

2. 掌握 VB 的常用数据类型、运算符与表达式；熟练掌握和应用 VB 的常用内部函数；熟练掌握结构化程序控制的三种基本结构，并能熟练编写程序；熟练掌握子程序、函数过程设计与参数传递的方法。

3．掌握下列控件的常用属性与方法，并在程序设计中灵活选用。

命令按钮控件、标签控件、文本框控件、单选按钮控件、复选框控件、框架控件、列表框控件、组合框控件、滚动条控件、定时器控件。

4．熟悉 VB 坐标系；掌握图片框控件、影像框控件、形状控件、直线控件的常用属性与方法；熟练掌握绘制点、线、圆的图形方法。

5．熟练使用通用对话框控件；掌握菜单设计的基本方法。

6．熟悉与文件操作有关的盘驱动器列表框、目录列表框、文件列表框控件并灵活使用；了解与文件操作有关的目录、文件操作语句；熟练地读、写顺序文件。

7．学会建立 Access 数据库，掌握在 VB 应用程序中通过 Data 控件操作 Access 数据库的基本方法；了解 VB 的数据网格控件 DBGrid 及其应用；了解数据库操作中的 SQL 语言。

二、考试范围

1．Visual Basic 基础

（1）开发环境：菜单、工具箱、工具栏、窗体、工程窗口和属性窗口的使用。

（2）应用程序（一个工程）的开发：添加窗体、模块，保存工程。

（3）面向对象程序设计、可视化编程、事件驱动等基本概念。

2．数据表示与运算

（1）数据类型：掌握字节、整数、长整数、实数、双精度、字符串、变体和布尔等数据类型的数据表示及其相互关系；了解货币、日期和对象等数据类型的数据表示和使用。

（2）数据类型；练掌握数组的定义、表示与使用。

（3）对象、运算符、函数和表达式。

常量、变量和函数等运算对象的定义和使用。

算术运算（加、减、乘、除、取负、指数、整除和取模）及其运算的优先级；关系运算；逻辑运算（NOT、AND、OR）及其运算的优先级。

常用内部函数：三角函数 Sin、Cos、Tan 和 Atn；算术函数 Abs、Sqr、Log、Exp 和 Sgn；取整与类型转换函数 Int 和 Fix；随机函数 Rnd；字符串处理函数 Trim、Left、Right、Len、Mid、Ucase、Lcase、Space、String、Ltrim 和 Rtrim；日期与时间函数 Date、Time 和 Timer；转换函数 Chr、Asc、Str 和 Val；QBColor 和 Rgb 函数；InputBox 函数；MsgBox 函数等。

3．程序设计基础

（1）基本语句：Print 语句、赋值语句、Dim 语句、结束语句和注释语句。

（2）选择结构：行 If 结构、块 If 结构、Select Case 结构。

（3）循环结构：For/Next 结构及 Exit For 语句，Do/Loop 结构及 Exit Do 语句，While/Wend 结构。

（4）程序结构：Sub 过程的定义与调用，Function 函数过程的定义与调用；理解参数传递规则；变量和常量的作用域及生存期，包括相关的声明语句或关键字。

4. 常见算法程序设计

计数、求和、比较大小等简单算法；穷举法；循环控制的迭代法；数组的选择排序（分类）或冒泡法；字符串的一般处理。

5. 面向对象程序设计

（1）理解面向对象程序方法的基本概念。

（2）窗体及多重窗体的概念、建立和使用。

熟练掌握窗体的 Caption、Height、Left、Name、Top、Visiable、Width、Picture 等属性；掌握窗体的 Click 和 Load 等事件的功能和触发时机。

窗体的其他常用事件如 Dblclick、KeyDown、KeyPress、KeyUp、MouseDown、MouseMove、MouseUp、Unload 等事件。

窗体的常用方法如 Cls、Show、Print、Hide、Move、Pset、Line、Circle 等方法。

（3）基本控件有：命令按钮、标签、文本框、复选框、单选按钮、框架、列表框、组合框、滚动条和定时器等。以上控件为所构造的控件数组。

考试范围涉及以上控件的常用属性、方法与事件过程。在此，"常用"是指在统编教材中着重讲解或在程序举例中多次使用的。

（4）基本图形的绘制包括：VB 坐标系；改变 VB 坐标系；画点、线（矩形）、圆（弧与椭圆）。

（5）图片框、影像框、直线控件和形状控件的常用属性、方法。

（6）菜单和对话框。通用对话框控件的建立和使用（如何打开不同对话框？对话改变了控件的属性是什么？）；用菜单编辑器创建菜单；掌握菜单的常用属性；掌握菜单的 Click 事件。

（7）文件、文件操作控件包括：文件的概念；熟练掌握驱动器列表框、目录列表框和文件列表框的功能和综合作用；顺序文件的基本操作。

（8）数据库操作包括：数据库的基本概念；如何利用数据控件 Data 访问数据库。

主要参考文献

曹青. 2002. Visual Basic 程序设计教程. 北京：机械工业出版社

陈明. 2001. Visual Basic 程序设计. 北京：中央广播电视大学出版社

陈惟斌，张军. 2001. Visual Basic 6.0 开发指南. 北京：清华大学出版社

核心研究室，齐锋. 2002. Visual Basic 6.x 程序设计. 北京：中国铁道出版社

胡彧. 2003. VB 程序设计. 北京：电子工业出版社

黄淼云. 2002. Visual Basic 6.0 程序设计. 北京：希望电子出版社

刘炳文. 2001. 精通 Visual Basic 6.0 中文版. 北京：电子工业出版社

刘圣才，李春葆. 2002. Visual Basic 程序设计题典. 北京：清华大学出版社

欧阳柳波，杨超. 2001. Visual Basic 6.0 程序设计. 北京：电子工业出版社

彭永清. 2002. 趣味程序导学 Visual Basic. 北京：清华大学出版社

钱培德. 1999. 中文 Visual Basic 6.0 傻瓜书. 北京：清华大学出版社

全国计算机信息高新技术考试教材编写委员会. 2000. Visual Basic 6.0 职业技能培训教程. 北京：北京希望电子出版社

谭浩强. 2002. Visual Basic 程序设计. 北京.：清华大学出版社

王汉新. 2002. Visual Basic 程序设计. 北京：科学出版社

曾强聪. 2001. Visual Basic 6.0 程序设计教程. 北京：水利水电出版社